变电站继电保护运行维护实用指南

（第二版）

王世祥　主编

中国电力出版社
CHINA ELECTRIC POWER PRESS

内容提要

本书详尽讲解了变电站继电保护运行维护的实用知识，主要内容包括继电保护工作介绍、继电保护工作常用仪器仪表及工具现场应用、电气主接线方式与继电保护配置、保护装置及二次回路解读、保护装置及二次回路调试验收、继电保护现场缺陷分析与处理、继电保护动作录波图识别、变电继电保护工作票及二次安全技术措施单填写、继电保护防四类误操作事故措施介绍、电网继电保护反事故措施选编等。

本书力求理论联系实际，内容与现场紧密结合，由浅入深、图文并茂、风格活泼，有助于继电保护人员特别是新入职人员快速领会和掌握继电保护的工作流程和基本方法，有助于提高继电保护培训效果，可作为变电站继电保护运行维护实用指南，也可作为电力职工的培训教材及自学参考。

图书在版编目（CIP）数据

变电站继电保护运行维护实用指南 / 王世祥主编．—2版．—北京：中国电力出版社，2023.3
ISBN 978-7-5198-7590-9

Ⅰ.①变…　Ⅱ.①王…　Ⅲ.①变电所—继电保护—指南　Ⅳ.①TM77-62

中国国家版本馆CIP数据核字（2023）第032186号

出版发行：中国电力出版社
地　　址：北京市东城区北京站西街19号（邮政编码100005）
网　　址：http://www.cepp.sgcc.com.cn
责任编辑：苗唯时　马雪倩
责任校对：黄　蓓　于　维
装帧设计：赵丽媛
责任印制：石　雷

印　　刷：三河市百盛印装有限公司
版　　次：2013年12月第一版　2023年3月第二版
印　　次：2023年3月北京第四次印刷
开　　本：710毫米×1000毫米　16开本
印　　张：16.75
字　　数：307千字
印　　数：0001—1500册
定　　价：68.00元

编 写 委 员 会

主　　编　王世祥

参　　编　钟叶斌　李泽霖　胡保林　刘华烨
汪　余　钱　敏　王　迪　谷　斌
李元开　梁耀文　黄　锦　李　劲
梁嘉俊　鹿鸣明　巨略谋　胡　悦
王文炜　曾令涵　叶雪映　晋龙兴
简学之　乔中伟　苏楠旭　田灵毓
王从威　曹梦龙　刘泽一　黄潇恺

前　言

本书于2013年第一版发行，发行以来受到业内人士的广泛关注。继电保护专业设备种类多、技术要求高、二次回路复杂、工作危险点多、风险控制难度大，目前，系统讲解继电保护运行维护的实用指导书比较少见，本书第一版是编写组在总结多年现场工作及培训经验的基础上编写而成的，旨在快速提高继电保护人员运行维护技能，使其快速掌握继电保护专业运行维护工作的规范流程和方法，有效控制继电保护运维风险。

由于第一版时间离现在已过去近十年，继电保护运维发生了如下四大变化：一是智能化变电站大规模应用，对智能化保护设备提出了运维要求；二是电力规模的扩大对继电保护运维提出了更高的要求；三是工作中的组织措施、技术措施以及反措等出现了新的更规范的要求；四是继电保护常用仪器，如试验仪、绝缘电阻表等进行了更新换代。基于此，王世祥劳模创新工作室团队进行了再版修编，增加了智能化保护设备基础知识及运维要求；提高了新站设备验收的重要性，尤其是对验收过程中的隐蔽环节做了详细讲解；修编了工作组织措施和技术措施，增加了最新的重要反措要求；对继电保护更新换代后的常用仪器进行了介绍。

本书第二版由深圳供电局有限公司王世祥同志主持修编，参加修编的还有深圳供电局有限公司其他28位同志。其中，王迪、梁耀文、叶雪映修编了第1章；李劲、梁嘉俊、刘泽一修编了第2章；李元开、苏楠旭、黄潇恺修编了第3章；黄锦、李泽霖、田灵毓修编了第4章；李泽霖、曹梦龙、简学之修编了第5章；汪余、王文炜、曾令涵修编了第6章；钟叶斌、巨略谋、胡悦修编了第7章；胡保林、鹿鸣明、晋龙兴修编了第8章；刘华烨、乔中伟、王从威修编了第9章；钱敏、谷斌、钟叶斌修编了第10章。

编写组在编辑及出版本书过程中，得到了许多领导和专家的指导和帮助，在此谨表示衷心的感谢。本书仅从继电保护运行维护实用技能的快速入门出发，主要来源于现场工作经验总结，加之编者水平有限，错误和不妥之处在所难免，恳请各位专家及读者批评指正。

编　者

2022年12月

目 录

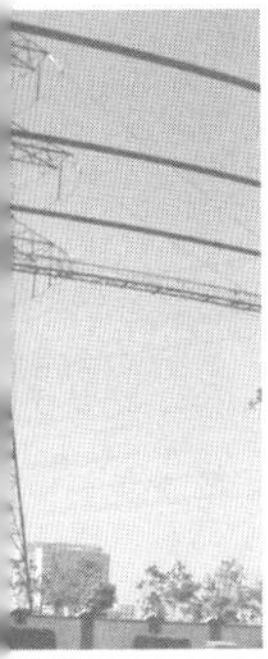

1 继电保护工作介绍

1.1 概　　述

想要深入了解继电保护这个工种，首先需要知道该工种具体做些什么及各项工作的基本流程是什么。全面了解继电保护这个工种有利于新员工快速进入工作角色。

总体来讲，变电站继电保护负责变电站的继电保护、安全自动装置、相关二次设备及二次回路的维护管理。有些供电单位的继电保护专业还需要负责站内电源系统、变电站自动化系统及相关二次设备的管理。按照不同的工作内容大致可分为：保护定检、工程验收、缺陷消除、定值执行、故障分析、日常巡视等几大类。定检全称为定期检验，主要是根据检验规程规定的周期、项目对二次设备进行检验，有时在定检的过程中还会执行新颁布的反措；验收也叫验收检验，主要是在新安装的一次设备投运前或者在现有的一次设备上投入新安装的二次设备前进行的检验；缺陷消除（以下简称“消缺”）主要是在设备运行中出现了异常或故障后进行的处理工作；定值执行主要是根据调度部门下发的继电保护或安全自动装置定值单进行装置定值的输入整定；巡视工作指的是专业巡视，区别于运行人员的日常巡视，通过专业巡视实现设备状态检修，为设备定检、维护提供数据参考。

1.2 工 作 流 程

虽然继电保护工作有若干类，但其工作流程大体上是一致的，如图 1-1 所示。下面对流程进行介绍：

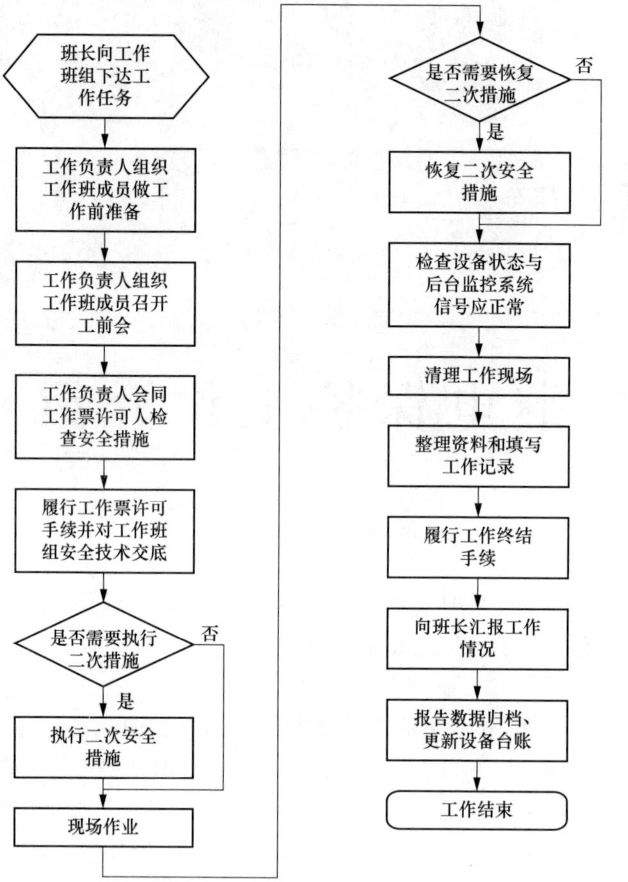

图 1-1　变电继电保工作流程示意图

（1）下达工作任务。班长（或者专责）向工作班组派发工作任务，部分工作还需要交代危险点和控制措施等，具体形式可以是当面、短信、电话或者书面通知。

（2）准备工作。工作负责人在收到工作任务后需要组织工作班成员完成准备工作，包括填写工作票、准备所需的图纸资料、作业指导书、仪器仪表和工器具，部分工作还需要准备备品备件。

（3）召开工前会。工前会需要介绍本次的工作内容、工作时间、工作地点、工作分工、满足工作所需的一次和二次设备状态及本次工作的风险点和注意事项。

（4）检查安全措施。主要是工作票许可人对工作负责人的安全技术交底，确认工作票中所提出的一次、二次设备状态已满足工作需要。其中一次措施包括断路器状态、隔离开关状态、接地开关状态和相邻运行设备的带电距离是否足够，对应的围栏、红布帘、标示牌设置是否到位；二次措施主要包括压板的投退、空气开关的投断及转换开关的位置等。安全措施主要保障工作班成员不触电，以及工作过程不影响其他运行设备。

（5）履行工作票许可手续。工作负责人和工作许可人在确认工作条件满足后，双方需要在工作票上签名。此外，工作负责人还需要将检查结果向本工作班组成员说明。

（6）执行二次安全措施。该步骤要根据不同的工作来决定，在工作票填写时就需要确认是否需要执行二次安全措施。这里的措施主要是对工作票中的措施的补充，是工作中需要满足而又无法由工作票许可人操作的。例如在测量电流回路绝缘前需要解开接地点。

（7）现场作业。此时才进入工作正题，若是定检则对装置及回路进行检验，若是消缺则开始根据现象查找原因，该步骤的具体内容将在下面详细讲解。

（8）恢复安全措施。此步骤与（6）相对应，若之前没有执行二次安全措施，此处也就不存在恢复安全措施。

（9）确认设备已恢复工作前状态。此步骤主要检查设备有无信号未复归、空气开关是否已按开工前投退，确保设备已恢复开工前状态。

（10）清理工作现场。保证工作现场整洁，避免遗漏工器具、图纸资料、杂物等在工作现场。

（11）填写工作记录。将此次工作内容及结果记录在二次设备维护记录本上，并告知运行人员。

（12）履行工作票终结手续。运行人员确认工作结果后办理工作票终结手续。

（13）向班长汇报工作结果。

（14）资料归档。将此次工作的试验数据、工作记录进行归档，对有设备变更的还需要更新设备台账。

1.3 保护定检

定检工作根据检验项目的不同可以分为：全部检验（以下简称“全检”），部分检验（以下简称“部检”），用装置进行断路器跳、合闸试验。根据 DL/T 995—2016《继电保护和电网安全自动装置检验规程》的要求，新安装装置投运后一年内必须进行第一次全检，之后微机型装置和保护通道每 6 年一次全检、每2～3年一次部检；非微机型装置每4年一次全检、每1年一次部检。设备在运行过程中若设备状况较差或者已暴露出了需要予以监督的缺陷，可以考虑适当缩短部检周期。

各供电单位已逐步将继电保护装置更换为微机型，设备厂商也基本不再生产非微机型保护装置。微机型保护装置本身具有较强的“自检”功能，所以定检要着重检验“自检”功能无法检验的项目。主要有以下几个方面：

（1）二次回路检验。二次回路的检验在整个检验中非常重要，设备在实际运行中因二次回路引起的缺陷占了绝大部分，其主要故障有二次线错接、二次线松脱、虚接等。该项工作简单、枯燥，但却非常有成效。二次回路检验主要项目有绝缘检查、回路寄生检查、回路接地检查及回路功能性检查。

（2）屏柜及装置检验。设备缺陷另外一部分原因主要是装置硬件损坏，所以定检的另一项重点工作就是对装置硬件的检验。主要检查装置内、外部是否清洁无积尘，对其进行清扫；检查装置插件印刷电路板是否有损坏或变形，连线是否接好；检查装置元件是否焊接好，芯片是否插紧；检查装置背板配线是否连接良好等。装置上电后，装置应能正常工作，且显示的装置硬件和软件版本号、校验码等信息符合要求，装置开关量输入回路及输出回路正确。

（3）装置整定值的检验。该项试验是按照定值通知单上的整定项目，依据装置说明书或制造厂推荐的试验方法，对保护的每一功能元件逐一检验。

（4）保护通道检验。需要采集多端数据的保护装置一般都有保护通道及其配套设备，例如线路保护的光纤通道，因此保护通道也构成了保护的重要组成部分，在定检中也需要对其进行检验。保护通道的检验主要有：测控量通道传输衰耗，通过测量通道两侧的收发电平来判断是否满足要求；通道的误码率和传输时间，通道误码率和传输时间超过规定值后将引起保护装置的不正确动作，当前主要规程中要求误码率不超过10^{-7}。

（5）整组试验。装置在做完每套单独保护（元件）的检验后，需要将统一于被保护设备的所有保护装置在一起进行整组实验，以校验各装置及重合闸的动作情况和保护回路设计的正确性及其调试质量。其试验方法为：在装置外部通入电流电压，完全模拟一次系统区内、区外故障，查看保护装置动作情况及开关设备动作情况。对母线差动保护（以下简称“母差保护”）、失灵保护及电网安全自动装置的整组实验，定检时允许用导通的方法证实每一断路器接线的正确性。一般情况下，母差保护、失灵保护及电网安全自动装置回路设计及接线的正确性，要根据每一项检验结果（尤其是电流、电压的极性关系）及保护本身的相互动作检验结果来判断。

1.4 工 程 验 收

验收工作和定检工作并称为检验工作，验收检验工作主要在新安装一次设备投入运行前或者在现有的一次设备上安装二次设备投入运行前进行。由于验收检验是设备投入运行前最关键的一环，同时设备在投入运行前容易具有较好的检验条件，如母差保护在验收时可以带开关传动，所以其检验的项目比定检要多、检验方法更细致。设备投运前进行细致周密的验收检验工作，及时处理工程实施中存在的错误和缺陷，能够大大减少运行中的缺陷量，提升继电保护装置的可靠性。

除上述定检所需要做的项目外，验收检验还需要做多一些。下面就验收要做的一些工作进行说明，并对较之定检项目增加的内容进行补充说明。

（1）电流、电压互感器的检验。检验的具体项目包括：所有绕组的极性（这里所有电流、电压互感器基本相同，因为大部分保护装置均需要明确的电流、电压互感器极性以进行方向性的判别）、绕组的分布是否合理、有无死区、各绕组的准确级及容量是否满足要求。电流互感器一般需要测量各绕组的伏安特性、内阻和负载阻抗综合判断。有条件的，还可以自电流互感器（或电压互感器）的一次分相通入电流（或电压），检查工作抽头或绕组的变比及回路是否正确。

（2）二次回路检验。该项目与定检不一样的地方主要是所有的信号必须在源头以实际模拟方式检验，与其他装置有联系的回路在条件允许的情况下也要实际模拟，而不能通过短接接点方式检验。

（3）屏柜及装置检验。该项需要增加逆变电源检查。定检时只测量额定电压下的各级输出电压的数值，而验收检验时需要检验直流电源缓慢上升时的自启动性能。具体为合上装置逆变电源插件上的电源开关，试验直流电源由零上升至 80% 额定电压值，此时逆变电源插件面板上的电源指示灯应亮。固定试验直流电源为 80% 额定电压值，拉合直流开关，逆变电源应可靠启动。

（4）装置整定值的检验、保护通道检验和整组试验。该部分与定检完全同，不再赘述。

（5）用一次电流及工作电压的检验。该项目就是我们通常所说的带负荷测试，它是通过实际运行负荷再次检验回路及装置设置是否正确，主要测量电压、电流的幅值及相位关系，用于判断各类保护的差流、功率是否满足要求，对使用电压互感器三次电压或零序电流互感器的装置尤其要注意，因为正常情况下电压互感器三次电压或零序电流是没有输出的，若回路不正确可能导致故障时保护不能正确动作。

1.5 缺陷消除

设备在运行过程中难免会出现异常或者故障，为了确保电网的正常运行及防止事故范围的扩大，需要对异常或者故障进行及时处理，这类工作统称为消缺工作。缺陷按照严重程度可划分为：紧急缺陷、重大缺陷、一般缺陷。紧急缺陷主要指装置及其二次回路存在的缺陷，会对人身安全造成威胁、影响一次设备运行、导致保护不正确动作，以及使设备失去主保护；重大缺陷指装置及其二次回路发生异常状态，可能导致不正确动作，严重威胁电网安全运行，必须立即着手处理的缺陷；剩余的均属于一般缺陷。不同等级的缺陷要求处理时间也不一样。

设备缺陷的现象千差万别，实际的处理过程难以形成固定的流程和方法，但总体步骤可大致分为三步：

（1）收集缺陷现象。不同类型缺陷会有不同的缺陷现象，即使同一类型缺陷在不同运行环境下，如一次运行方式不同，也会有不同的现象，所以收集越多缺陷表象就越有利于后面的原因分析。

（2）分析缺陷原因。这个步骤是整个缺陷处理中最难的、也是最关键的。有些缺陷的现象很少，有些现象又是干扰信息，所以需要对所有现象进行综合判断。这就要求处理者对整个装置的原理及二次回路的构成要相当熟练，同时还要有一定的经验积累。

（3）提出控制措施。在判断出缺陷原因后就需要提出对应的控制措施，对进行更换备品备件或者变更二次回路就能消除的应及时处理，对不能立即处理的应采取必要的措施防止缺陷继续发展，消除缺陷可能带来的不良后果。

1.6 定值执行

定值执行就是依据保护定值通知单（以下简称“定值”）对保护装置、电网安全自动装置参数进行设置，这往往被认为是继电保护最常见的，也是最为简单的工作，同时也是最容易出错的，继电保护中的“三误”之一就是“误整定”。为杜绝“误整定”，就定值执行工作总结了以下几点注意事项：

（1）检查保护定值通知单的完整性。这是在收到保护定值通知单后首先要做的工作，主要检查保护定值通知单中保护设备参数是否与现场一致，避免将其他设备的保护定值通知单整定到本装置，检查字迹是否清晰，若出现字迹模糊不清应当即联系整定计算人进行核实，检查保护定值通知单的项目与装置是否对应、一致，杜绝出现漏整定，检查整定计算人等签名是否齐全，确保保护定值通知单已是完成审批流程的可执行定值单。

（2）定值执行后的校核。定值执行后的校核是将保护装置执行后的打印定值与保护定值通知单进行校核，确保二者完全一致。同时，对以前已执行过保护定值通知单的还需要将新旧保护定值通知单进行比对，确认更改项目与本次定值执行原因相符。

（3）定值执行后的归档与反馈。定值执行完后，执行人、校核人等需要在保护定值通知单和定值回执单上签名确认，记录所执行的单号、执行结果等。对于定值执行中存在问题的还应及时反馈，以便调度部门及时更正。

1.7 事故处理

事故处理指系统出现设备跳闸后进行的一系列分析和处理过程，事故处理的一般原则为先快速复电再查找故障原因。事故处理过程中，继电保护人员需要尽快到达现场，收集所有保护动作信息，包括保护动作报告、其他保护启动报告、保护动作指示灯、故障录波报告、监控后台事件顺序记录（SOE）等，综合所有信息初步判断保护动作是否正确，提供所有信息及参考意见给相关部门及专业，以便快速判断故障点位置，决策如何快速复电。事故处理完成后，继保人员还需要在规定的时间内上报正式的保护动作分析报告，对保护不正确动作的，需要调查其详细原因，并对问题提出整改措施，对同类型设备进行排查。

1.8 日常巡视

巡视工作主要是通过目测观察及一些简单的测量来判断设备的运行状况。继电保护的专业巡视有别于运行的日常巡视，其更加注重保护及二次回路深层的运行状况分析，除了查看装置的指示、压板的投退、空气开关的投断和标识正确与否外，还需要查看装置采样、开入通道是否正确，并对差流等关键数据进行分析，以综合判断设备的运行状况。因此，在巡视过程中应做到对任何异常都不能放过，一定要深究其原因，争取做到早发现、早预防、早解决。

1.9 智能运维

智能变电站是采用先进、可靠、集成、低碳、环保的智能设备，以全站信息数字化、通信平台网络化、信息共享标准化为基本要求，自动完成信息采集、测量、控制、保护、计量和监测等基本功能，并可根据需要支持电网实时自动控制、智能调节、在线分析决策、协同互动等高级功能的变电站。与常规变电站相比，智能站采用智能一次设备替代了传统一次设备，如智能变压器、电子式互感器等；用光纤代替光缆，简化二次接线，并用虚端子代替物理端子，逻辑连接代替物理连接。智能站强调集成和整体的概念，采用一体化后台将变电站功能集成整合，采取顺序控制替代单步操作，有效提高信息传输的可靠性，减小变电站集控室面积。

智能变电站通过智能录波器实时采集二次回路状态，实现监测数据的智能分析、设备硬件异常或链路异常的故障定位，对继电保护的影响程度将二次设备告警信息进行分层、分类，将分类结果直接反映在智能变电站后台监控系统。利用智能巡视设备或远程视频监控系统完成对设备外观、指示灯、硬压板状态的巡视，以实现对二次设备在线监视。

智能变电站继电保护设备缺陷定级及处理参见相关制度执行。缺陷处理过程中凡涉及 IED 智能电子设备 CCD 配置模型文件变动，应开展补充试验，确保二次回路的正确性。异常处理不应影响其他正常运行设备，不得进一步扩大异常影响的范围。智能录波器异常或故障，影响故障录波、网络记录分析、二次系统可视化、智能运维等功能时，应及时处理。拔出试验光纤后，应检查原有光纤接头是否清洁，若被污染应处理后方可接入保护装置，并核查关联告警信号是否恢复。如发现损坏的光纤，经确定不能使用，应在其两端做好标记。

本章思考题

（1）继电保护工作流程有哪些基本步骤？

（2）定检工作根据检验项目的不同可以分为哪些？

（3）定检工作重点检查哪些内容？

（4）继电保护缺陷消除总体可大致分为哪些步骤？

（5）为杜绝“误整定”，定值执行工作注意事项有哪些？

（6）继电保护事故处理的一般原则是什么？

（7）巡视工作主要内容是什么？

（8）您认为继电保护工作还需要注意哪些方面？

（9）智能化变电站有哪些优点？

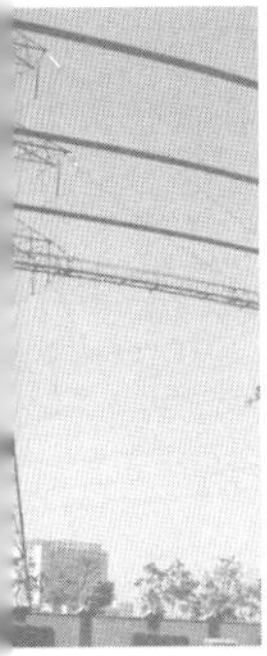

2

继电保护工作常用仪器仪表及工具现场应用

2.1 概　　述

在电气设备安装、维护、检修等工作中常需要借助各种仪器仪表及工具。其中，万用表如图 2-1 所示；钳型相位表如图 2-2 所示；绝缘电阻表如图 2-3 所示；光功率计如图 2-4 所示。如使用各类仪器仪表及工具方法不当可能会引起许多问题，如保护跳闸、人身触电事故等。基于上述原因，本章将对继电保护工作中如何正确使用仪器仪表及工具，以及使用中存在的问题与防范措施进行归纳总结。通过学习本章内容，员工能掌握正确使用常用仪器仪表及工具的基本技能。

图 2-1　万用表

图 2-2　钳型相位表

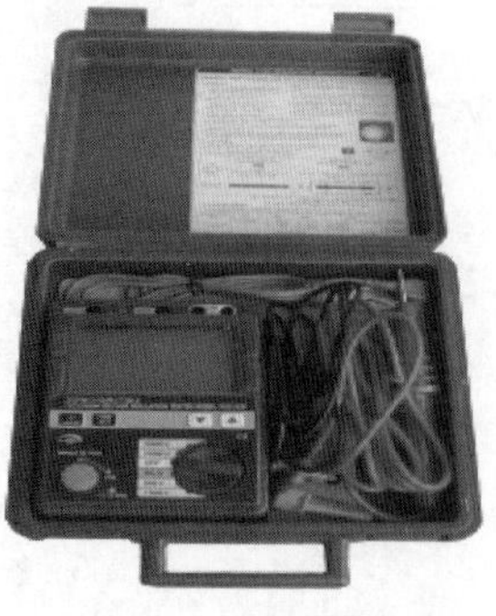

图 2-3 绝缘电阻表

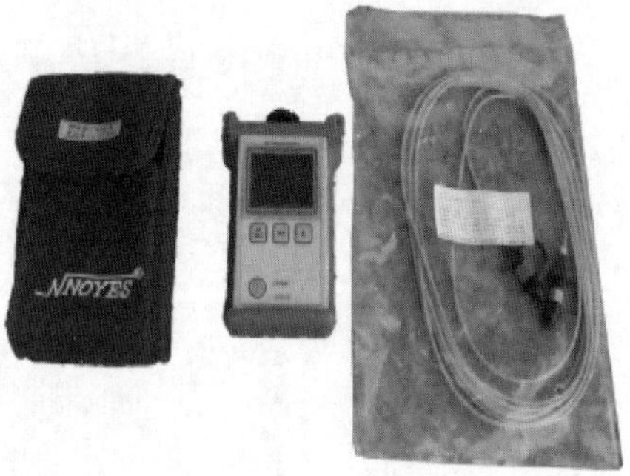

图 2-4 光功率计

2.2 万 用 表

2.2.1 外观介绍

万用表是继电保护工作中最重要、最常用的测量仪器之一，充当着“先行官”的角色。

图 2-1 所示中的万用表又称多用表，在工作中常见的有指针万用表和数字万用表两大类。随着数字技术的发展，数字万用表成为工作中的主要测量仪器。本节主要以常用的 FLUKE 115C 数字万用表（以下简称“数字万用表”）为例进行介绍。

数字万用表采用大规模集成电路和数字显示技术，具有结构轻、精度高、输入阻抗高、显示直观、功能全、用途广以及有自动转换等优点。

数字万用表的面板有液晶显示屏，量程转换开关，测试笔及测试笔插孔，以及其他功能按键等，如图 2-5 所示。

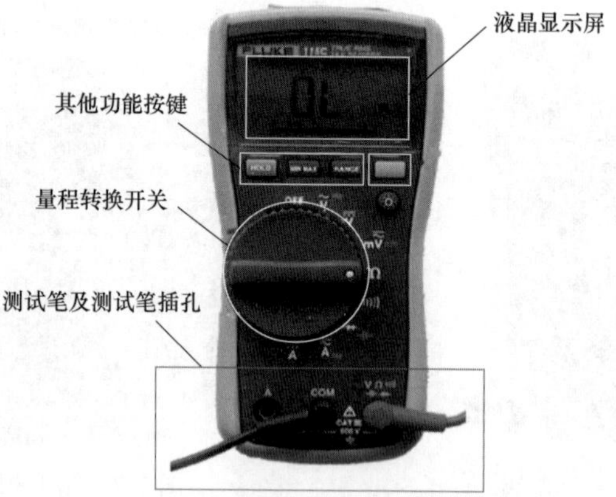

图 2-5 万用表外观示意图

（1）液晶显示屏。数字万用表液晶显示屏位于表的上部，可直接以数字形式显示测量值。

（2）量程转换开关。量程转换开关位于表的中部，用于选择测量项目，需与测量目标切实对应，如图 2-5 所示。

$\tilde{V}$——用于测量交流电压量；$\overline{V}$——用于测量直流电压量；

m$\tilde{\overline{V}}$——用于测量毫伏级交、直流电压量；Ω——用于测量电阻；

·)))——用于测量通断，回路导通则发出蜂鸣声；

—▶|——用于测量二极管；$\overline{A}$——用于测量直流电流量；

$\tilde{\overline{A}}$——用于测量交流电流量。

（3）测试笔及插孔。测试笔及插孔位于表的底部，有 3 个测试笔插孔。标有“COM”字样为公共插孔，通常插入黑测试笔；标有“VΩ ·))) —▶|—”字样插孔用于测量电阻和交直流电压量，标有“A”字样插孔用于测量交直流电流量，用户可根据需要在相应插孔内插入红测试笔。

2.2.2 使用方法及注意事项

本节以使用万用表检查二次回路故障为例来说明其使用方法及预防要点。

所有二次回路的故障处理均以元件动作结果为前提，根据上级元件动作的条件，检查条件是否满足，对照图纸逐个元件、逐级进行分析，借助仪表，不断缩小范围直至找出故障点。

二次回路故障主要表现为回路开路和回路短路，以 TA 二次回路（A 相）为例，介绍借助万用表查找二次回路故障点的方法，如图 2-6 所示。

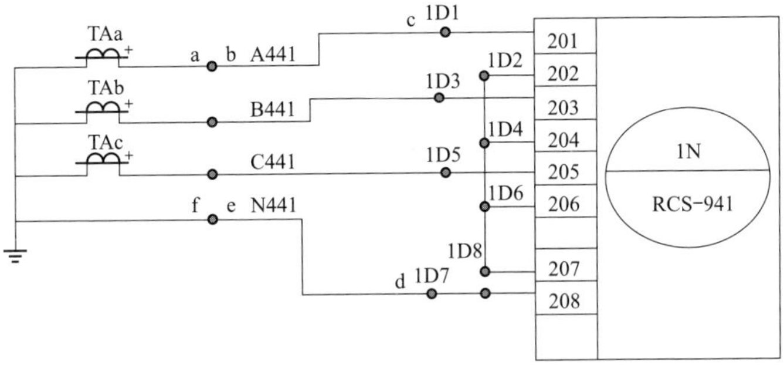

图 2-6　TA 二次回路示意图

1. 检查回路开路

（1）导通法。这种方法是使用图 2-5 所示中万用表的·)))或 Ω 挡来测量两点间电阻值。测导通法的基本原理是：接触良好的触点两端电阻值为零（导通发出蜂鸣声），接触不良时，有一定的电阻值；未接通的其两端电阻将无穷大。

检查中回路开路故障点。图 2-6 所示中的 TA 二次回路（A 相）借助万用表查找二次回路故障点的方法。将万用表打在·)))或 Ω 挡，一支测试笔固定在“f”，另一支测试笔触到“a”点导线上，若蜂鸣，则证明 TA 内部 A 相二次绕组未开路。当发现万用表指示为无穷大或数值与正常值相差过大时，说明该段回路开路。检查该段范围内的 TA 内部 A 相二次绕组，连接点连接线情况，就可以检查到开路的地方。

也可以在控制室内测量“c”与“d”之间的电缆侧电阻值来确定是否存在开路故障点，方法与“f”与“a”点检查方法相同。

预防要点：

1）如果检查过程中被测点与固定点的距离很远，无法将测试笔固定在“f”时，可以采用分段检测的办法，但必须防止漏测。

2）使用导通法时，必须注意被测元件是否有并联回路。若有，且对它有影响时，必须将其断开，否则会造成误判断。

3）若回路有电源，用导通法必须先断开被测回路的电源，否则会烧坏表计。

（2）电压降法。这种方法通过使用万用表（见图 2-5）的电压挡，测回路中各元件上的电压降，无须断开电源，其基本原理是：当回路接通时，接触良好的触点两端电压差应等为零；若不为零或为电源电压，则此触点接触不良或未接通；若线圈两端电压正常而继电器不动作，则线圈断线；若有两个以上不通时，不通点向任一元件两端均无电压；若某一点接触不良时，电压线圈电压很低。以断路器跳闸监视回路为例，如图 2-7 所示。

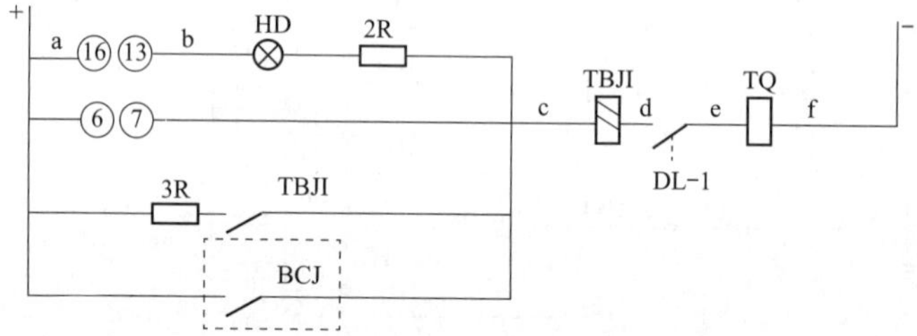

图 2-7　断路器合闸监视回路示意图

将万用表的“黑”测试笔固定在如图 2-7 所示中负极“f”上，将其“红”测试笔先触及“a”，此时表计指示为全电压时，表明电源及表计良好。然后将“红”测试笔依次向“b”“c”“d”“e”“f”点移动，当发现表计指示为 0 时，则表明故障断开点在该点与前一点之间。当被测点与固定点的距离很远时，可以将万用表的“黑”测试笔固定在同屏的另一负电上。

电压降法，也可以将“红”测试笔固定在图 2-7 所示中“a”上，“黑”测试笔从“f”依次向正极方向各点移动测量。也可采用测量每个元件两端电压的方法。断路器拒动、继电器、接触器等不动作的二次回路原因，都可以采用这种方法。

预防要点：

1）使用电压法时，必须注意被测元件是否有并联回路。若有并联回路，且对它有影响时，必须将其断开，否则会造成误判断。

2）如果不知被测电压范围，将功能开关置于最大量程并逐渐下调。

3）如果显示屏只显示“1”，说明已超过量程，需调高一挡，调挡时应切断输入电压。

4）该仪表不能用于测量高于 600V 有效值的交直流电压。

5）测量高电压时，需保持安全距离，注意避免触电。

6）严禁使用电阻挡、电流挡、电容挡等去测量电压。

（3）对地电位法。回路中各元件各点都有相应的对地电位，测量前，分析被测回路各点对地电位，再测量检查，将分析结果和所测值以及极性相比较，判断出故障点，这种方法一般用来查找直流二次回路故障，不需要断开电源，使用万用表直流电压挡。测对地电位时，读数为电源电压的一半左右，若某点的电位为零，说明该点两侧都有断开点。

在断路器合闸回路正常情况下，图 2-7 所示中“a”—“e”之间的接点都应该对地有电位（电源电压一半），且由于分压电阻的影响，电位数值呈下降趋势。

“f”点对地有固定负电位（电源电压一半）。如果回路有一个断开点，则以该断开点为界，靠“a”端的回路各点对地都有正电位，靠“f”端的回路各点对地都有负电位，如果有两个及两个以上断开点，则以左右两端最靠近“a”“f”的断开点为界，中部电位皆为零。

两侧电位分析同上。具体方法：测量时将万用表“黑”测试笔接地（接地铜排或接地的金属外壳），“红”测试笔依次由图 2-6 所示中“a”往“b”“d”往“e”移动，若该点测得数值与之前分析一致，则表示“a”到该点之间回路正常，如数值不一致则说明故障点就在该点与前一点区间。

预防要点：

1）被测元件如有并联回路时，应使用测导通法进行测量。

2）如果不知被测电压范围，将功能开关置于最大量程并逐渐下调。

3）如果显示器只显示“1”说明已超过量程，需调高一挡，调挡时应切断输入电压。

4）不要测量高于 600V 的电压，虽然有可读的数据，但会损坏万用表内部线路和造成人身伤害。

5）测试笔连接到电源或负载两端上，红测试笔所接端的极性将在液晶屏中显示。

6）当测量高电压时，要做好防范措施，避免触电。

7）严禁使用电阻挡、电流挡、电容挡等去测量电压。

2. 检查回路短路

当回路发生短路时，一般现象是熔断器投入或合上空气开关时，熔断器立即熔断、触点烧坏、短路点冒烟或空气开关立即跳开等。

检查的方法是：首先观察，是否冒烟和触点烧坏，如果发现接地点烧坏，可以进一步检查该回路内的设备，可用测导通法来测量该回路的电阻值是否变小；如果未发现故障点，下一步就应该对每一回路进行检查，将每一回路的正极和负极拆开，用测导通法测量该回路的电阻值，直到发现故障点为止；如果仍未发现故障点，则可能是不同回路间发生了短路或正、负极间直接短路了，可将万用表测试笔直接接于正、负极上，然后把回路逐一个地恢复，如发现某一回路接入后电阻突然变小，则很可能是该回路有故障，应再对该回路作进一步检查。

另外，也可考虑将各个回路逐个投入直到熔断器又熔断时，则故障就出在刚投入的回路上。若在操作过程中发生短路现象，则故障与操作回路（分、合闸）有关，可以对此进行详细检查。

在现场二次回路故障查找中，仪表查找法的运用相当重要，是变电运行及继保人员的一项基本功，应熟练掌握。

2.2.3 注意事项

（1）每次使用数字万用表前，需检查表计电池电量是否足够：若液晶屏显示不清或显示屏上出现电池标志，则表明电池电量不足，需及时更换新电池；还需检查测试笔是否完好：将量程开关打到•)))挡，用导通法检查测试笔。

（2）雷雨天气不能在室外进行测试，防止测试人员遭受雷击。

（3）绝缘不良或绝缘破损的测试线不能使用。测试时，要防止测试笔插错测试孔，否则极易产生严重后果。

（4）每次准备测量时，应再核对测量项目和量程开关的位置是否正确，避免因量程不对错误测量造成万用表的损坏，甚至人员伤害。

（5）数字万用表是精密电子仪表，不要随意改动内部电路，以免损坏。

（6）不要测量高于 600V 以上有交直流电压。
（7）转动量程开关时用力要适度，避免造成开关金属片的损坏。
（8）后盖未完全盖好时切勿使用。
（9）万用表应定期校验，校验合格的万用表才能使用。
（10）使用完毕后，功能量程开关最好置于电压挡或关闭状态。

2.3 绝缘电阻表

2.3.1 外观介绍

对于电气设备，其绝缘材料绝缘性能的好坏，直接影响到设备的正常运行和维护人员的人身安全。而衡量其绝缘性能好坏的重要指标就是绝缘电阻的大小，绝缘电阻表就是用来测量各种电气设备绝缘阻值的仪表。

绝缘电阻表又叫摇表，因为早期绝缘电阻表使用时需要摇动表内的手摇发电机；而绝缘电阻表的单位通常为兆欧，所以人们又常称为兆欧表。绝缘电阻表按读数的方式分类，可分为数字式绝缘电阻表和指针式绝缘电阻表。本节主要以常用的 KYORITSU（共立）3321A 指针式绝缘电阻表（以下简称“绝缘表”）为例进行介绍。

指针式绝缘表有多重电压等级输出、容量大、抗干扰强，操作简单、显示直观等优点。

绝缘表的面板有刻度显示屏，量程转换开关、电池检查、电源开关，测试笔及测试笔插孔、调零螺钉及测试按键等，如图 2-8 所示。

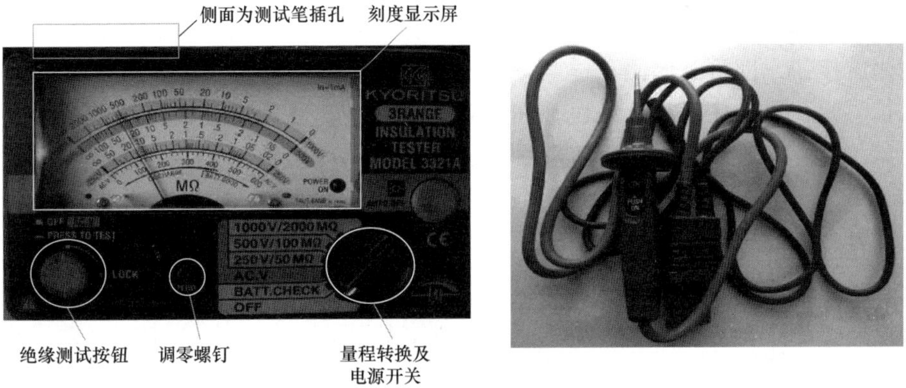

图 2-8 绝缘电阻表示意图

1. 刻度显示屏

绝缘表刻度显示屏位于表的上部，能够显示所测设备的绝缘阻值。

从刻度显示屏上可以看到三排分别为红蓝绿的扇形刻度，它们都是以“MΩ”为单位的刻度线，刻度的右端为“0”，左端则为“∞”，而且刻度标尺也都是不均匀的。只在部分刻度上是较为准确的读数，如：0～2000 MΩ/1000V、0～100 MΩ/500V、0～50MΩ/250V。

2. 量程转换开关

量程转换开关位于表的右下部，用于选择测量量程，需与测量目标切实对应。如图 2-8 所示的刻度显示屏上的红蓝绿扇形刻度线实际对应的是转换开关上的三个挡位，分别为“1000V/2000MΩ”“500V/100MΩ”“250V/50MΩ”。表示在指定输出的额定电压下，可测量的范围。

当转换开关旋转至“BATT.CHECK”处，将测试笔的线路（L）、接地（E）短接，并按下测试按钮，若指针旋转至刻度显示屏第四排“BATT GOOD”范围内，表明绝缘表的电池合格，可以继续使用，否则，应及时更换电池。

3. 测试笔及插孔

测试笔及插孔一般位于绝缘表顶部侧面，有两个测试笔插孔。标有“LINE-EARTH”的方形插孔，通常插入绝缘测试笔。而标有“GUARD”的为屏蔽接线端，使用它可以避免被测设备表面漏电影响测量结果。

4. 电源开关

在转换开关处标有“OFF”字样为电源开关，当转换开关旋转至此位置时表示关闭电源。

5. 绝缘测试按钮

当测试笔接线正确，准备开始测试时，只需按下测试笔上或表计上的红色测试按钮，即可开始测试电气设备绝缘阻值。而一般在进行绝缘测试时需要较长时间，可按住表计上红色按钮并顺时针旋转，便可将测试按钮长期锁定在测试工作状态下；当测试完毕，再将按钮逆时针旋转便可轻松解除测试工作状态。

6. 调零螺钉

当指针所指刻度不在“∞”刻度线时，通过对调零螺钉的调节，可以使表计指针恢复到正常状态。

2.3.2 使用方法

绝缘电阻表本身工作时会产生高电压，使用不当，会造成人身及设备事故。图 2-8 所示的 3321A 型指针式绝缘电阻表为例，详细介绍绝缘电阻表的正确使用方法。

1. 校表

（1）短路试验（校零点）。将测试笔红线（L）端和黑线（E）端短接，按下测试笔上或表计上的测试按钮，若表计指针指在“0”刻度线处，说明绝缘电阻表工作正常。

（2）开路试验（校无穷大）。将测试笔红线（L）和黑线（E）分开放置，并按下测试按钮，若表计指针指在“∞”刻度线处，说明绝缘电阻表的无穷大无异常。

通过以上短路和开路测试，证实表计没有问题，绝缘电阻表是完好的，可以进行正常的测量工作。

2. 准备工作

在使用绝缘电阻表前应做好以下准备工作：

（1）断开被测设备或回路电源，先用万用表测量回路无交、直流电后，用短接线对地放电，确保设备或回路不带电。

（2）注意被测设备或回路表面保持清洁，减少表面电阻，确保测试结果准确性。

（3）指针式绝缘电阻表必须要放置平稳，并且远离强磁场或较大的电流导体。

3. 测试方法

（1）将测试笔黑线（E）端接入被测物体的接地端（即地网），红线（L）端接入被测物体的金属裸露部分，如图 2-9 所示。

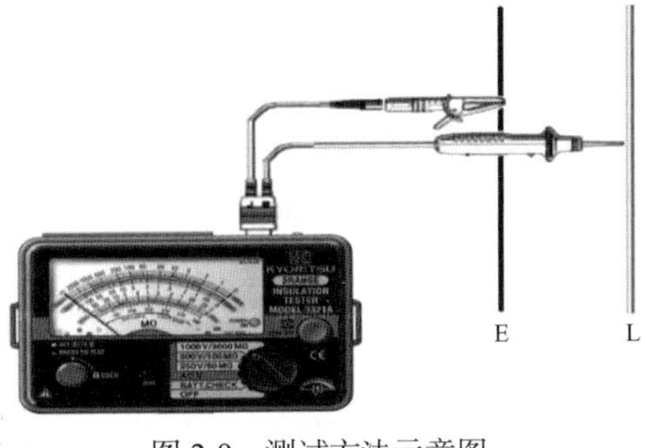

图 2-9　测试方法示意图

（2）根据设备的不同或按规程要求，将转换开关旋转至合适的电压等级，以确保测试结果的准确性。

（3）一直按下测试笔上的红色按钮或按下表计上的测试按钮并顺时针旋转，将其保持在测试状态，此时高压指示灯“POWER ON”红灯被点亮，表针在相应测试电压的刻度及相应量程上指示被测设备的绝缘电阻值。

（4）当表针稳定在某一刻度不再摆动时，记录此时数据，即为此设备或回路对地绝缘电阻值。

（5）放开测试笔上的红色按钮或将表计上的测试按钮逆时针旋转并松开，高压指示灯“POWER ON”红灯熄灭后，将红色和黑色测试笔分别收回，并互碰放电，再用导线将被测设备或回路对地放电，绝缘测试完毕。

2.3.3 注意事项

（1）当被测电气设备带电时，不能使用绝缘表测量。在测量前一定要确保被测设备与电源断开且无电。

（2）用绝缘表测试前，需要检查绝缘表是否能够正常工作，如将测试笔线路（L）和接地（E）短接，并测试，表计指针若指向“0”刻度线，表示绝缘表可以正常工作，否则不能使用。

（3）用绝缘表测试过的电气设备必须进行放电，切勿用手触碰。

（4）在测量中，如果指针指向“0”刻度线，表明被测电气设备存在短路接地现象，这时应立即停止测量。

（5）在进行绝缘测试过程中，要确保身体不能接触被测量部分，防止人身触电。

（6）若测试的电气设备或回路涉及多个工作地点，应派人在各地点做好监护，防止触碰测试回路造成的人身触电。

（7）绝缘表通常采用的是 9V 电池供电，应定期检查电池电量，并进行更换。同时在每次使用完绝缘表时需将量程转换开关旋转至“OFF”挡。

（8）绝缘电阻表的接线柱有三个：一个为“L”，即线端；一个为“E”，即地端；另一个为“G”，即屏蔽端（也叫保护环）。一般被测绝缘物体接在“L”和“E”之间，但当被测绝缘体表面严重漏电时，必须将被测物的屏蔽端或不需测量的部分与“G”端相连接，这样漏电流就经由屏蔽端“G”直接流回表计的负端形成回路，而不再流过绝缘电阻表的测量机构（流比计）。从根本上消除了表面漏电流的影响，特别应该注意的是测量电缆线芯和外表之间的绝缘电阻时，一定要接好屏蔽端“G”。

（9）绝缘电阻表与被测设备之间若需要使用连接导线时，必须使用绝缘良好的单根导线，不能使用双根绞线，否则影响测量结果。

2.4 钳型相位表

2.4.1 外观介绍

对于电流电压互感器二次回路，在设备进行投产运行前，常常需要检验这些回路接线是否正确，因为这些回路接线是否正确直接影响着继电保护装置能否可靠动作。而钳型相位表可以准确地检测电流电压回路接线的正确性。

钳型相位表是专为现场测量电压、电流及相位而设计的一种高精度、低价位、手持式、双通道输入测量仪表。该表可以很方便地在现场测量 *U-U*、*I-I* 及 *U-I* 之间的相位，判别感性、容性电路及三相电压的相序，因而在电力二次专业中广泛应用。

钳型相位表常常用来检测变压器的接线组别，测试二次回路和母差保护系统，读出差动保护各组 TA 之间的相位关系，以及检查电能表的接线正确与否等。

下面是一台型号为 S6000C 的多功能钳型相位表。其主要由开关机键、键盘区、液晶显示屏、通信及充电端口以及测试插孔等功能组成，如图 2-10 所示。

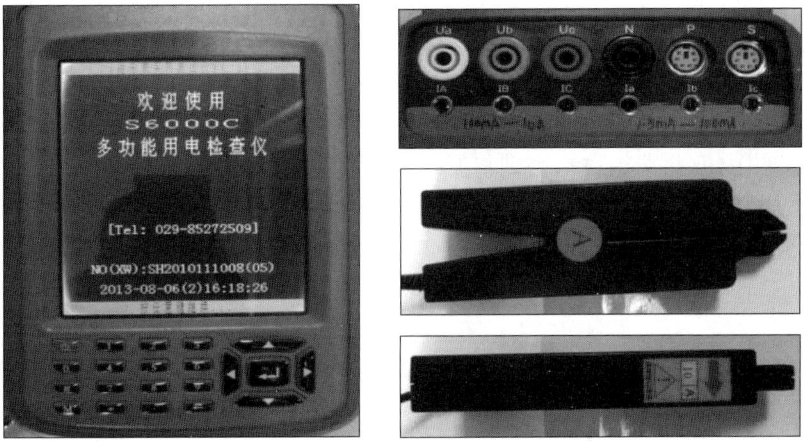

(a) 开关机键、键盘区及液晶显示屏　　(b) 通信及充电端口以及测试插孔

图 2-10　钳型相位表示意图

2.4.2　使用方法

钳形相位表一般都是在二次设备带电运行时进行使用，因而在工作时需要特别掌握使用方法，防止使用不当造成人身及设备事故。本节将使用 S6000C 型多功能钳形相位表，以测试单相 *U-I* 的读数及它们之间的相位为例，详细介钳形相位表的使用方法。

1. 测试接线

在进行单相 *U-I* 相位测试时，只需要分别准备一组测量单相的电压线和一只电流钳表。将测量电压的黄、黑两根线，一端依次插入仪器的 Ua 与 N 电压插孔中，另一端分别接入被测线 A 相电压端子和中性线 N 端子；取 A 相电流钳一端插入仪器的 Ia 插孔，另一端接入被检电流回路中（注意电流钳方向），如图 2-11 所示。

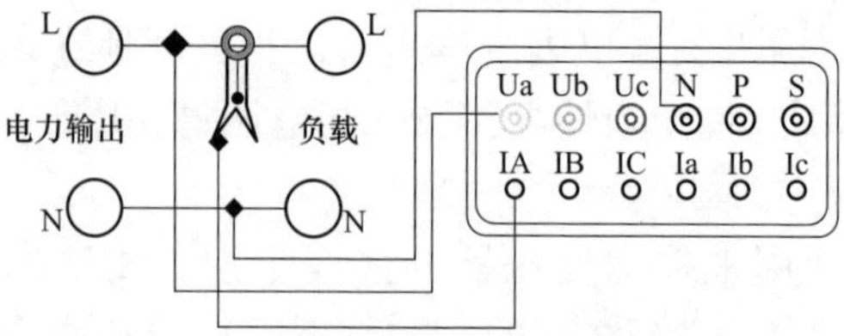

图 2-11　钳型相位表使用方法示意图

2. 测试步骤

（1）接线完成后根据被测量及其大小的范围，选择合适的量程。当不能估算时，则选择最大量程挡位，从最大值开始测量，然后逐渐减小，直到显示数值正确。

（2）用手按动 A 相电流钳使其钳口张开，将被测导线放入钳口内，然后松开电流钳手柄，使钳口紧闭。在使用电流钳时要注意被测导线电流流动的方向应和电流钳的极性端一致，否则将影响 *U-I* 相位测试结果。

（3）从液晶显示屏上分别读取电流、电压幅值读数以及它们之间的相位读数，并做好记录。从液晶显示屏上可以清晰地看出它们之间的相位关系，如图 2-12 所示。

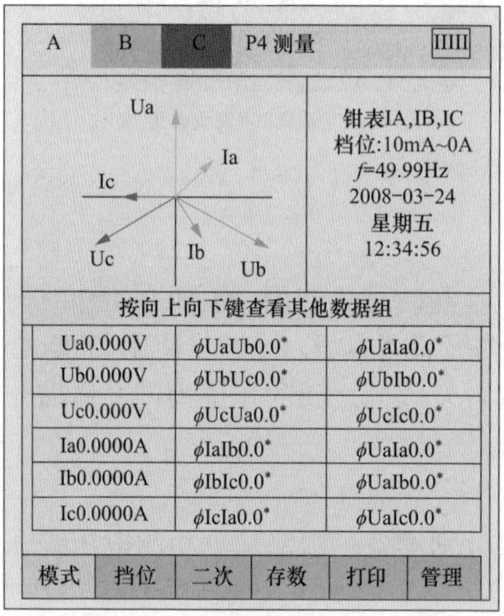

图 2-12　钳型相位表测量值显示示意图

（4）将电流钳口松开，把导线撤出，完成本次测试。

以上便是进行单相 *U-I* 测试的简单方法，实际工作中，还经常会遇到 *U-U*、*I-I* 以及三相电流电压的测试情况，使用的步骤和方法基本相同，这里不再详述。

2.4.3　注意事项

（1）使用钳型相位表测量电流时，用手按动扳手，让钳口张开，将被测导线放入钳口中间，然后将钳口闭合紧密，以确保读数准确。同时注意钳口的方向与电流的进出方向。

（2）使用其他型号的钳型相位表时，要注意选择合适的电流量程，确保选择的量程稍大于被测电流，若无法估计被测电流大小，则按最大量程开始测量，逐步选择合适的量程。

（3）使用钳形相位表进行工作时，要注意身体各部分与带电设备保持一定的安全距离。接线时，要先接好钳形相位表连线后，再接入被测二次回路中；拆线时先断开被测二次连线，再拆除钳形相位表上的接线。

（4）在雷雨天时，禁止在室外使用钳形相位表进行测量。

2.5 光 功 率 计

2.5.1 外观介绍

光功率计是用于测量光纤中传输的光功率相对损耗的仪器。在光纤测量中就如同电子学中的万用表，是光纤网络必不可少的检测工具。

在电力系统二次专业中，以往光纤网络只用在线路保护中，作为两侧电气量交换用的通道，适用范围不广。而随着数字化、智能化变电站的推进，光纤网络越来越多，光功率计在电力系统二次专业中的使用将会更加普遍。

一般光功率计的功率模块都设有不同波长的校准点，如 850、1300、1310、1550nm 等。使用时可根据光纤中所传播光的波长进行相应选择。

便携式光功率计由液晶显示屏、功能按键、仪器开关以及光纤插口等部分组成。下面以 NOYES OPM4 型手持式光功率计为例，做简单介绍，如图 2-13 所示。

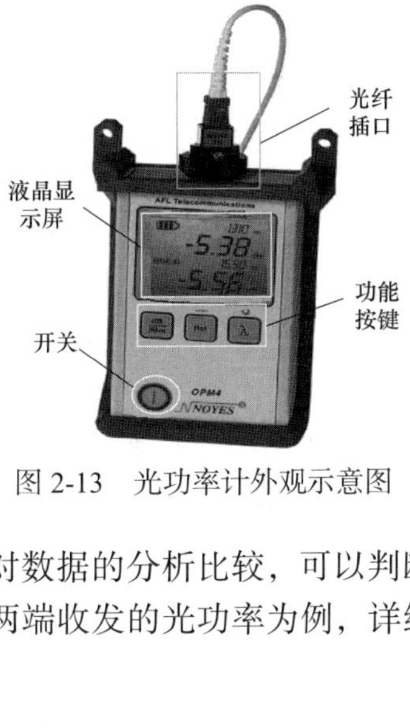

图 2-13　光功率计外观示意图

2.5.2 使用方法

使用光功率计测试光纤中的光功率，并通过对数据的分析比较，可以判断光纤回路是否工作正常。下面就以测试线路保护两端收发的光功率为例，详细介绍光功率计的使用方法。

1. 测试准备工作

测试前首先需要了解被测光纤网络结构。本次测试的线路保护光纤网络结构，如图 2-14 所示。两侧的保护通过直连光纤连接起来。

在测试前还需要准备一根备用单模光纤，用于测试从光纤接口发出的光功率大小。

2. 测试步骤

（1）确认两侧保护装置的光纤主保护已退出运行，切勿在主保护运行时进行光功通道上工作。

（2）将 A 站光纤接口“TX”（光发）上的光纤拔出，并用光帽盖好。

（3）取出备用的单模光纤，将其一端旋转插入 A 站光纤接口“TX”（光发）端，而另一端则接至光功率计光纤插口，接入时注意光纤尾端凸口与光功率凹口一一对应，使光信号在接入口处无衰耗，确保测试准确性，如图 2-15 所示。

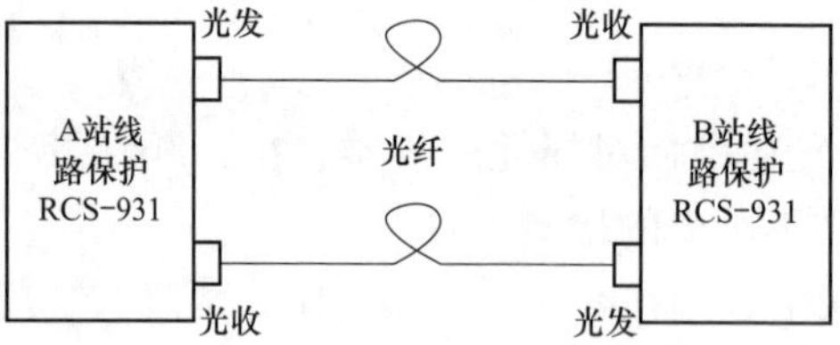

图 2-14　线路保护光纤网络结构示意图

图 2-15　光纤接入示意图

（4）按下光功率计开机键，等液晶屏上有显示内容时，再按下“λ”功能键将光波长校准点选择到“1310nm”，此时读取液晶屏上的光功率数值，此数值便是 A 站保护装置发出的光功率大小，其数值一般不小于 −16dBm。

（5）将 A 站光纤接口“TX”上的备用光纤拔出，恢复原光纤接线。

（6）在 B 站将光纤接口“RX”上的光纤拔出，并插入光功率计中，此时将读出 B 站保护装置接收到的光功率大小，此数值不应小于 −30dBm，否则说明光纤传输衰耗较大，需检查光纤网络。

（7）同样道理重复（2）～（6）步骤即可测试 B 站发到 A 站收光纤的功率大小。

（8）通过测试 A 站（B 站）发送光功率和 B 站（A 站）接收光功率，将其两者做差值，即可得出光功率的衰耗值，再结合光纤距离的长短综合判断光纤是否工作正常。

2.5.3　注意事项

（1）进行光功率测试时，一定要保持光功率计和光纤接口处的清洁，必要时需用棉花蘸少许工业酒精进行接头处的擦拭，确保测试结果的准确性。

（2）光功率计在存放和使用过程中要特别注意防潮湿、防灰尘、防热源（红外光影响）。

（3）超最大量程的输入光信号会损害探测器，所以光功率计不能用于测量超过最大量程的光信号。

（4）光功率计一般使用电池供电，需定期检查并更换光功率计电池。

2.6 保护测试仪

目前市面保护测试仪很多，面板及操作大致相同，均可以独立完成继电保护、励磁、计量、故障录波等专业领域内的装置和元器件测试。本章仅以广州昂立（ONLLY）电气公司生产的保护测试仪为例进行简要说明，具体操作及调试功能详见说明书，如图 2-16 所示。

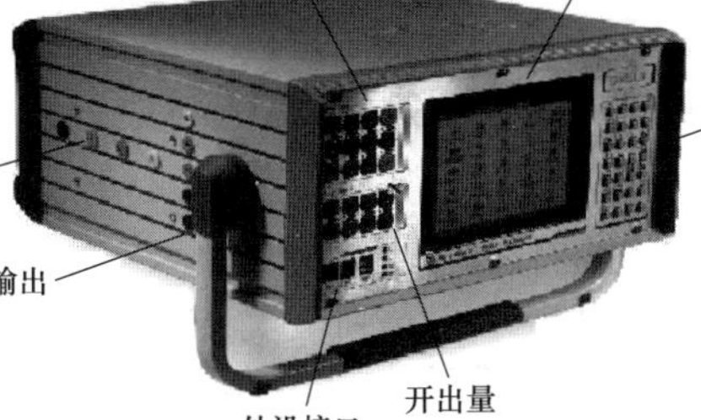

图 2-16　ONLLY 保护测试仪外观示意图

2.6.1　保护测试仪外观介绍

1. 接线端子（见图 2-16）

（1）电压输出。一般地，Ua、Ub、Uc 分别对应 A、B、C 三相电压，第 4 路电压 Ux 的输出方式由软件设定，N 为电压接地端子（N 端子内部均相通）。

（2）电流输出。一般地，Ia、Ib、Ic 分别对应 A、B、C 三相电流，N 为电流接地端子（Ia、Ib、Ic 任意两并或三并输出大电流时，建议将两个 N 端子并联输出）；A460 有两组电流输出 Ia、Ib、Ic、Ix、Iy、Iz。

（3）开入量。A 与 a 共用公共端、B 与 b 共用公共端、C 与 c 共用公共端、R 与 r 共用公共端。

开入量可以接空接点，也可以接 10～250V 的带电位接点。

一般地，A、B、C 分别连接保护的跳 A、跳 B、跳 C 接点，R 连接保护的重合闸接点。

（4）开出量。开出量为空接点，接点容量 250V/2A，其断开、闭合的状态切换由软件控制。

2. 指示灯（见图 2-16）

1、2、3、4：开出量闭合指示灯。

A、B、C、R、a、b、c、r：开入量闭合指示灯。

Ia、Ib、Ic：电流输出回路正常指示灯（电流回路开路时，相应的指示灯亮）。

3. 操作按钮及键盘（见图 2-16）

1、2、3、4、5、6、7、8、9、0，·：数字输入键。

+、−：数字输入键，作“+”“−”号用，亦可作为试验时增加、减小控制键使用，详见相应的测试软件。

BkSp：退格键，用于数字输入时，退格删除前一个字符。

Enter：确认键。

Esc：取消键。

PgUp、PgDn：上、下翻页键。

↑、↓、←、→：上、下、左、右光标移动键。

Tab：切换键，具体功能由相应的测试软件设定。

Help：帮助键。

Start：开始“试验”的快捷键。

F5、F8、F10：试验过程中的辅助按键，具体功能由相应的测试软件设定。

2.6.2 测试功能

目前市面保护测试仪很多，但均可以独立完成以下测试功能：

（1）电压 / 电流：测试电压、电流、功率方向、中间继电器等各类交直流型继电器的动作值、返回值，以及灵敏角等。

（2）时间测试：测试电压、电流、功率方向、中间继电器等各类交直流型继电器的动作时间，以及阻抗继电器的记忆时间等。

（3）频率 / 滑差试验：测试频率继电器、低频 / 低压减载装置等的动作值、动作时间，以及滑差闭锁特性。

（4）谐波叠加：测试谐波继电器的动作值、返回值，各相电压、电流可同时叠加直流、基波及 2～20 次谐波信号。

（5）故障再现：将 COMTRADE 标准格式的录波文件通过测试仪进行波形回放，实现故障再现。

（6）状态序列：用户自由定制的试验方式，程序提供了 50 种测试状态，所有状态均可以由用户自由设置，状态之间的切换由时间控制、按键控制、GPS 控制或开入接点控制。各状态下 4 对开出量的开合能自由控制，可用于模拟保护出口接点的动作情况，尤其方便于故障录波器的独立调试。

（7）整组试验：测试线路保护的整组试验，可模拟瞬时性、永久性、转换性故障，以及多次重合闸等。双端线路保护的同步时钟对时（GPS）对调，如高频保护、光纤纵差保护等。

（8）线路保护定值校验：测试距离、零序、过流、负序电流以及工频变化量阻抗等线路保护的定值校验，定性分析保护动作的灵敏性和可靠性。

（9）阻抗 / 方向型继电器：测试阻抗 / 方向型继电器的动作值、返回值、灵敏角，以及动作边界特性，精工电流，精工电压等。

（10）功率振荡：以单机对无穷大输电系统为模型，进行双端电源供电系统振荡模拟，主要用于测试发电机的失步保护、振荡解列装置等的动作特性，以及分析系统振荡对距离、零序等线路保护动作行为的影响等。

（11）差动保护：测试发电机、变压器、发电机 - 变压器组以及电铁变压器等的差动保护的比例制动特性曲线和谐波制动特性等。

（12）自动准同期：测试同期继电器或自动准同期装置的动作电压、动作频率和导前角（导前时间）等，也可以进行自动调整试验。

（13）常规继电器测试：用于进行单个常规继电器（如电压、电流、功率方向时间、中间及信号继电器等）元件测试，可以完成动作值、返回值、灵敏角以及动作时间等的测试。

（14）反时限继电器特性：用于反时限继电器的动作时间特性测试，包括 *i-t* 特性，*u-t*、*f-t*、*u*/*f-t* 特性，以及 *z-t* 特性。

（15）计量仪表：校验交流型电压表、电流表、有功功率表、无功功率表，以及变送器等计量类仪表。

2.6.3　注意事项

启动测试仪前，请确认：

（1）测试仪可靠接地（接地线端孔位于电源插座旁）。

（2）禁止将外部的交直流电源引入到测试仪的电压、电流输出插孔。

（3）工作电源误接 380VAC 将长期音响告警。

（4）开始试验前，请确认单相电流超过 15A 时，请按 F5 或根据提示选择切换到重载输出。

2.6.4　操作步骤

（1）关闭所有与测试仪连接的电源。

（2）利用专用测试导线。

1）将测试仪的电压、电流输出端子接至被测试的保护屏或其他装置。

2）将被测试保护屏或其他装置上的动作出口接点引回到测试仪相应的开入端子（注意：A 与 a 共用公共端、B 与 b 共用公共端、C 与 c 共用公共端、R 与 r 共用公共端）。

（3）开启电源开关，启动测试仪，此时液晶屏显示，如图 2-17 所示。

利用↑、↓键移动光标，按“Enter”选择所要求的测试仪运行方式。

1）脱机运行：即测试仪脱机独立运行，使用内置的工控测试软件进行试验操作，测试结果将直接存储在内置硬盘中。该方式省去了外接计算机的接线以及计算机和测试仪之间的连接，比较适合于现场空间狭小的测试场所，在现场该方式应用较多。

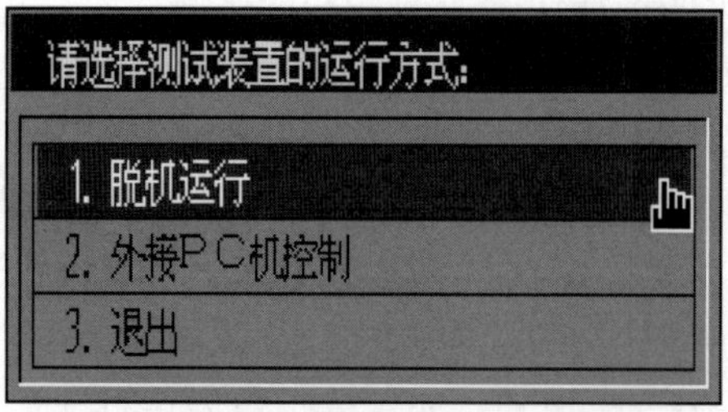

图 2-17　液晶屏显示示意图

2）外接 PC 机控制：选择该方式时，测试仪内的工控软件将自动退出，测试仪完全由外接的 PC 机控制，在现场该方式应用较少。

3）退出：测试仪进入屏幕保护状态。

2.6.5　测试功能应用实例

保护测试仪可独立完成测试功能较多，本节仅以状态序列测试功能为例进行介绍。用户自由定制的试验方式，程序提供了 50 种测试状态，所有状态均可以由用户自由设置，状态之间的切换由时间控制、按键控制、GPS 控制或开入接点控制。各状态下 4 对开出量的开合能自由控制，可用于模拟保护出口接点的动作情况，尤其方便于故障录波器的独立调试。显示状态，如图 2-18 所示。

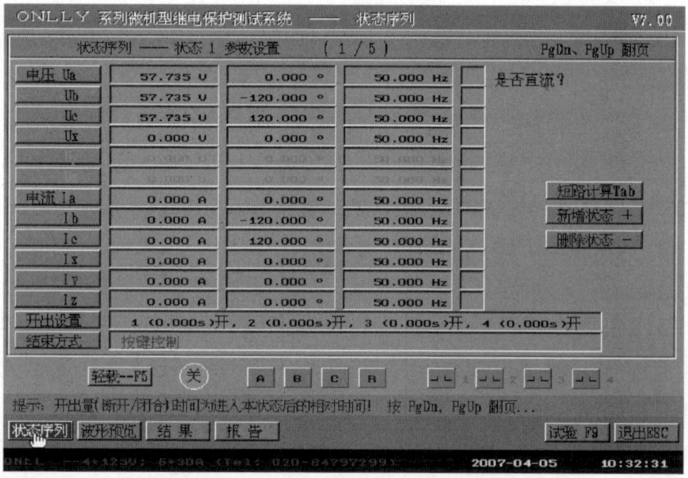

图 2-18　状态序列主界面显示示意图

主界面分为如下几个区域：

（1）左半区：控制参数设置区，用于设置试验时的各状态参数。

（2）右半区：试验控制的辅助设置区，包括：短路计算（Tab）、新增状态

（+）和删除状态（–），按“Tab”键可进行故障设置，按“+”键可在当前状态后增加新状态，按“–”键可删除当前状态。

（3）中下区：试验控制的辅助显示区，辅助显示开入 / 开出量状态等。

（4）主界面的最下一行为菜单行，按“←”“→”移动光标，按“Enter”执行相应的菜单项：

1）状态序列：此项对应控制参数设置区的参数，光标移动到该项上时，此时按“Enter”键则光标切换进入主界面的控制参数设置区，按“PgDn”“PgUp”键翻页。

a. 按“↑”“↓”“←”“→”键，光标将在控制参数设置区内移动。

b. 如果欲修改某项参数，按“Enter”键进入参数输入，按“Enter”键确认修改，或按“Esc”键撤消修改。

c. 按“Esc”键则光标切换返回菜单行中的“状态序列”项。

2）波形预览：通过图形方式，查看当前预设的各种状态下的状态参数和开出接点变化情况。

3）结果：通过图形方式，显示整个状态过程中的状态参数以及开入和开出接点的变化情况。

4）报告：查阅试验报告。提供查看报告方式：文本方式和图形方式。其中文本方式用于查看试验结果的文字说明，图形方式用于更加直观地查看整个试验过程中的状态参数以及开入和开出接点的动作变化情况。

5）试验：启动本次试验（也可以按测试仪面板上的“Start”快捷键）。

6）退出：本菜单项具有双重功能（也可以按“Esc”键）。

a. 进行试验时（开 / 关按钮显示为绿色），退出本测试程序，返回主菜单。

b. 在进行试验时（开 / 关按钮显示为红色），结束试验。

7）状态设置：

a. 试验过程分 n 个状态：状态 1 →…→状态 n。其中，$1 \leqslant n \leqslant 50$，具体状态个数由用户设定。

b. 根据“结束方式”的选择，来进行各状态之间的切换，如图 2-19 所示。

（a）模拟量设置。电压 Ua、Ub、Uc、Ux（Ua、Ub、Uc、Ux、Uy、Uz），电流 Ia、Ib、Ic（Ia、Ib、Ic、Ix、Iy、Iz）：设置测试仪各状态中的各路电压、电流的输出幅值、相位和频率，程序提供了两种设置方式：

a）按 Tab 键进行短路计算，程序根据计算模型的设置以及相应的故障

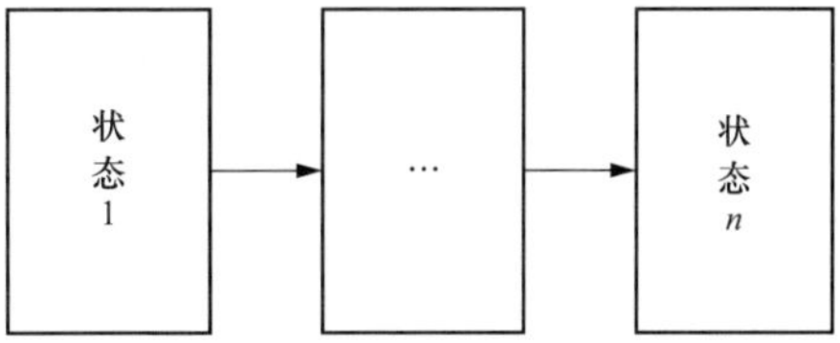

图 2-19　状态序列之间的切换示意图

参数，按照电力系统理论计算出A、B、C三相的电压、电流。

b）用户根据需要，任意设定4路（6路）电压、6路（3路）电流的大小、角度。

（b）开出设置。进入本状态后，测试仪开出量1～开出量4的状态：断开或闭合；以及翻转为此状态的时刻。

（c）结束方式设置。试验开始后，从当前测试状态进入下一个测试状态的控制方式，程序提供了4种方式，包括：按键控制、时间控制、GPS控制、开入接点控制。

a）按键控制：当前测试状态的输出时间不限，等待用户根据提示，按键后进入下一状态，应用较多。

b）时间控制：当前测试状态的输出时间到达设定的“最大持续时间”后，自动进入下一状态，应用较多。

c）GPS控制：当GPS对时成功，双方经联系，在同一分钟之内（10～50s的任意一刻）按确认键后，检测到第一个性能预测模型（PPM）时刻进入下一状态，应用较少。

d）开入接点控制：当设定的开入接点发生翻转后，自动进入下一状态，应用一般，特别试验应用。

（d）额定电压设置：保护TV二次侧的额定相电压，一般为57.735V。

（e）故障类型设置：程序提供了11种故障类型，包括：空载状态，A、B、C接地，AB、BC、CA相间，AB、BC、CA两相接地以及三相短路。

（f）故障方向设置：正向故障，或反向故障。

（g）短路电流设置：短路故障时，流经保护安装处的故障相电流I_f。

（h）短路阻抗设置：短路故障时，保护安装处距离短路点之间的短路阻抗，极坐标形式：幅值、角度。

（i）补偿系数K_1设置：正序阻抗Z_1的零序补偿系数，程序提供了2种设置方式：

a）极坐标形式表示：幅值、角度。

$$K_1 = \frac{Z_0 - Z_1}{3 \times Z_1} = K_1 + jK_1 = \left|K_1\right| \angle\varphi$$

式中 K_1——补偿系数；

Z_0——电力系统假定零序阻抗；

Z_1——正序阻抗；

φ——角度。

考虑到一般情况下，电力系统假定零序阻抗Z_0和正序阻抗Z_1的阻抗角度相

等，则 Im（K_1）=0，K_1 为一实数，通常$|K_1|$取 0.667，角度 φ 为 0°。

b）零序电阻补偿系数，零序电抗补偿系数 K_R、K_X 分别为

$$K_R = \frac{R_{l0} - R_{l1}}{3 \times R_{l1}}, K_X = \frac{X_{l0} - X_{l1}}{3 \times X_{l1}}$$

2.7 数字化保护测试仪

上一节已经对保护测试仪的操作界面和功能实现做了简要介绍。对于常规站而言，保护测试仪的调试功能主要测试仪的内部功放输出实现；而对于越来越普及的智能变电站而言，无论是电压、电流还是控制、信号等都是依靠数字信号传输，因此需要设计专门的数字化保护测试仪用于智能变电站。本章以广州昂立（ONLLY）电气公司生产的实现了数字信号与模拟信号同步输出的计算机继电保护测试仪为例进行说明。该型号的测试仪外观如图 2-20～图 2-22 所示。

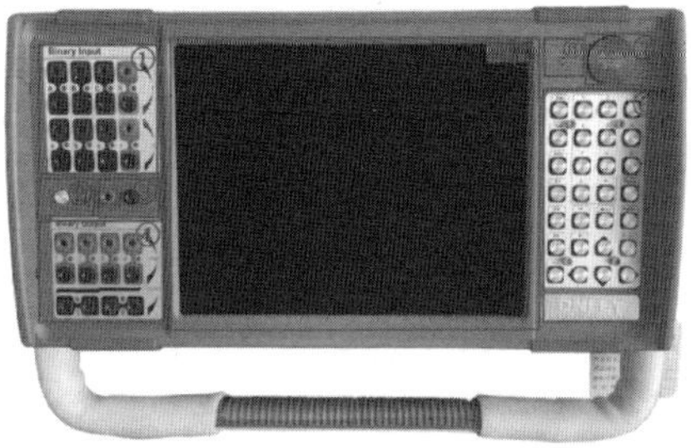

图 2-20　前面板

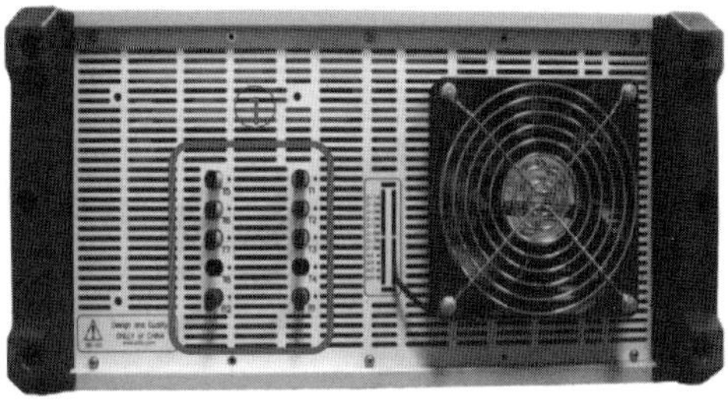

图 2-21　下面板（型号：BQ660）

2.7.1　外观及按键介绍

（1）模块 1：Binary Input 开入量。

8 对开入量（A、B、C、R、a、b、c、r），可接空节点和带电位节点（0～250V）。

（2）模块 2：开入量 A、B、C、R、a、b、c、r 黑色公共端控制开关。

1）切换开关，当绿灯亮起：表示 6 个黑色公共端之间是相互隔离的。

2）切换开关，当红灯亮起：表示 6 个黑色公共端之间是相互导通的，只需要接其中任意一个即可。

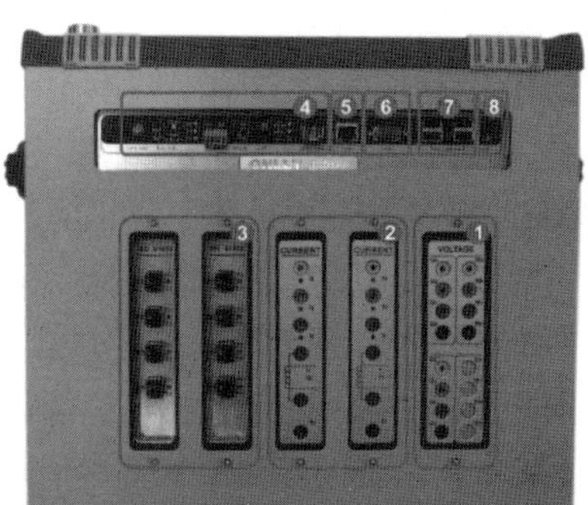

图 2-22　上盖板（型号：BQ660）

（3）模块 3：AUXDC 100mA。

AUXDC 辅助直流输出电压（24V 左右）可外串负载作为快速开出量的直流供电电源。

（4）模块 4：Binary Output 开入量。

1）4 对快速开出量（1、2、3、4）是由光耦控制的开出量，反应时间小于 100μs。

2）2 对通用开出量（5、6）是由继电器控制的开出量，为空节点。

3）快速开出量（1、2、3、4）可以控制 0～250V 的电平信号，但是回路的电流不应大于 0.5A，反接无效。

4）开出量的断开、闭合的状态切换由软件控制。

（5）模块 5：触摸屏。

10.4 寸触摸屏，用于显示和操作测试仪。

（6）模块 6：指示灯。

RUN 程序指示灯。

（7）模块 7：START/STOP。

开始 / 结束试验快捷按钮。

（8）模块 8：键盘。

1、2、3、4、5、6、7、8、9、0、·：数字输入键；

+、-：数字输入键，作“+”“-”号用；

←：退格键，用于数字输入时，退格删除前一个字符；

Enter：确认键；

←、→：左、右光标移动键；

↑、↓：列表测试上下移动快捷键；

Esc：软件升级界面退出快捷键；

Tab：切换当前选择项；

F4：软件界面最小化快捷键；

F5：不同的界面作用不同，软件升级界面扫描升级包快捷键；在测试界面用作截屏快捷键；

F6：不同的界面作用不同，在软件升级的时候用作升级程序的快捷键，在电压电流菜单用作手动增加变量；

F7：不同的界面作用不同，在软件升级的时候用作查看版本信息的快捷键，在电压电流菜单用作手动减小变量；

Help：帮助菜单快捷键；

PgUp、PgDn：菜单栏切换快捷键（相当于翻页）。

模块 1：光纤接口。

T1-T8、R1-R2 分别是 FT3 光纤接口的发送口与接收口。

（1）模块 1：VOLTAGE 电压输出端口。1）Ua、Ub、Uc、Ux、Uy、Uz（Uu、Uv、Uw）为内部功放电压输出端口，Un 为电压接地端子。

2）Ma、Mb、Mc 为小信号电压输出端口，Mn 为电压接地端子。

（2）模块 2：CURRENT 电流输出端口。Ia、Ib、Ic、Ix、Iy、Iz 为内部功放电流输出端口，In 为电流接地端子。

注意：有的型号 Ir，Is 为电流型小信号端子，支持 4～20mA 小电流输出。

（3）模块 3：8 对标准 LC 接口。可任意配置为 9-1/9-2 的 SMV 发送端或 GOOSE 发送接收端。

（4）模块 4：同步接口（SYN）与 Wi-Fi。

1）GPS-ANT：GPS 同步接口，接收天线装置（SMA 头）。

2）Wi-Fi RST：无线 Wi-Fi 复位按钮。

3）Wi-Fi PWR：无线 Wi-Fi 开关按钮，ON 为开启 Wi-Fi；OFF 为关闭 Wi-Fi；电 B 码接口：电 B 码对时接口，TX 为电 B 码发送端口，RX 为电 B 码接收端口；接口类型凤凰端子。

4）光 B 码接口：光 B 码对时接口，TX 为光 B 码发送端口，RX 为光 B 码接收端口；接口类型 ST 接口。

5）IEEE－1588 接口：1588 对时接口，接口类型为 LC 接口。

6）指示灯：

RUN：程序运行灯。

PPS：秒脉冲信号灯，当对时成功后，收到 PPS 信号，则 PPS 灯一秒闪烁一次。

PPM：分脉冲信号灯，当对时成功后，收到 PPM 信号，则 PPM 灯会闪烁一次。

ACT IEEE-1588：1588 对时信号灯，当收到信号，则点亮并闪烁。

RX IRIG-B：光 B 码接收信号灯，当收到光 B 码信号，则常亮。

TX IRIG-B：光 B 码输出信号灯，当输出光 B 码信号，则点亮并闪烁。

（5）模块 5：LAN。以太网通信接口，用于与外接 PC 机通信，联机操作。

（6）模块 6：DEBUG。调试口，厂家专用。

（7）模块 7：USB 接口。用于外接 USB 设备。

（8）模块 8：RST。工控机复位开关 Reset，用于复位工控机。

2.7.2 光数字测试软件使用说明

本章节以模拟线路定检为例，简单说明如何使用 ONLLY-BQ 系列智能数模计算机继电保护测试仪完成线路定检工作。

1. 试验前接线

为了防止后续在测试仪配置采样测量值（SMV）和面向通用对象的变电站事件（GOOSE）的过程中出错，试验前应明确接线对应的光网口。

测试仪的光网口 A1 通过光纤接至数字式微机保护的 SMV 光网口；把测试仪的光网口 A2 通过光纤接至数字式微机保护的 GOOSE 光网口，当光纤连接正常后，测试仪光网口对应的 LED 指示灯会点亮。测试仪至保护装置的光纤连接如图 2-23 所示。

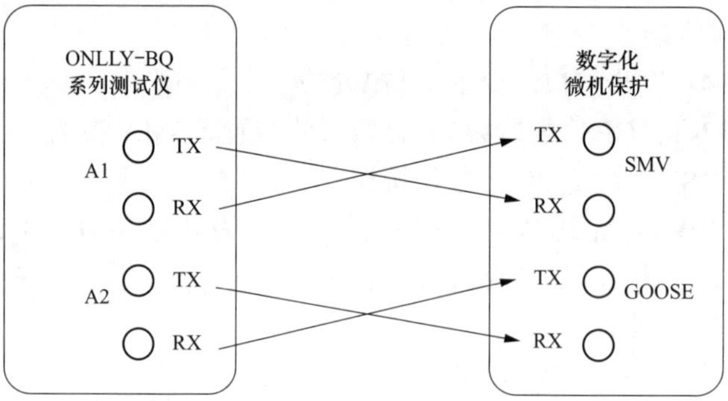

图 2-23 测试仪至保护装置的光纤连接

2. 系统配置界面完成相关设置

（1）输出方式选择。常规站输出方式：选择“内部功放输出”，数字化站输出方式：“数字量”。

（2）TV/TA 变比设置。由于数字化站 SV 传输的是一次值，因此需要设置正确的变比才能让保护装置收到正确的数值。变比根据定值单上列明的变比数据进行设置，以某 110kV 线路为例，TV 变比：110kV/100V；TA 变比：1200A/1A。

（3）设置正确的额定参数。根据定值单上列明的额定电压、额定电流、额定频率输入相应的测试仪菜单栏中。

系统配置界面的设置如图 2-24 和图 2-25 所示。

3. 61850 配置界面完成相关设置

（1）导入全站系统配置（substation configuration description，SCD）文件。进入 61850 配置界面后，点击“SCL 程序清单文件导入”选择所处变电站的系统配置文件导入。

（2）SMV 配置。

1）打开所需的 SCL 文件后，在左侧 IED 列表显示区中，选择所需的 IED

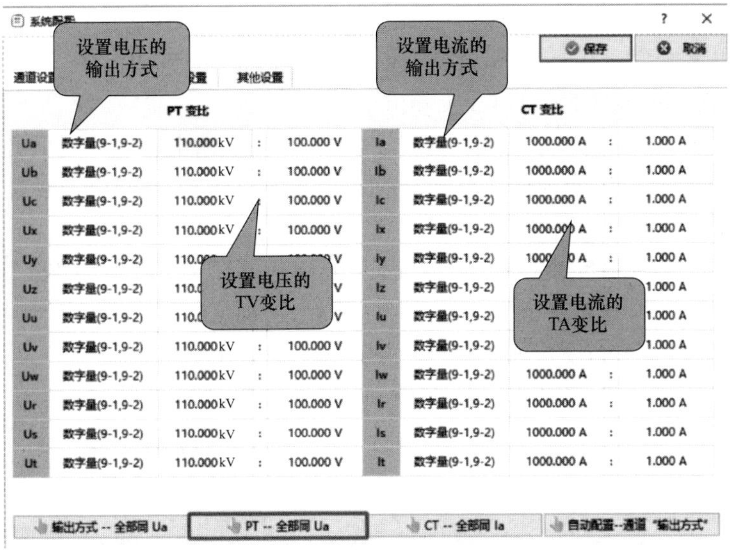

图 2-24　系统配置界面的设置（1）

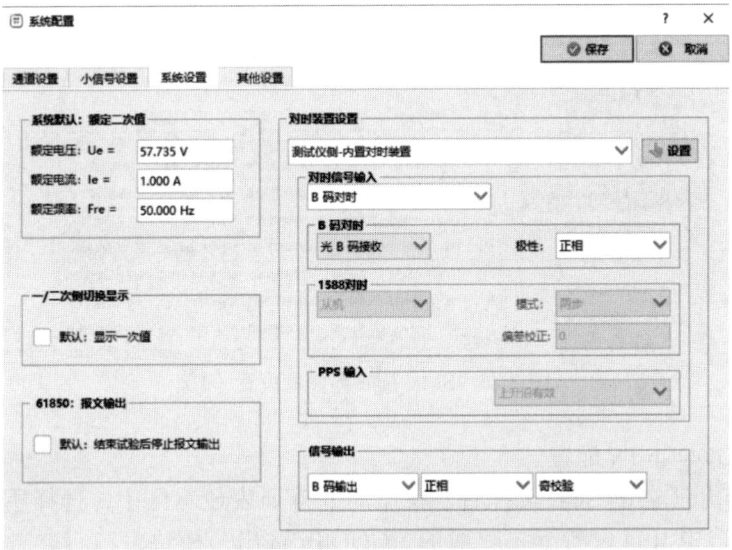

图 2-25　系统配置界面的设置（2）

设备，并选中 IED 设备下要映射的“SMV 输入”模块，然后点击“添加至 SMV”。

2）在 SMV 配置界面确认“光口”选择为“光网口 A1”，这与前文提到的试验前接线相互对应。

3）在 SMV 配置界面确认“输出通道映射”。以某高压线路成套保护装置为例，A 相电流映射“Ia”，B 相电流映射“Ib”，C 相电流映射“Ic”，A 相电压映射“Ua”，B 相电压映射“Ub”，C 相电压映射“Uc”。

4）在 SMV 配置界面确认“品质位数据”。各个输出通道均对应各自的品质位数据，以输出通道 Ia 为例，点击对应的“品质位数据”，将品质位数据设置界面中的“test（测试）”选项设置为：“1：测试”。

5）按上述步骤完成 SMV 配置后，依次点击“试验”“下载配置”完成配置。

SMV 配置界面的设置如图 2-26 和图 2-27 所示。

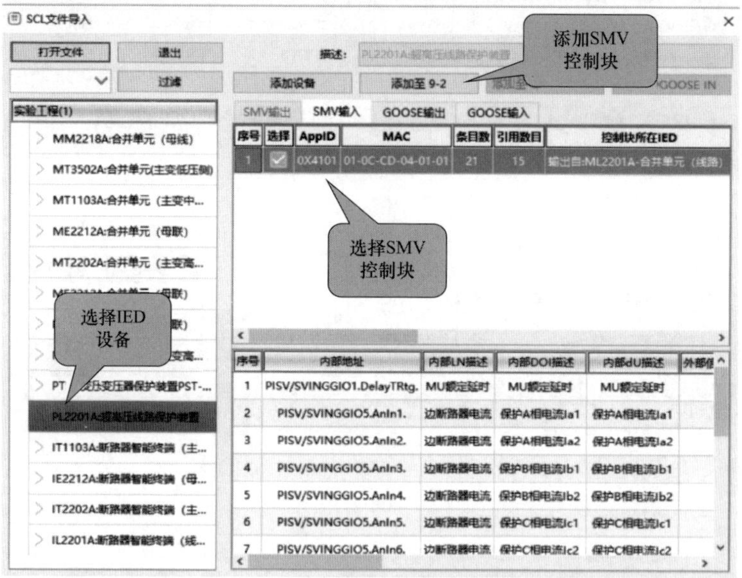

图 2-26　SMV 配置界面的设置（1）

（3）GOOSE IN 配置。

1）打开所需的 SCL 文件后，在左侧 IED 列表显示区中，选择所需的 IED 设备，并选中 IED 设备下要映射的“GOOSE 输出”模块，然后点击“添加至 GOOSE IN”。

2）在 GOOSE IN 配置界面确认“光口”选择为“光网口 A1”，这与前文提到的试验前接线相互对应。

3）在 GOOSE IN 配置界面确认“开入量映射”。该系列数字化保护测试仪最多提供 8 个点，且开入量映射要求一一对应。以某高压线路成套保护装置为例：

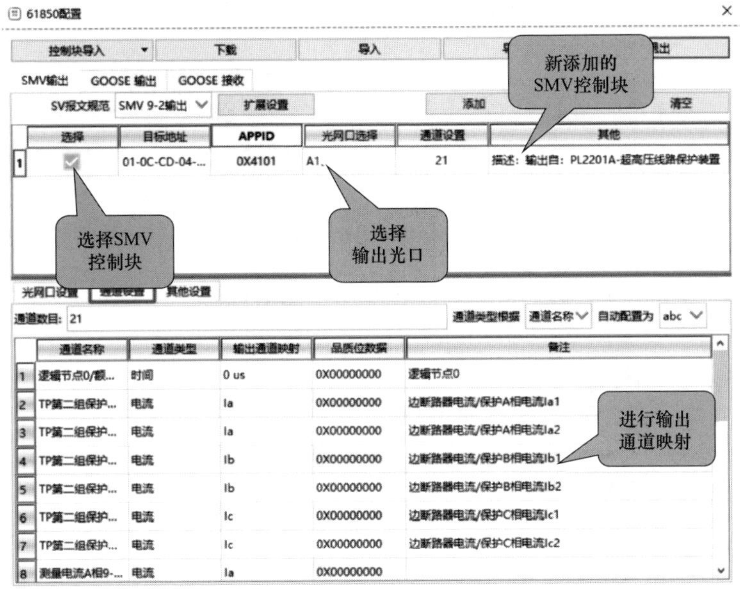

图 2-27　SMV 配置界面的设置（2）

“跳闸出口 _GOOSE”映射为“开入节点 A”；

“跳闸启失灵 _GOOSE”映射为“开入节点 B”；

“保护跳闸 _GOOSE”映射为“开入节点 C”；

“重合闸出口 _GOOSE”映射为“开入节点 R”；

“保护合闸 _GOOSE”映射为“开入节点 a”；

“闭锁重合闸 _GOOSE”映射为“开入节点 b”；

“发相邻线 _GOOSE”映射为“开入节点 c”。

4）按上述步骤完成 GOOSE IN 配置后，依次点击“试验”“下载配置”完成配置。

GOOSE IN 配置界面的设置如图 2-28 和图 2-29 所示。

（4）GOOSE OUT 配置。

1）打开所需的 SCL 文件后，在左侧 IED 列表显示区中，选择所需的 IED 设备，并选中 IED 设备下要映射的“GOOSE 输入”模块，然后点击“添加至 GOOSE OUT”。

2）在 GOOSE OUT 配置界面确认“光口”选择为“光网口 A2”，这与前文提到的试验前接线相互对应。

3）在 GOOSE OUT 配置界面确认“开出量映射”。该系列数字化保护测试仪最多提供 8 个点，且开出量映射允许一对多。以某高压线路成套保护装置为例：

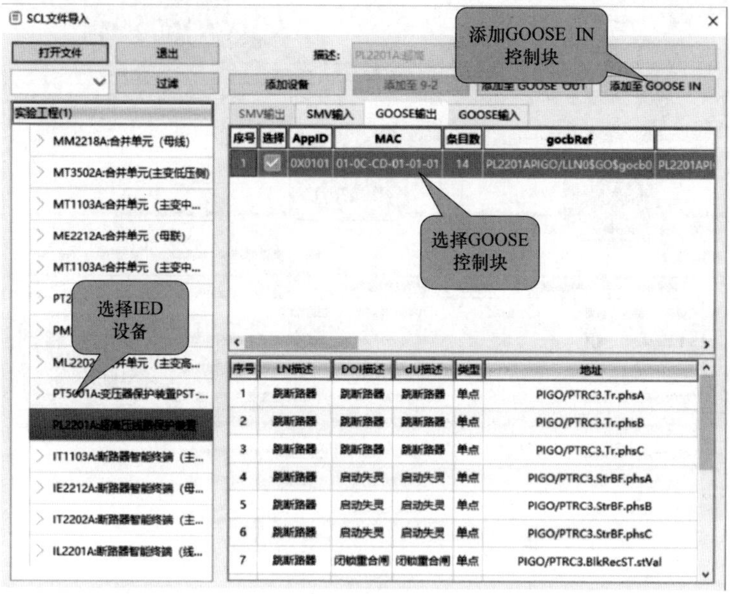

图 2-28　GOOSE IN 配置界面的设置（1）

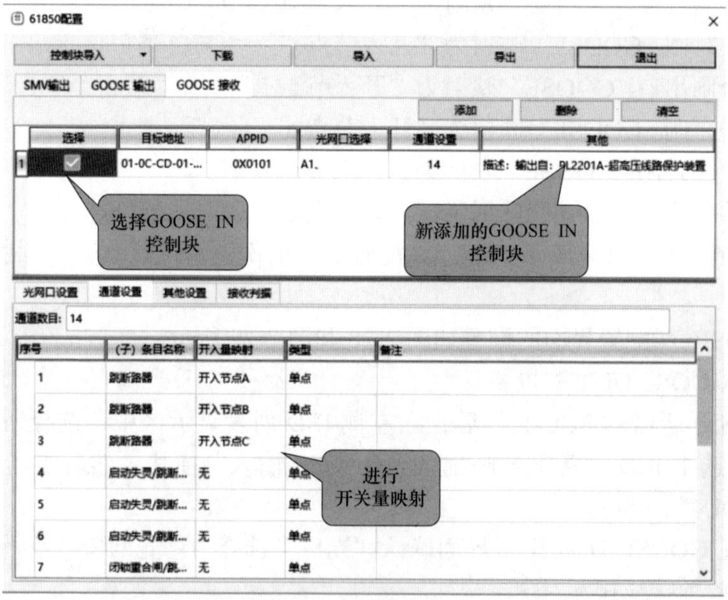

图 2-29　GOOSE IN 配置界面的设置（2）

“断路器位置”映射为“开出节点 1”；
“闭锁重合闸”映射为“开出节点 2”；
“KKJ 合后”映射为“开出节点 3”；
“合闸压力低”映射为“开出节点 4”。

4）按上述步骤完成 GOOSE IN 配置后，依次点击“试验”“下载配置”完成配置。

3. 调试与试验

通过前文的步骤完成文件配置后开始进行试验，通过修改电流、电压、时间、开入量、开出量、结束条件等试验条件完成调试。调试界面如图 2-30 所示。

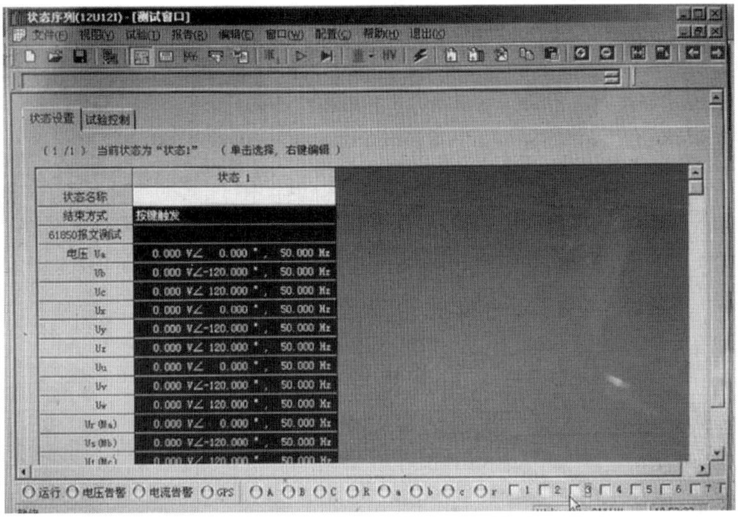

图 2-30　调试界面

2.8 钳形电流表

2.8.1　外观及按键介绍

钳形电流表（有时也叫钳型电流表、钳表）作为日常维护工作中必备的测试工具之一，用于测试电流，要求其具有较高的测试精度以及较多的测试功能。钳形电流表是由电流互感器和电流表组合而成。电流互感器的铁芯在捏紧扳手时可以张开；被测电流所通过的导线可以不必切断就可穿过铁芯张开的缺口，当放开扳手后铁芯闭合。穿过铁芯的被测电路导线就成为电流互感器的一次绕组，其中通过电流便在二次绕组中感应出电流，从而使二次绕组相连接的电流表测出被测线路的电流。钳形表可以通过转换开关的拨挡，改换不同的量程。但拨挡时一般不允许带电进行操作。为了使用方便，表内还有不同量程的转换开关供测不同等级电流的功能。本节以 KYORITSU 公司旗下生产的一款钳形电流表为例进行介绍。钳形电流表外观示意图如图 2-31 所示。

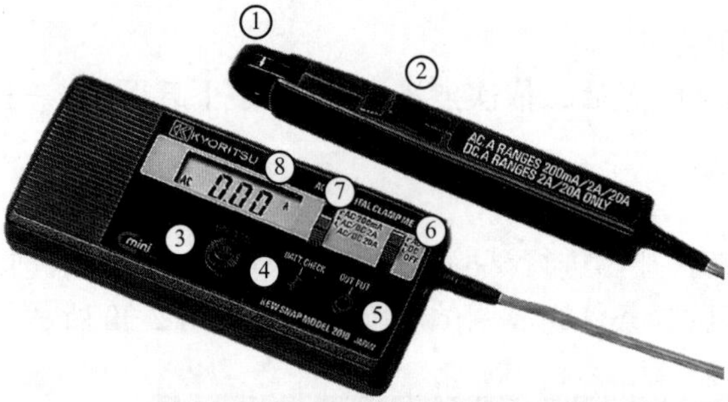

图 2-31　钳形电流表外观示意图

① 钳头：电流检测用 TA。

② 钳口扳手：操作钳头。

③ DC 电流调零按钮：直流电流调零按钮。

④ 电池检测开关（不锁定）：按此开关，在任何量程中均可显示电源电压。显示屏上将出现所选测试量程的测量单位、功能标志和小数点。

⑤ 输出端口：测试电流值变为 DC 电压后输出。

⑥ 电源 AC/DC/OFF 切换开关：电源 ON-OFF 和 AC/DC 切换开关。

⑦ 量程选择开关：切换电流量程。

⑧ 液晶显示屏（最大计数 1999）：除了测量单位、标志和小数点外，可显示低电量警告标志“B”，同时，醒目位置可显示过量程标志“1”。

2.8.2　使用方法及注意事项

本节主要介绍使用钳形电流表前的准备工作以及测量过程中的一些要点。

1. 测量准备

（1）按下电池开关（DC/AC）后若显示清晰且未出现“B”标志时表示电池电压正常。

（2）显示屏上没有任何显示或出现“B”标志时表示电池电量不足，需要更换电池。

（3）仪器设计在 6.8V 时显示“B”标志，但是由于可能存在误差，此时使用电池检测开关检查电池电压。

（4）按下开关后在任何量程中均可显示电源电压，电源电压低于 6.8V 时需更换新电池。

2. 测量步骤及方法

（1）将电源开关调至“AC/DC”位置，设置量程选择开关选择所使用量程。

（2）如果测量直流电流，使用前，先使用调零按钮进行零调整。为获取精确度数，每次测量前需要进行零调整。由于改变量程后可能会偏离零位，在每次改变量程后需要手动进行调零。

（3）按下钳口扳手，打开钳口并钳在待测导体上，LCD 显示屏上显示测试值。

3. 其他注意事项

（1）夹钳的金属头部分不绝缘，钳待测导体时避免误碰造成段乱。

（2）测量时尽量避免施加超过量程的电流，否则可能会对测试功能造成不可逆损伤。

（3）夹钳口最大导体直径为 7.5mm，待测导体直径若大于该数值会造成钳口无法闭合而不能获得精确读数。

2.9 螺钉旋具

2.9.1 外观介绍

螺钉旋具是一种用来拧转螺钉以迫使其就位的工具，通常有一个薄楔形头，可插入螺钉钉头的槽缝或凹口内，方言称为“改锥”或“起子”，主要有一字（负号）和十字（正号）两种，常见的还有六角螺钉旋具，包括内六角和外六角两种。按手柄材料不同，又可分为木柄和塑料柄两种，塑料柄具有良好的绝缘性能，适合于电工用。此外有些螺钉旋具的刀口端焊有磁性金属材料，可以吸住待紧固的螺钉，能准确定位、拧紧，使用也非常广泛，如图 2-32 所示。

螺钉旋具的规格很多，其标注方法是先标杆的刀口宽度（单位：mm），再标杆的长度（单位：mm）。如“6×100”就是表示杆的刀口宽度为 6mm，长度为 100mm。

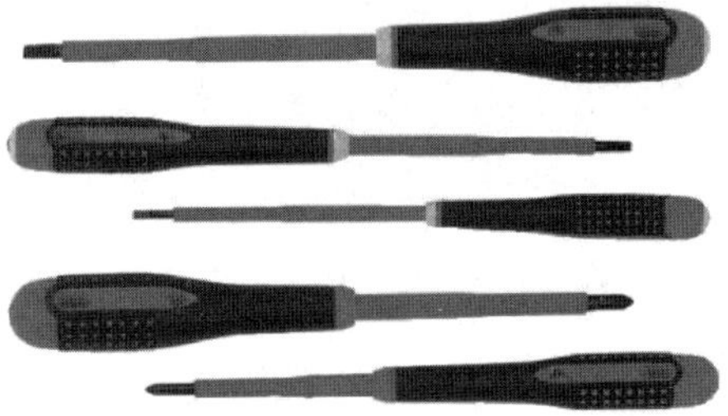

图 2-32　常用螺钉旋具示意图

一字形螺钉旋具的规格用柄以外的体部长度表示，常用的有 50、100、150、200mm 等，电工必备的是 50mm 和 150mm 两种。

十字形螺钉旋具是专供紧固和拆卸十字槽的螺钉，常用的规格有四种：Ⅰ号适用的螺钉直径为 2～2.5mm；Ⅱ号适用的螺钉直径为 3～5mm；Ⅲ号适用的螺钉直径为 6～8mm；Ⅳ号适用的螺钉直径为 10～12mm。

近年来，还出现了多用组合式螺钉旋具，即可作为螺钉紧固使用，还可作为锥、钻使用。它的柄部和导体可以拆卸，并附有规格不同的螺钉导体。

2.9.2 使用方法

作为电工来讲，使用螺钉旋具所紧固的螺钉一般都是带有交流或直流电，因而在使用螺钉旋具工作时，要特别注意防止人身触电事故的发生。下面就简单介绍在电力二次设备工作时螺钉旋具的正确使用方法。

1. 使用前准备工作

（1）因为电力二次设备经常有电，所以在使用螺钉旋具前应先检查绝缘。要选用电工专用的塑料柄螺钉旋具，同时检查螺钉旋具的金属杆是否有绝缘套管。如果没有，请拿绝缘胶布对其金属部位进行缠绕，只留出刀头大概 10mm 的金属部分，如图 2-33 所示。

（2）在使用前应根据螺钉大小来挑选合适的螺钉旋具种类和型号，不能以小代大，以免损坏螺钉旋具或电器元件。

2. 使用步骤

（1）在使用螺钉旋具紧固螺钉时，要保证螺钉与螺钉旋具在一个水平面内，这样可以将推力和旋转的扭力均匀的传递给螺钉，防止用力不均导致损坏螺钉或螺钉旋具，如图 2-34 所示。

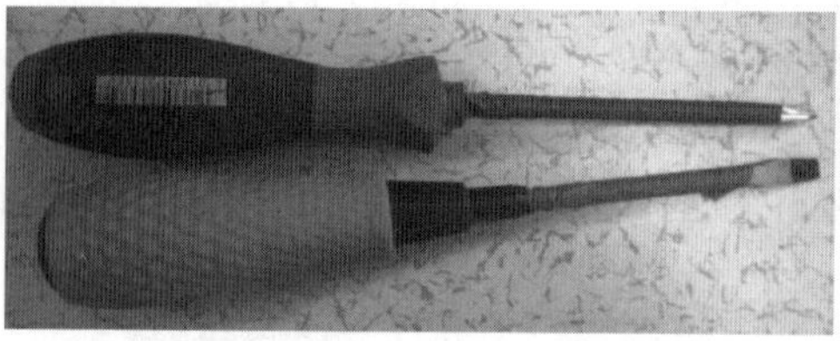

图 2-33　经绝缘处理后的螺钉旋具示意图

图 2-34　使用螺钉旋具水平放置示意图

（2）在使用小螺钉旋具时，可用大拇指和中指夹住握柄，用食指顶住柄的末端进行旋转。

（3）在使用大螺钉旋具时，除大拇指、食指和中指要夹住握柄外，手掌还要顶住柄的末端，这样就可以防止螺钉旋具在转动时滑脱。

2.9.3　注意事项

（1）在紧固或拆卸带电的螺钉时，手不可触及螺钉旋具的金属杆，以免发生人身触电事故。

（2）不要使用螺钉旋具旋紧或松开握在手中工件上的螺钉，以免伤到自身，而应当将工件夹固在夹具内。

（3）使用螺钉旋具时，需将螺钉旋具头部放至螺钉槽口中，不要在槽口中蹭动，以免磨毛槽口。

（4）为了避免螺钉旋具的金属杆触及皮肤或邻近的带电体，可在金属杆上穿绝缘套管或用绝缘胶布缠绕。

（5）选用合适的螺钉旋具进行紧固，切勿用小螺钉旋具去旋拧大螺钉，否则将使螺钉旋具头部受损，螺钉槽口也将被拧坏。反之，如果用大螺钉旋具去旋拧小螺钉，也将造成因为用力过大而导致小螺钉滑丝现象。

本章思考题

（1）以 FLUKE 115C 数字万用表为例，说明表上的各符号的含义。
（2）用万用表检查回路开路有哪些方法？
（3）使用万用表注意事项有哪些？
（4）写出绝缘电阻表测试方法。
（5）使用钳型相位表注意事项有哪些？
（6）写出使用光功率计的方法。
（7）螺钉旋具如何分类？
（8）使用螺钉旋具注意事项有哪些？
（9）如何设置保护测试仪的状态序列？
（10）对上述仪器仪表及工具现场应用需注意哪些？
（11）数字化保护测试仪的使用需要注意哪些？

3

电气主接线方式与继电保护配置

3.1 概　　述

电气主接线是由电气设备通过连接线，按其功能要求组成接受和分配电能的电路，成为传输强电流、高电压的网络，故又称为一次接线或电气主系统。变电站的一次电气主接线代表了发电厂或变电站电气部分的主体结构，一次电气主接线的设计是整个变电站设计的核心技术之一，它对变电站内电气设备选择、布置，特别是继电保护及自动化装置的设计，都起着决定性作用。对电气主接线的基本要求，概括地说应包括可靠性、灵活性和经济性三个方面。

图 3-1　电网人为事故示意图

通过本章学习，可使现场继电保护及二次维护工作人员了解变电站常见的各种电气主接线方式，各方式的优缺点以及倒闸操作中存在的危险点，能有效帮助现场工作人员熟悉变电站现场主接线方式，帮助操作人员认识操作中存在的危险点，减少因盲目工作造成人为事故发生。电网人为事故，如图 3-1 所示。

3.2 电气主接线方式

电气主接线的基本形式，就是主要电气设备常用的几种连接方式，它以电源和出线为主体。由于各个发电厂或变电站的出线回路数和电源数不同，且每路馈线所传输的功率也不一样，因而为便于电能的汇集和分配，在进出线较多时（一般超过 4 回），采用母线作为中间环节，可使接线简单清晰，运行方便，有利于安装和扩建。无汇流母线的接线连接方式的电气设备较少，配电装置占地面积较小，通常用于进出线回路较少，不再扩建和发展的发电厂或变电站。

有汇流母线的接线形式可概括地分为单母线接线和双母线接线两大类；无汇流母线的接线形式主要有桥形接线、角形接线和单元接线。

本节主要以现场应用的几种电气主接线方式进简单介绍，本节未涉及的其他电气主接线方式可以参考相关书籍学习。

3.2.1 单母线接线

各电源和出线都接在同一条汇流母线上，其电源线和负荷线各均通过一台断路器接到母线上。母线既可保证电源并列工作，又能使任一条出线都可以从任一个电源获得电能。各出线回路输送功率不一定相等，应尽可能使负荷均衡地分配于各出线上，以减少功率在母线上的传输，如图 3-2 所示。

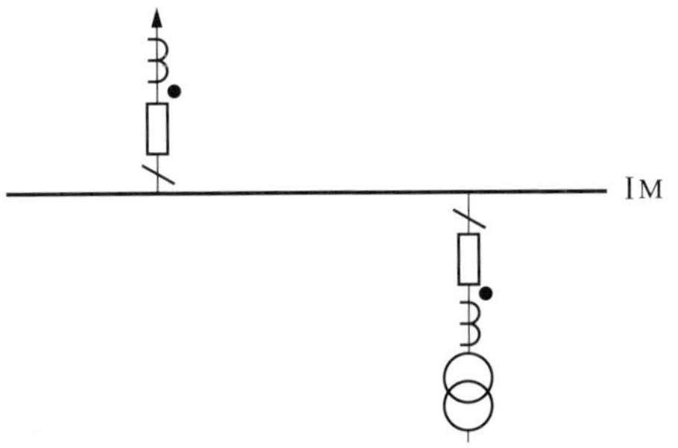

图 3-2　单母线接线示意图

优点：

简单、清晰、设备少、投资小、运行操作方便，有利于扩建和采用成套配电装置。

缺点：

（1）可靠性差。母线或母线侧隔离开关检修时，连接在母线上的所有间隔都将停止工作，也就是要造成全厂或全站长时间停电。

（2）当母线或母线隔离开关上发生短路故障或断路器靠母线侧绝缘套管损坏时，所有断路器都将被保护切除，造成全部停电；另外，检修任一电源或出线断路器时，该出线必须停电。

（3）方式调整不方便。电源只能并列运行，不能分列运行，并且线路侧发生短路故障时，有较大的短路电流。

（4）在 220kV 系统中如果采用该接线方式，220kV 出线不能超过 2 回。

综上所述，单母线接线形式一般只用在出线回路少，并且没有重要负荷的发电厂和变电站中。

3.2.2 单母线分段接线

为了增加出线回路数量，可用断路器或隔离开关将母线分段，成为单母线分段接线，分段断路器的数目，取决于电源的数量和容量。段数分得越多，故障时停电范围越小，但使用断路器的数量越多，配电装置越复杂，运行维护工作越多，通常以2～3段为宜，如图3-3所示。

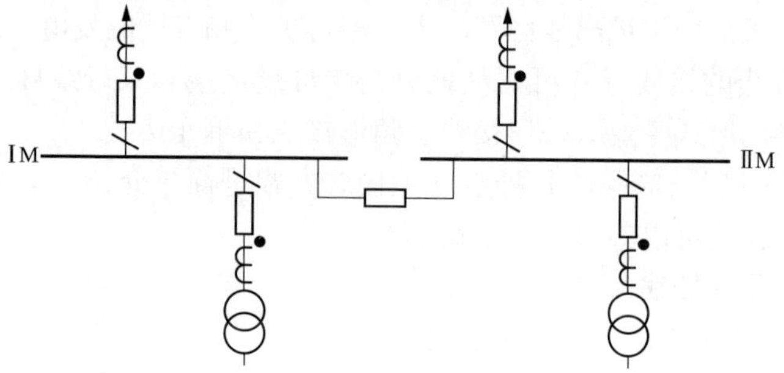

图3-3 单母线分段接线示意图

优点：

（1）该接线方式与单母线接线供电方式可靠性高，同时具有接线简单、操作方便灵活、投资少等优点。

（2）当一段母线发生故障时，分段断路器将故障隔离，保证正常母线不间断供电，提高了供电的可靠性。

缺点：

（1）当一段母线或母线隔离开关故障或检修时，必须断开接在该分段上的全部电源和出线，这样就减少了系统的供电量，并使该段单间隔供电的用户停电。

（2）任一出线断路器检修时，该出线必须停电。

3.2.3 双母线接线

为了克服单母线分段接线在母线和母线隔离开关检修时，该段母线上连接的元件都要在检修期间停电的缺点而发展出双母线接线，该接线在220kV系统中被广泛采用。双母线接线方式，有两组母线，对于任一出线单元，其中一组母线为工作母线，另一组为备用母线。每一电源和每一出线都经一台断路器和两组隔离开关分别与两组母线相连，任一组母线都可以作为工作母线或备用母线。两组母线之间通过母线联络断路器（简称母联断路器）连接，如图3-4所示。

优点：

（1）线路故障断路器拒动或母线故障只停一条母线及所连接的间隔，将非永久性故障间隔切换到无故障母线，可迅速恢复供电。

（2）检修任一间隔的母线侧隔离开关，只停该间隔和一条母线，其他间隔切换到另外的一条母线上，不影响其他间隔供电。

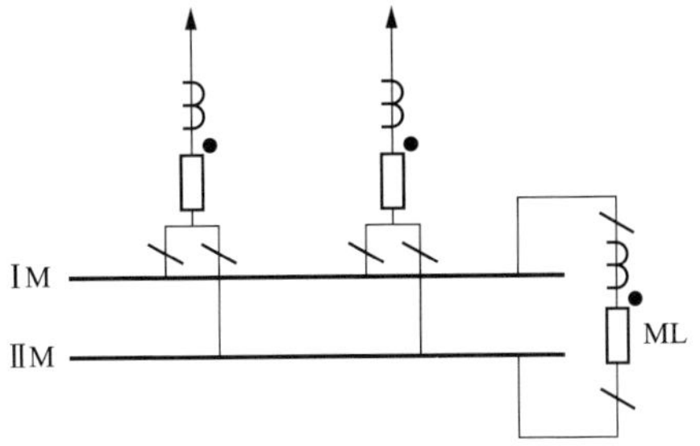

图 3-4　双母线接线示意图

（3）可以在任何间隔不停电的情况下轮流检修母线，只需将需要检修的母线上的所有间隔切换到另外一条母线即可。

（4）运行和调度灵活。根据系统运行的需要，各间隔可灵活选择连接到任一条母线上，实现系统的合理接线。

（5）扩建方便。一般情况下，双母线接线配电装置在一期工程中就将母线构架一次建成，在扩建间隔施工时，对原有的间隔没有影响。

缺点：

（1）当母线或母线间隔开关故障检修时，倒闸操作复杂，容易发生误操作。

（2）隔离开关操作闭锁回路复杂。

（3）保护和测量装置的电压取自母线电压互感器二次侧，需要经过切换。电压回路接线复杂。

（4）母线联络断路器故障，将会导致两条母线全停。

3.2.4　双母线分段接线

当双母线接线配置间隔较多时，为了增加可靠性和运行上的灵活性，可在双母线中的一条母线或两条母线上加装分段断路器。形成双母线单分段或双母线双分段接线，如图 3-5 和图 3-6 所示。在该接线中除分段断路器外，两条母线间还装设母联断路器。

优点：

（1）该接线方式克服了母线联络断路器故障，导致两条母线全停的缺点，缩小了故障停电范围，提高了接线的可靠性。

（2）双母线双分段接线，比双母线单分段接线多一台分段断路器、一组母线电压互感器和避雷器等设备，但可靠性明显提高。

（3）当其中一组母线工作，另外母线备用时，它具有单母线分段接线的特点。

（4）其中一组母线的任一分段检修时，将该段母线所连接的支路倒至另外母线上运行，仍能保持单母线分段运行的特点。

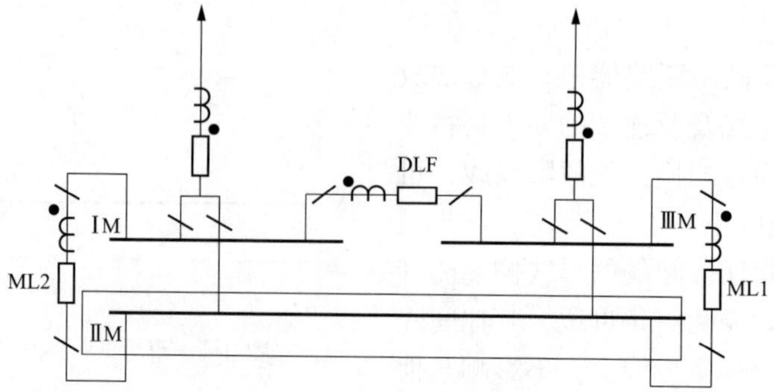

图 3-5 双母线单分段接线示意图

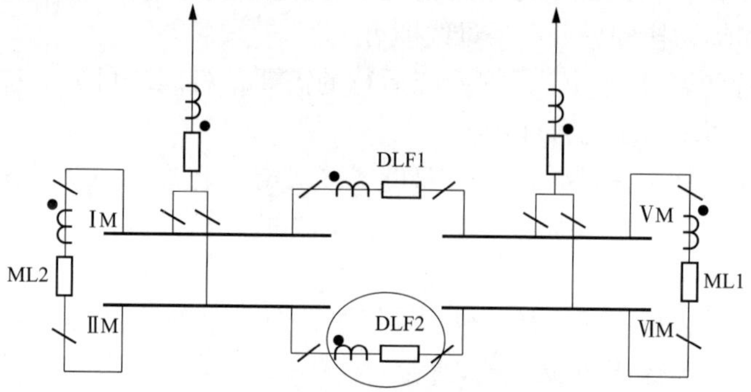

图 3-6 双母线双分段接线示意图

（5）当具有三个或三个以上电源时，可将电源分别接到每个分段母线上，构成单母线分三段运行，可进一步提高供电可靠性。适用于大容量进出线较多的厂站。

缺点：

（1）增加了母线的长度，使得配电装置结构复杂，投资和占地面积增大。

（2）同时也具备双母线接线的缺点。

3.2.5 母线带旁路母线接线

带旁路母线的接线可分为：单母线带旁路，如图 3-7 所示；单母线分段带旁路，如图 3-8 所示；双母线带旁路如图 3-9 所示；双母线单分段带旁路如图 3-10 所示。

其中图 3-9 所示的双母线带旁路是在变电站中最常见的一种接线方式，它是在双母线接线的基础上，增设旁路母线。目的是利用一套公用的母线、断路器及保护装置。

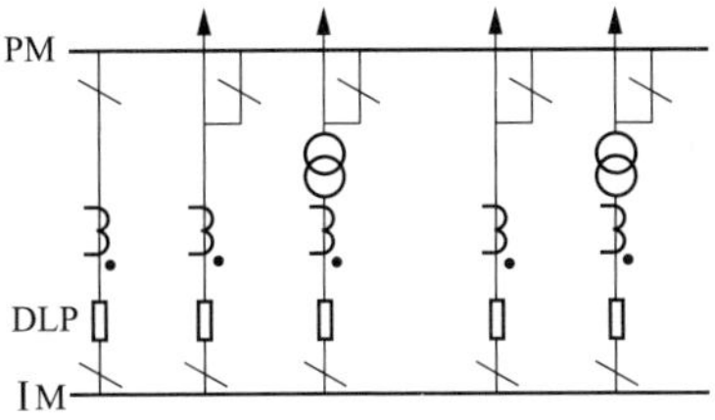

图 3-7　单母线带旁路示意图

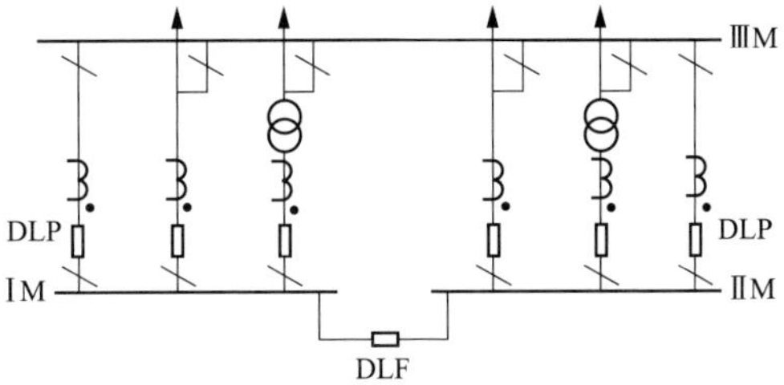

图 3-8　单母线分段带旁路示意图

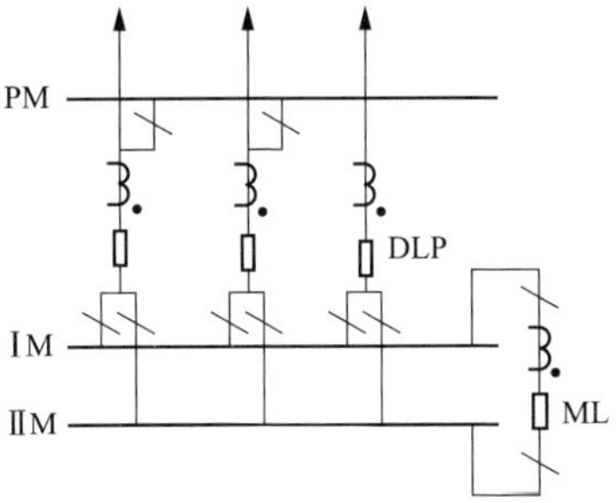

图 3-9　双母线带旁路示意图

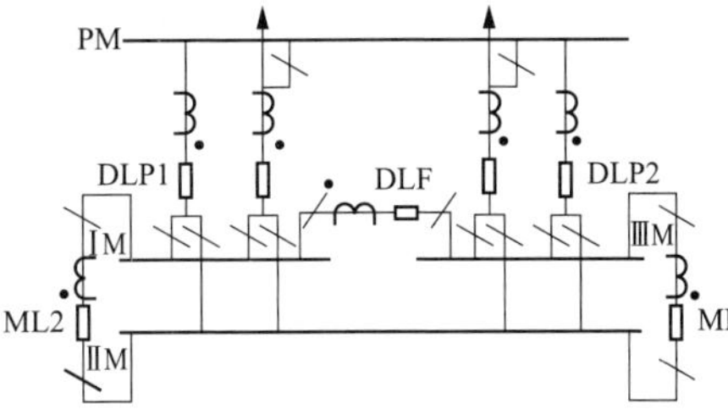

图 3-10　双母线单分段带旁路示意图

优点：

（1）旁路断路器可代替出线断路器工作，使进出线断路器检修时，线路供电不受影响，使断路器和保护装置检修不需停电。

（2）双母线带旁路接线大大提高了主接线系统的工作可靠性，当电压等级较高，线路较多时，因一年中断路器累计检修时间较长，这一优点更加突出。

缺点：

（1）旁路母线、旁路断路器及各回路的旁路隔离开关，增加了一次设备，增加占地，也增加投资。

（2）旁路断路器代各间隔断路器的倒闸操作复杂，容易产生误操作。

（3）保护及二次回路复杂。

（4）隔离开关电气闭锁回路复杂。

（5）旁路断路器代各间隔断路器的倒闸操作，需要人工完成，因此不适宜无人值班的变电站。

另外：当变电站出线数目不多，安装专用的旁路断路器利用率不高时，为了节省资金，可采用母联断路器兼作旁路断路器用，由于母联断路器兼作旁路断路器方式在现场现在应用较少，故其优缺点不再阐述。

3.2.6　3/2 接线

与双母线带旁路母线等方式比较，3/2 断路器接线方式具有可靠、操作方便、运行方式灵活等优点，在线路故障或母线故障时，可以大大缩小停电范围甚至不会损失负荷，比较适用于 500kV 超高压电网系统，故在 500kV 系统中越来越广泛应用，如图 3-11 所示。

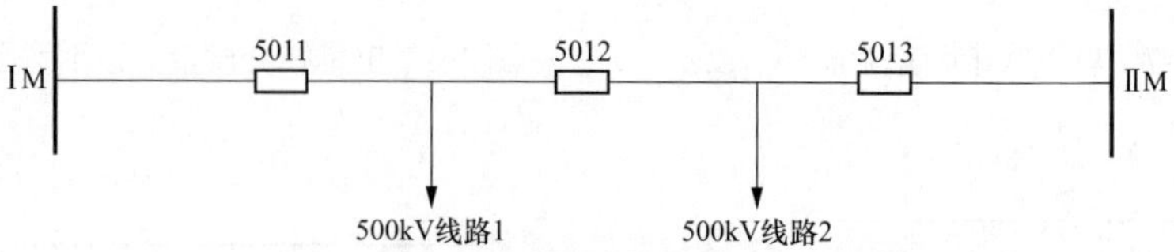

图 3-11　3/2 断路器线线串方式示意图

3/2 断路器接线方式：是由三台断路器串接引出两条回路线，并分别接到两组母线上的电气主接线，称为一串；在 3/2 断路器接线中，接于母线的 2 台断路器，称为母线断路器或边断路器，中间的断路器称为中间断路器或联络断路器。

一些变电站还在一些引出回路上设置一组隔离开关，当该回路停止运行时，可以断开此隔离开关，以保持该串能继续运行。

由三台断路器串接引出两条线路组成的一串称为线 - 线串，如图 3-11 所示。

由三台断路器串接引出一条线路和一台主变压器及三台断路器组成的一串称为线 - 变串，如图 3-12 所示。

由两台断路器引出一条线路或一台主变压器组成的一串称为不完全串，如图 3-13 所示。

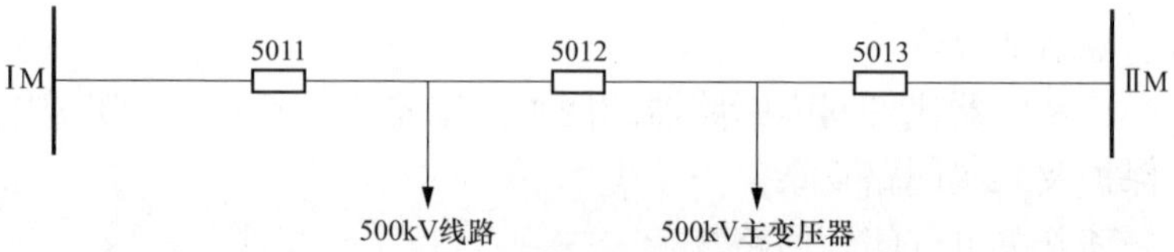

图 3-12　3/2 断路器线变串接线方式示意图

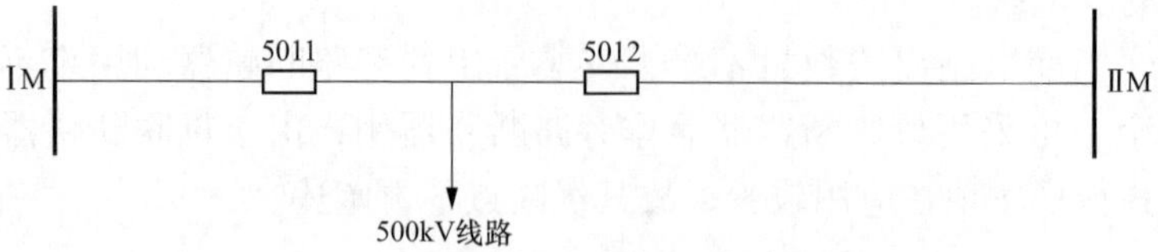

图 3-13　3/2 断路器不完全串接线方式示意图

优点：

（1）供电可靠性高。正常情况下 3/2 断路器接线的 2 条母线和所有断路器均在运行状态，形成多个环路，每条线路都由 2 台断路器供电，即使 1 台断路器偷跳或停运都不影响线路的正常运行。在任一断路器检修、清扫时不影响所连接元件的连续供电，也不需要进行一系列复杂的倒闸操作，可以减少一次回路发生误操作的概率。

（2）当一组运行母线发生短路时，母线保护动作后只跳开与该组母线相连的所有断路器，不会使任何连接元件停电。

（3）运行方式多样。运行设备需要定期进行检修或根据需要进行临时检修，3/2 断路器接线可同时在不同串上检修 2 台以上断路器而不影响线路供电，只要保证每条线路有 1 台断路器运行即可。隔离开关只作为隔离电源用，不作为切换操作用，使得操作简单，电气闭锁回路易于实现，降低误操作的概率。

（4）由于不需要装设旁路母线，变电站一次回路的布置清晰，配电装置占地面积小，消耗材料少。由于不采用由旁路断路器代替线路断路器的工作方式，因而不需要对线路保护进行切换或重新整定，简化了继电保护设备的接线和运行。

缺点：

（1）当任一连接元件发生短路时，需要同时跳开两台断路器，使断路器失灵的概率增大一倍。对于一串中的中间断路器，由于跳闸的次数最多，需要检修的工作量也最大。

（2）继电保护和重合闸都与两个断路器有联系，二次回路之间的交叉部分比较多，给调试和维护带来困难。

（3）当一串中的一台边断路器检修，而其中一线路发生短路时，将使该串中的两回线路同时停电。

（4）当一台断路器检修时，该串中边断路器和相应的电流互感器，有可能流过该串上的负荷之和。因此，该串中的断路器和电流互感器的额定电流应按连接元件额定电流的 2 倍选择。

（5）在线－线串中某线路靠近对侧发生短路并伴随中断路器失灵时，失灵保护启动跳开两边断路器。一般情况，由于另外一条线路对侧的保护在相邻的线路末端发生短路时的灵敏度往往不够，因此，在线路上应装设远方跳闸装置，即利用中断路器的失灵保护启动远方跳闸装置，将另外一条线路对侧的断路器跳闸。此时，除了需要在每回线路上装设主保护双重化需要的 2 个传输信息的通道外，还需要增加远方跳闸装置所需的一个传输通道，给信息传输通道带来一定的困难。

（6）敞开式的变电站线路或变压器的保护需接在两组电流互感器二次和电

流中，因此，一方面需要增加电流互感器的数量，同时由于电流互感器的比值误差和励磁回路的汲出作用，给继电保护的运行带来一些困难。

（7）国内外的500kV变电站中大都采用3/2断路器接线方式，一般3/2断路器接线是以“整串”形式存在，最终规模大，可达到5～6串之多。但由于500kV变电站初期规模小，扩建次数多，因此经常存在“半串”的过渡过程，在从“半串”过渡到“整串”形式过程中存在很大危险性。

3.3 常规站继电保护配置

上一节具体分析了各种主接线方式的优点及缺点，针对不同的主接线形式，需要配置相应的保护装置，确保在发生故障时保护装置能够迅速、准确地隔离故障。现场最常应用的几种电气主接线方式包括单母线接线、单母线分段接线、双母线接线、双母线分段接线、母线带旁路母线接线、3/2接线等方式。110kV电压等级一般采用单母线接线、单母线分段接线、双母线接线方式较多。220kV电压等级采用双母线接线、双母线分段接线、母线带旁路母线接线较多。500kV电压等级采用3/2接线等接线方式。

对于不同主接线方式、不同的电压等级，在保护配置上有不同的要求，下面仅对上述3种电压等级配置进行阐述，其他接线方式及保护配置要求参考有关技术书籍学习。

3.3.1 110kV电压等级

1. 线路保护配置

（1）每回110 kV线路应配置一套含重合闸功能的线路保护，单侧电源的负荷端可不配置线路保护。

（2）双侧电源线路符合下列条件之一时，应装设一套光纤电流差动保护：

1）根据系统稳定要求有必要时。

2）线路发生三相短路，如使发电厂厂用母线电压低于允许值，且其他保护不能无时限和有选择地切除故障时。

3）如电力网的某些主要线路采用全线速动保护后，不仅改善本线路保护性能，而且能够改善整个电网保护的性能。

（3）对多级串联的线路，为满足快速性和选择性的要求，应装设一套光纤电流差动保护。

（4）对于长度不超过8km的短线路、同杆架设的双回线应装设一套光纤电流差动保护。

（5）对于风电场接入系统的线路，条件具备时宜装设一套光纤电流差动保护。

（6）具有光纤通道的 110kV 线路，可配置一套光纤电流差动保护。

2. 主变压器保护配置

（1）变压器微机保护按主、后分开配置（主保护与后备保护宜引自不同的电流互感器二次绕组）。也可配置分别组屏的双套主后合一的电量保护和一套非电量保护。

（2）电量主保护：

1）配置差动速断保护。

2）配置比率差动保护。

3）可配置不需整定的零序分量、负序分量或变化量等反映轻微故障的故障分量差动保护。

（3）变压器应根据其技术条件配置独立的非电量保护。

3. 母线保护配置

（1）220kV 变电站内的 110kV 母线应配置一套母差保护。

（2）110kV 变电站需要快速切除 110kV 母线故障时，可配置一套母线保护。

（3）110kV 母联（分段）断路器宜配置独立于母线保护的母联（分段）过流保护，作为母线充电保护，并兼作新线路投运时的辅助保护。

（4）110kV 母线保护由母差保护、母联（分段）过流保护、母联（分段）失灵和死区保护构成，并具有复合电压闭锁功能。

（5）独立配置的母联（分段）过流保护包含相电流和零序电流保护，保护应具备瞬时和延时跳闸的回路，作为母线充电保护，并兼作新线路投运时的辅助保护，保护宜与测控分开。

3.3.2　220kV 电压等级

1. 线路保护配置

（1）每回线路应按双重化要求至少配置两套完整的、相互独立的微机型线路保护。通道条件具备时，每套保护宜采用双通道。

（2）换流站的交流出线及其相邻线路应配置两套光纤电流差动保护。

（3）具备一路光纤通道的线路应至少配置一套光纤电流差动保护，具备两路光纤通道的线路宜配置两套光纤电流差动保护。存在旁路代路运行方式的线路，配置两套光纤电流差动保护时，其中应至少有一套具有纵联距离保护功能。

（4）长度不大于 20km 的短线路应至少配置一套光纤电流差动保护，通道具备条件时应配置两套光纤电流差动保护。

（5）同杆并架部分长度超过 5km 或超过线路全长 30% 的线路应配置两套光纤电流差动保护。

（6）穿越重冰区线路的保护应采用双通道，并至少有一套保护能适应应急通道。

（7）双重化配置的两套保护配置各自独立的电压切换装置。

（8）母线失灵保护不能按间隔识别失灵断路器时，应配置一套具备失灵电流判别功能的断路器辅助保护。

2. 主变压器保护配置

（1）主保护配置：

1）配置纵联差动保护。两套纵联差动宜采用不同原理的励磁涌流判据，其中一套应包含二次谐波制动原理。

2）配置差动电流速断保护。

（2）后备保护至少包含以下配置：

1）过流保护。

2）零序过流保护。

3）相间与接地阻抗保护。

（3）根据变压器技术条件配置一套本体非电量保护。

（4）220kV 断路器的失灵电流判别及三相不一致须由独立的断路器辅助保护完成时，配置一套 220kV 断路器辅助保护。

3. 母线保护配置

（1）220kV 母线应按双重化原则配置两套母差保护和失灵保护，应选用可靠的、灵敏的和不受运行方式限制的保护。

（2）应配置 220kV 母联（分段）保护，可集成于母线保护或独立配置。

（3）220kV 母线每套保护由母差保护、断路器失灵保护、母联（分段）过流保护、母联（分段）失灵保护、母联（分段）死区保护和母联（分段）三相不一致保护构成，并具有复合电压闭锁功能。

（4）母线保护配置的断路器失灵保护具有失灵电流判别功能。

（5）220kV 母联（分段）断路器保护可采用母线保护中的母联（分段）过流保护，也可配置独立的母联（分段）断路器充电过流保护。

（6）独立配置的母联（分段）保护由母联（分段）过流保护和母联（分段）三相不一致保护构成。

（7）母联断路器失灵保护由母线保护完成，并需考虑接入外部独立的母联（分段）过流保护动作接点。

3.3.3 500kV 电压等级

1. 线路保护配置

（1）每回线路应按双重化要求至少配置两套完整的、相互独立的、主后一体化的微机型线路保护，原则上配置两套光纤电流差动保护。

（2）长距离、重负荷的西电东送主干线路应配置两套光纤电流差动保护，因通道配置等原因降低保护可靠性时，可视具体情况增配第三套保护装置。

（3）装有串联补偿电容的线路及其相邻线路，宜配置三套线路保护，其中至少配置两套光纤电流差动保护。

（4）换流站的交流出线及其相邻线路应配置两套光纤电流差动保护。

（5）长度不大于 20km 的短线路应至少配置一套光纤电流差动保护，通道具备条件时应配置两套光纤电流差动保护。

（6）同杆并架部分长度超过 5km 或超过线路全长 30% 的线路应配置两套光纤电流差动保护。

（7）线路保护宜集成过电压及远方跳闸功能，当线路纵联保护采用光口方式时，过电压及远方跳闸保护与纵联保护共用光口。

（8）线路保护应配置零序反时限过流保护。

（9）线路保护不含重合闸功能。

（10）凡穿越重冰区使用架空光纤的线路保护还应满足如下配置要求：

1）应至少有一套保护能适应应急通道。

2）应急通道采用公网光纤通道的线路，配置的光纤电流差动保护应具备光口方式的纵联距离保护功能。

3）正常运行具有两路光纤通道，配置两套光纤电流差动保护的线路，应急通道采用载波通道时，配置的光纤电流差动保护应具备接点方式的纵联距离保护功能。

2. 过电压及远方跳闸保护

（1）独立配置的过电压及远方跳闸就地判别装置应按双重化要求配置两套，其通道独立于线路主保护通道。

（2）过电压保护与远方跳闸就地判别装置集成在一套装置中。

3. 短引线保护

（1）间隔设有出线或进线隔离开关时，应按双重化配置两套短引线保护。

（2）设置比率差动保护和两段和电流过流保护。

4. T 区保护

（1）间隔保护使用串外电流互感器时，应按双重化配置两套 T 区保护。

（2）设置三端差动保护、短引线保护和线路末端保护。

5. 断路器保护配置

（1）每台断路器配置一套断路器保护。

（2）断路器保护含断路器失灵保护、死区保护、三相不一致保护、过流保护和重合闸功能。

6. 主变压器保护配置

（1）主保护配置。

1）配置纵联差动保护。两套纵联差动宜采用不同原理的励磁涌流判据，其中一套应包含二次谐波制动原理。

2）配置差动电流速断保护。

3）配置接入高压侧、中压侧和公共绕组 TA 的分侧差动保护或零序差动保护，优先采用分侧差动保护。

（2）后备保护至少包含以下配置：

1）过流保护。

2）零序过流保护。

3）相间与接地阻抗保护。

4）过激磁保护。

5）反时限零序过流保护。

（3）根据变压器技术条件配置一套本体非电量保护。

（4）当 220kV 母线失灵保护不能按间隔识别失灵断路器时，配置一套具备失灵电流判别及三相不一致功能的 220kV 断路器辅助保护。

7. 母线保护配置

（1）每段母线按双重化原则配置两套母线保护。

（2）母线保护的配置应能满足最终一次接线。

（3）母线保护应具有电流差动保护和断路器失灵联跳功能。

（4）双重化配置的每套母线保护应对应动作于断路器的一组跳闸线圈。

3.4 智能站继电保护配置

上一节具体分析了不同电压等级继电保护设备在常规站中的配置，智能站相较于常规站增加了合并单元、智能终端。这也给继电保护装置及相关配置带来了一些变化。下面对智能站内 220kV 及以上电压等级的线路保护相关配置进行简单介绍。

220kV 及以上电压等级的继电保护及相关设备、网络都应按照双重化的原则进行配置。双重化配置的继电保护应遵循以下要求：

（1）每套独立的保护装置应能处理可能发生的所有故障类型，两套保护之间不应有任何电器联系，一套保护异常或退出不影响另一套保护运行，这和传统站相同。

（2）两套保护的电流、电压采样值应分别取自相互独立的 MU 通信。

（3）双重化配置的 MU 应分别对应互感器的两套独立二次采样系统。

（4）保护使用的双重化事故事件 / 模拟采集量（GOOSE/SV）网络也应该相互独立，分别对应两台过程层交换机。当一个网络异常或中断时，不应该影响另一个网络的运行。

（5）两套保护的跳闸回路应与两个智能终端分别一一对应，两个智能终端应与断路器的两个跳闸线圈分别一一对应。

（6）保护装置、智能终端等智能电子设备之间的相互启动、相互闭锁、位置状态等交换信息可通过 GOOSE 网络传输，双重化配置的保护之间不直接交换信息。

（7）保护装置采样采用点对点接入的方式。

（8）保护装置应同时支持 GOOSE 点对点和网络方式传输，跳闸采用 GOOSE 点对点的方式。

（9）220kV 及以上电压等级双母线接线的输电线路，每回线路应配置两套包含有完整的主、后备保护功能的线路保护装置。合并单元、智能终端均采用双套配置。

（10）保护一般采用安装在线路上的 TA、TV 获得电流、电压。用于检同期的母线电压由母线合并单元点对点通过间隔合并单元转接给各间隔保护装置。线路间隔内应采用保护装置与智能终端之间的点对点跳闸方式。

（11）跨间隔信息，如母差启动失灵、母差动作远跳等则采用 GOOSE 组网传输的方式。

（12）智能站中通常在保护装置、MU、智能终端分别设置了置检修压板。在进行智能站线路保护校验时，大家需要注意的是：三块置检修压板位置必须一致（都置检修或都不置检修），保护才能够出口跳闸。

对于 3/2 接线的输电线路，每回线路应配置两套包含有完整的主、后备保护功能的线路保护装置。线路保护中包含过电压、远跳、就地判别功能。线路间隔 MU、智能终端均按双重化配置：

（1）出线配置的 TV 对应两套双重化的线路电压 MU，线路电压 MU 单独接入线路保护装置。

（2）线路间隔内线路保护装置与合并单元之间采用点对点采样值传输方式，每套线路保护装置应能同时接入线路保护电压 MU、边断路器电流 MU、中断路器电流 MU，所以至少设置三路 MU 接口。

（3）两套智能终端分别对应于两个跳闸线圈，具有分相跳闸功能，其合闸命令输出则并接至合闸线圈。

（4）线路间隔内，线路保护装置与智能终端之间采用点对点直接跳闸方式，由于 3/2 接线的每个线路保护对应两个断路器，因此每套保护装置至少提供两路接口，分别接至两个断路器的智能终端。

（5）线路保护启动断路器失灵与重合闸同样采用 GOOSE 组网方式传输。合并单元提供给测控、录波器等设备的采样数据采用 SV 组网方式传输。SV 网络与 GOOSE 网络应完全独立。

本章思考题

（1）画出单母线接线和双母线接线方式？

（2）双母线接线方式与单母线接线方式比较有何优缺点？

（3）双母线分段接线方式由什么接线方式转换形成？解决什么问题？

（4）画出母线带旁路母线接线的各种方式。

（5）画出 3/2 接线方式完整的线－线串及线－变串、不完整串。

（6）3/2 接线方式与其他接线方式比较有何优缺点？

（7）500kV 电压等级主变压器保护如何配置？

（8）500kV 电压等级线路保护如何配置？

（9）220kV 电压等级母线保护如何配置？

（10）110kV 电压等级线路保护如何配置？

（11）智能站继电保护配置有哪些？

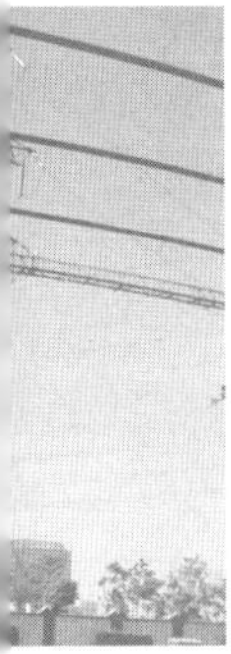

4

保护装置及二次回路解读

4.1 概　　述

本章主要针对 110kV 线路间隔，讲述相关的二次设备及回路，主要包括：测控装置、保护装置、操作箱回路、断路器机构控制回路等。通过学习能有效帮助工作人员（特别是新员工）加深对二次设备及回路理解，对现场实际工作也具有一定的指导意义。

4.2 测控装置回路

110kV 线路间隔测控装置回路包括测控装置的交流回路、直流回路、通信网络及开入开出回路。

交流回路主要采集 110kV 线路三相电压、线路系统侧单相电压、110kV 线路三相电流、110kV 线路有功功率及无功功率等交流模拟量。

直流回路主要为测控装置提供工作电源、遥信电源及 GPS 时钟电源的回路。

通信网络主要作为遥控、遥信、遥测、遥调信息的传送通道，实现 110kV 线路间隔测控装置与保护装置间，以及测控装置与变电站层间数字通信。

接点回路既能完成 110kV 线路保护及自动装置动作与告警信号，110kV 出线间隔断路器、隔离开关及接地开关的位置信号以及操作回路的预告信号等遥信量的采集任务；也能完成 110kV 出线间隔断路器及隔离开关的分、合闸遥控操作任务。

4.2.1　测控装置交流回路

110kV 线路间隔测控装置交流回路，包括交流电流如图 4-1 所示；交流电压回路，如图 4-2 所示。

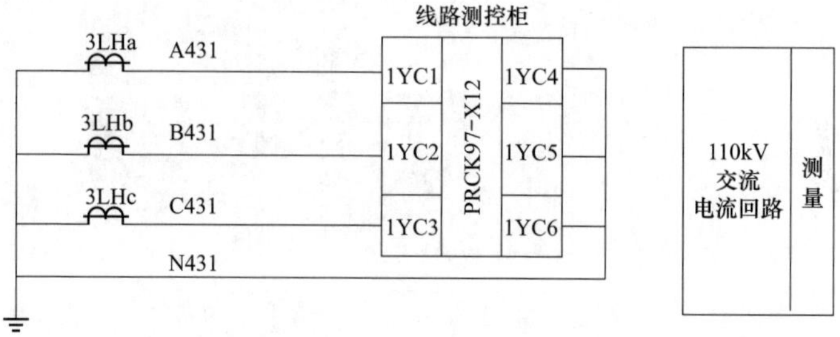

图 4-1　交流电流回路示意图

1. 交流电流回路

如图 4-1 所示，110kV 线路间隔测控装置三相输入电流来自本间隔汇控柜（或开关端子箱），电流回路编号分别为 A431、B431、C431、N431。三相输入电流经测控装置端子排上 1YC1、1YC2、1YC3 端子接入测控装置的交流量插件。交流量插件把输入的三相电流模拟量变换成数字量，数字量经背板总线进入装置的管理板，管理板版经串行口把数字量送到人机接口板，实现当前采集数据的显示，又经以太网把采集的数据送到变电站层监控主机存储。借助于三相电流输入回路，出线间隔测控装置完成 110kV 线路三相电流的采集任务。

2. 交流电压回路

如图 4-2 所示，110kV 线路间隔测控装置交流电压回路分为线路三相电压和线路系统侧单相电压（线路 TYD 电压）两种。

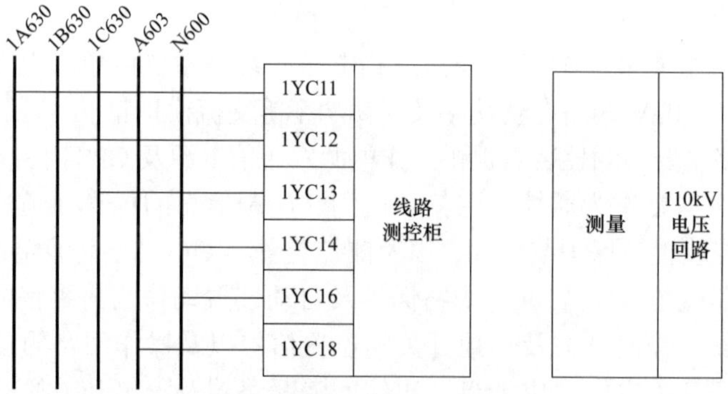

图 4-2　交流电压回路示意图

线路三相电压来自110kV线路保护屏，回路编号为1A630、1B630、1C630、N600，线路三相电压经测控装置端子排上的1YC11、1YC12、1YC13及1YC14端子接入测控装置的交流量插件。借助于三相电压输入回路，线路间隔测控装置完成110kV线路三相电压的采集任务。

线路系统侧单相电压（线路TYD电压）也来自线路保护屏，回路编号为A603、N600，线路系统侧单相电压经出线测控屏端子排1YC18、1YC16端子接入测控装置，完成线路同期用电压的采集任务。

测控装置交流量插件利用当前采集的110kV线路三相电流和电压的数值，计算出110kV线路的有功功率与无功功率，完成110kV线路三相功率计算任务。

4.2.2 测控装置直流回路

110kV线路间隔测控装置直流回路包括测控装置工作电源和遥信电源回路两部分。测控装置工作电源、遥信电源回路示意图如图4-3所示。

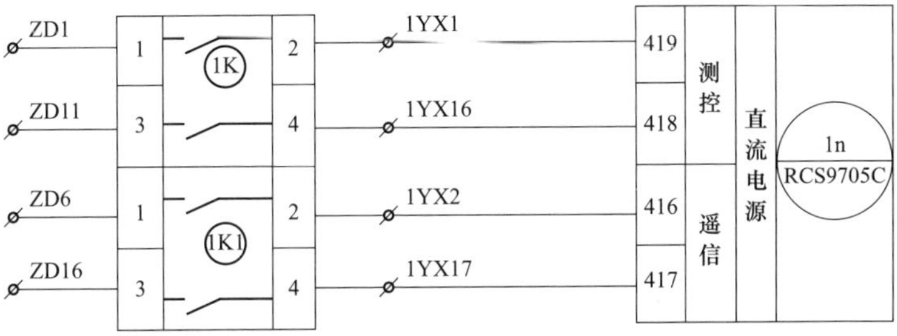

图4-3 测控装置工作电源、遥信电源回路示意图

1K、1K1—空气开关；1YX1、1YX16、1YX2、1YX17—测控装置端子排1YX上的1、16、2和17号端子

1. 工作电源回路

如图4-3所示中，110kV测控装置工作电源，即DC110V/220V工作电源来自测控装置电源环网。工作电源经端子ZD1与ZD11、空气开关1K及测控装置端子1YX1与1YX16接入测控装置电源模块。

2. 遥信电源回路

如图4-3所示中，110kV测控装置遥信电源，即DC110V/220V遥信电源来自测控装置电源环网。遥信电源经端子ZD6与ZD16、空气断路器1K1及测控装置端子1YX2与1YX17接入测控装置开入插件。

测控装置的工作电源与遥信电源分别由两路不同的直流电源供电，互不干扰，提高了直流电源供电的可靠性。

4.2.3　测控装置通信网络

110kV 线路间隔测控装置通信网络，如图 4-4 所示。

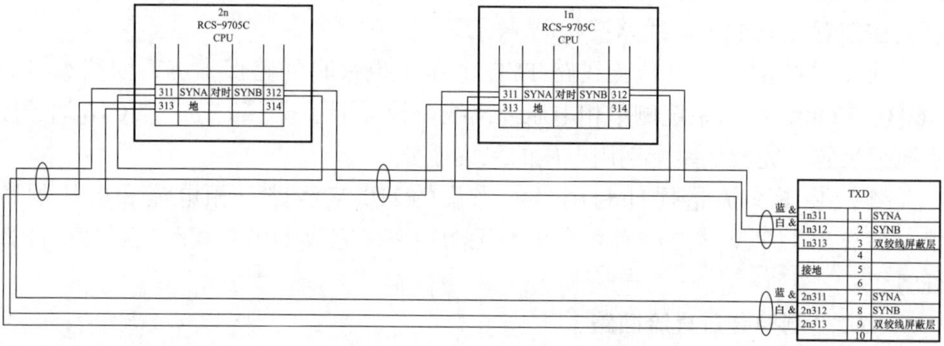

图 4-4　测控装置通信网络示意图

测控装置的通信网络为双以太网络结构形式，且双网冗余设计。因为测控装置管理板（MASTER）上具有以太网络芯片，能提供光或电双以太网接口，图 4-4 所示中，以太网口 1 和 2，所以把 110kV 线路间隔所有测控装置的以太网口并联，再用以太网线与变电站公用测控柜的集线器连接，形成 110kV 出线间隔测控装置的通信网络。测控装置的通信网络最终与变电站层双以太网接口，实现网络系统资源共享。

测控装置借助于双以太网，向下将显示的数据给 MIMI（人机接口插件），向上接受变电站层 PC 机下发的遥信、遥测、遥控及遥调指令。减少了中间环节，提高了网络通信效率。

4.2.4　测控装置开入开出回路

110kV 出线间隔测控装置接点回路主要由测控装置遥信输入（开入接点）和遥控输出（开出接点）回路构成。

1. 遥信开入回路

遥信输入回路有两种开入形式，即外接开入和直接开入形式。

（1）外接开入形式：外接开入形式是指开入接点由测控装置外部（经电缆或二次小线）引至测控屏端子排，再转到测控装置的开入插件背板端子上，经光电隔离后，进入到开入插件，如图 4-5 所示。

图 4-5 中的外接开入接点回路 DC110V/220V 遥信电源由测控装置电源环网引入。借助于开入接点回路，110kV 线路间隔测控装置主要完成下列遥信信息的采集任务：

回路编号为 921～947、951～977 的外接开入，由 110kV 线路汇控柜（或断

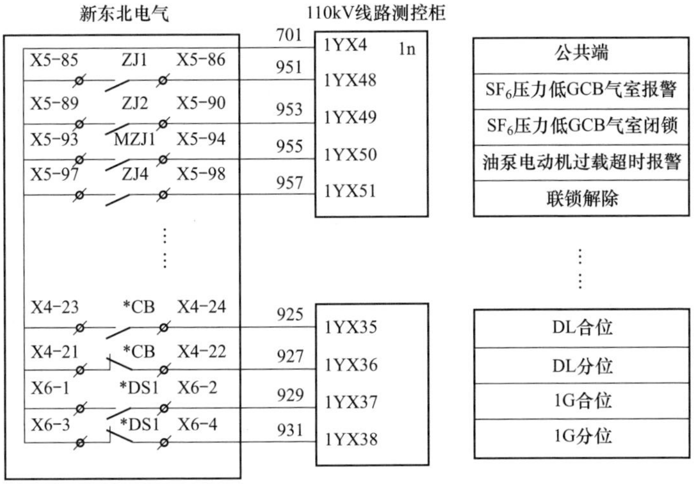

图 4-5　开入接点回路（外接开入形式）示意图

路器端子箱）经电缆引入，使 110kV 线路间隔测控装置完成断路器位置、断路器的预告信号的告警信号（例如操动机构储能状态、SF_6 压力闭锁与告警、控制回路断线等）、断路器远方 / 就地把手位置、隔离开关及其接地开关位置等状态量的采集任务。

回路编号为 981～983 的外接开入，完成装置直流电源消失和告警信号的状态量的采集任务。

（2）直接开入形式：直接开入形式是指来自测控装置其他功能插件的遥信信息（例如插件工作异常及告警信息等），通过装置背板总线实现数字通信，经串行口直接进入开入插件的形式。直接开入电源电压一般为 DC24V，由测控装置的电源模块提供，如图 4-6 所示。

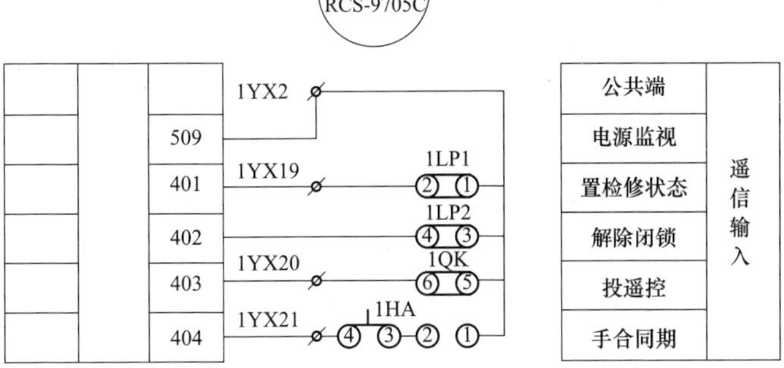

图 4-6　遥信输入回路示意图

2. 测控开出回路

110kV 出线间隔测控装置借助于遥控输出回路开出的接点回路实现 110kV 线路断路器及隔离开关的“远方 / 就地”分、合闸遥控操作，以及线路断路器操作箱信号复归操作任务，如图 4-7 所示。

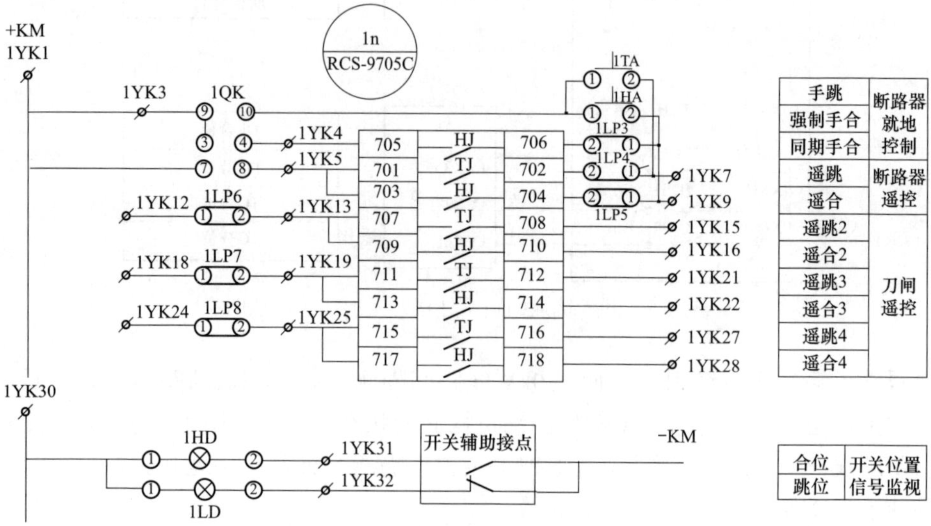

图 4-7　遥控输出回路示意图

图 4-7 中的 +KM 遥控电源来自 110kV 线路保护屏。经电缆接到 110kV 出线间隔测控屏的测控装置端子排 1YK1 上，为遥控操作提供直流正电源。

3. 测控回路操作

测控回路操作与操作箱回路配合实现，如图 4-8 所示。

（1）断路器远方遥控合闸操作。图 4-7、图 4-8 中断路器非同期遥控合闸操作：首先在 110kV 线路断路器机构箱将断路器控制方式选择开关 43LR 切换至“远方”位置，然后在 110kV 线路测控屏投入断路器遥控合闸压板 1LP5，并将控制方式选择开关 1QK 切换至“7-8”（远方）位置，断路器非同期遥合操作准备工作完成。

上级调度中心或变电站层 / 操作员工作站发出“110kV 线路断路器合闸”指令，指令经测控装置背板总线传入开出插件，其开出接点端子（1n703、1n704）闭合，下列逻辑电路导通：101 → 1QK7 → 1QK8 → 1YK5 →开出接点（1n703、1n704）→ 1LP5-2 → 1LP5-1 → 1YK9 →电缆→ 110kV 线路保护屏上断路器操作箱，110kV 线路断路器合闸。

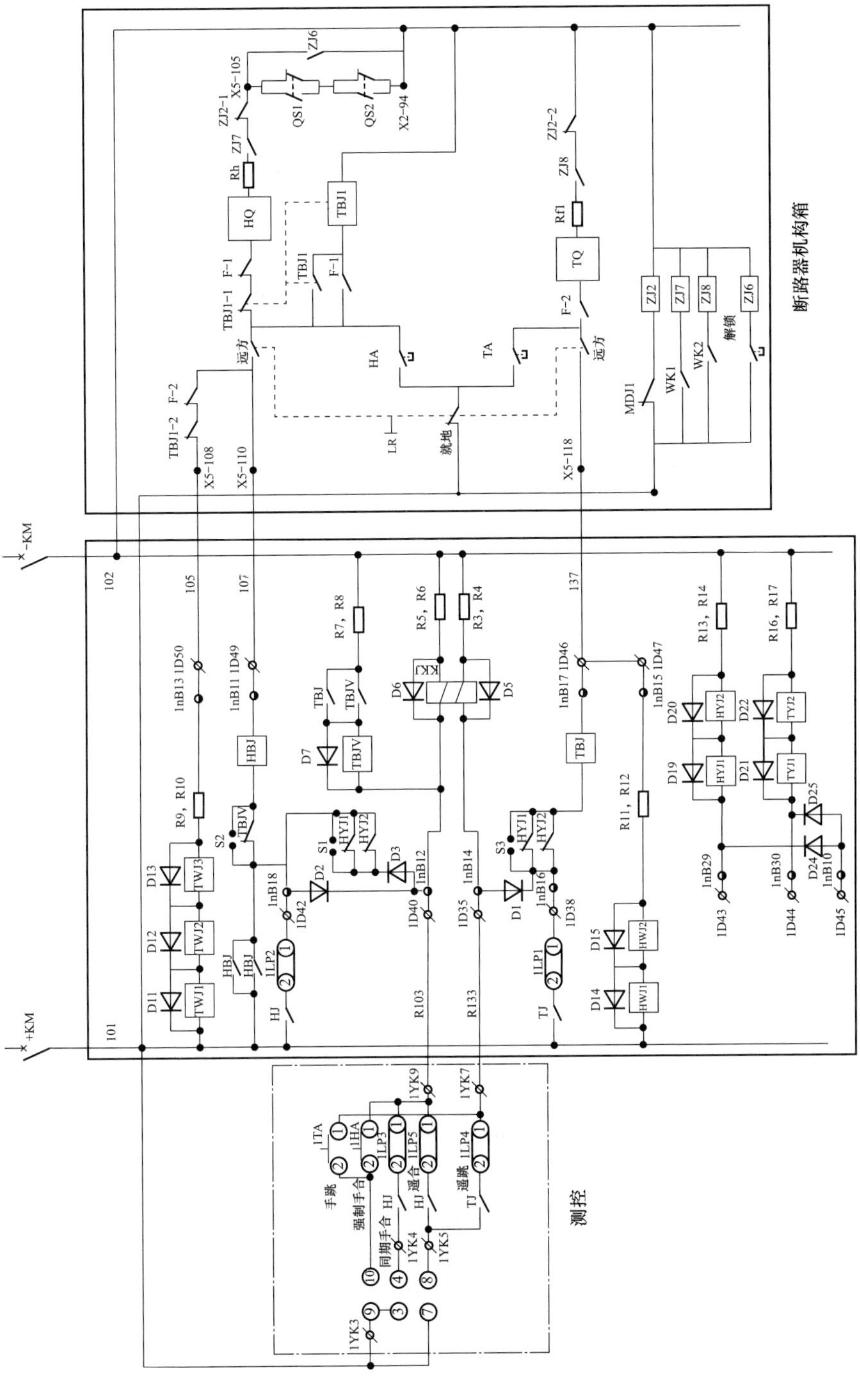

图 4-8　测控回路操作与操作箱回路配合示意图

线路断路器合闸后，101 → 1YK30 → 1HD → 1YK31 → 110kV 线路保护屏上断路器操作箱，则出线测控屏上合闸指示灯 1HD 亮。

（2）断路器遥控跳闸操作。图 4-7、图 4-8 中检查断路器机构箱断路器控制方式选择开关 43LR 开关在“远方”位置、110kV 线路测控屏上断路器遥控分闸压板 1LP4 在投入位置以及控制方式选择开关 1QK 切换至“7-8”（远方）位置，断路器非同期遥跳操作准备工作完成。

上级调度中心或变电站层 / 操作员工作站发出“110kV 线路断路器跳闸”指令，指令由变电站远动工作站经以太网传入 110kV 线路测控装置，其开出接点端子（1n701、1n702）闭合，下列逻辑电路导通：101 → 1QK7 → 1QK8 → 1YK5 →开出接点（1n701、1n702）→ 1LP4-2 → 1LP4-1 → 1YK7 →电缆→ 110kV 线路保护屏上断路器操作箱，110kV 线路断路器跳闸。

线路断路器跳闸后，101 → 1YK30 → 1LD → 1YK32 → 110kV 线路保护屏上断路器操作箱，则出线测控屏上跳闸指示灯 1LD 亮。

（3）断路器手动同期合闸操作。图 4-7、图 4-8 中检查断路器机构箱断路器控制方式选择开关 43LR 开关在“远方”位置、110kV 线路测控屏上断路器同期手合压板 1LP3 在投入位置以及控制方式选择开关 1QK 在“3-4”（同期）位置，断路器手动同期合闸操作准备工作完成。

在 110kV 线路测控屏上，按下跳闸按钮 1TA，1TA/1-2 接点闭合，下列逻辑电路导通：101 → 1QK1 → 1QK2 → 1HA/3-4 → 1YX21 →开入插件输入端（1n404）→负电端；启动测控装置同期比较回路；

当同期条件满足后，101 → 1YK3 → 1QK3 → 1QK4 →开出接点端子（1n705、1n706）→ 1LP3-2 → 1LP3-1 →电缆→ 110kV 线路保护屏上断路器操作箱，110kV 线路断路器合闸。

线路断路器合闸后，101 → 1YK30 → 1HD → 1YK31 → 110kV 线路保护屏上断路器操作箱，则出线测控屏上合闸指示灯 1HD 亮。

（4）断路器手动跳闸操作。图 4-7、图 4-8 中检查断路器机构箱断路器控制方式选择开关 43LR 开关在“远方”位置、控制方式选择开关 1QK 在“9-10”（就地）位置，断路器手动跳闸操作准备工作完成。

在 110kV 线路测控屏上，按下分闸按钮 1TA，1TA/1-2 接点闭合，下列逻辑电路导通：101 → 1YK3 → 1QK9 → 1QK10 → 1TA/1-2 → 1YK7 →电缆→ 110kV 线路保护屏上断路器操作箱，110kV 线路断路器跳闸。

线路断路器跳闸后，101 → 1YK30 → 1LD → 1YK32 → 110kV 线路保护屏上断路器操作箱，则出线测控屏上跳闸指示灯 1LD 亮。

（5）断路器强制手动合闸操作。图 4-7、图 4-8 中检查断路器机构箱断路器控制方式选择开关 43LR 开关在“远方”位置、控制方式选择开关 1QK 在“9-10”（就地）位置，断路器强制手动合闸操作准备工作完成。

在 110kV 线路测控屏上，按下合闸按钮 1HA，1HA/1-2 接点闭合，下列逻辑电路导通：101 → 1YK3 → 1QK9 → 1QK10 → 1HA/1-2 → 1YK9 →电缆→ 110kV 线路保护屏上断路器操作箱，110kV 线路断路器合闸。

（6）隔离开关遥控合操作。图 4-7、图 4-8 中把 110kV 线路测控屏 1QS 隔离开关遥控压板 1LP6 投入；上级调度中心或变电站层 / 操作员工作站发出“110kV 线路 1QS 隔离开关合闸”遥控指令。

变电站层远动工作站将遥控信息下行，通过以太网通信网络传入 110kV 线路测控装置；再由测控装置管理插件 CPU 向开出插件发出“110kV 线路 1QS 隔离开关合闸”指令；指令经测控装置背板总线传入开出插件，其开出接点端子（1n707、1n708）闭合，下列逻辑电路导通：

来自 110kV 线路 1QS 端子箱的交流电源 L1 → 1YK12 → 1LP6-1 → 1LP6-2 → 1YK13 →开出接点端子（1n707、1n708）→ 1YK15 →电缆→ 1QS 隔离开关操动机构，使 110kV 线路 1QS 隔离开关合闸。

（7）隔离开关遥分操作。图 4-7、图 4-8 中把 110kV 线路测控屏 1QS 隔离开关遥控压板 1LP6 投入；上级调度中心或变电站层 / 操作员工作站发出“110kV 线路 1QS 隔离开关分闸”遥控指令。

通过变电站以太网传输分闸命令，测控装置接收到“110kV 线路 1QS 隔离开关分闸”指令，其开出接点端子（1n709、1n710）闭合，下列逻辑电路导通：

来自 110kV 线路 1QS 端子箱的交流电源 L1 → 1YK12 → 1LP6-1 → 1LP6-2 → 1YK13 →开出接点端子（1n709、1n710）→ 1YK16 →电缆→ 1QS 隔离开关操动机构，使 110kV 线路 1QS 隔离开关分闸。

4.3 保护装置回路

以南瑞继保公司的 RCS-941 系列保护为例。RCS-941 系列配置了以纵联距离和零序方向元件为主体的快速主保护，以及三段相间和接地距离保护，四段零序方向过流和低频保护等；具有三相一次重合闸，过负荷告警，频率跟踪采样等功能，还配备了跳合闸操作回路以及交流电压切换回路。

4.3.1 电源回路

根据继电保护反措要求不同装置分别经不同空气开关引出的不同电源分支，其开关投退相互独立。空气开关 1KK 和 2KK、3KK 的输入端来自不同的电源。如 RCS-941 系列的输出端分别进入保护电源、操作电源、切换电源。另外，

110kV 间隔断路器机构的操作电源从 2KK 空气开关后接入，通过控制电缆将控制回路电源正负极都接至断路器机构箱，如图 4-9 所示。

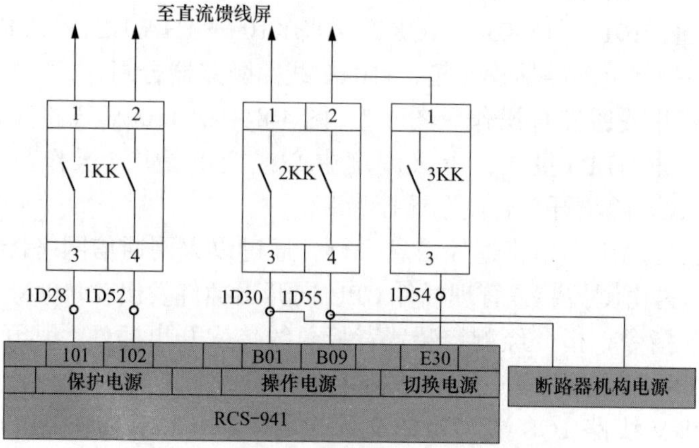

图 4-9　RCS-941 系列保护电源回路示意图

4.3.2　电流开入回路

在电力系统中 110kV 电压等级为大电流接地系统，为了保证线路单相接地故障发生时保护准确动作跳闸，故现场电流互感器的二次回路配置采用星型接线方式，如图 4-10 所示。

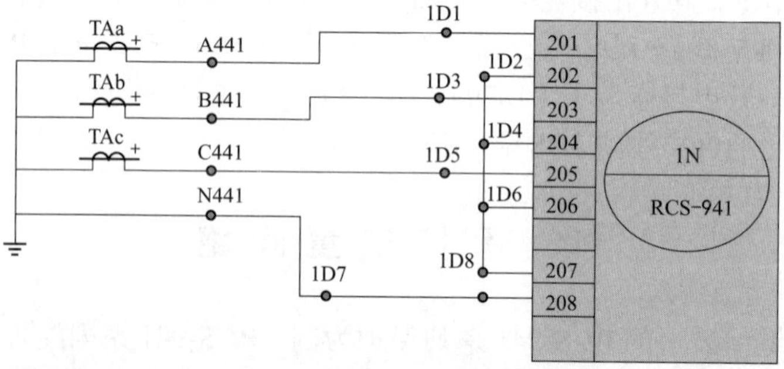

图 4-10　电流互感器二次回路配置采用星型接线方式示意图

电流开入：三相电流→保护装置→经过采集元件后流出→汇集 1D6 端子处（正常情况下，I_0=0；线路发生不对称故障时，$I_0 \neq 0$）→ I_0 再次从 n207 端子进入保护装置→零序电流采集单元→从 n208 端子流出后→接地点。

4.3.3　电压开入回路

110kV 电压等级现场最常见的是典型的双母线接线形式，电气设备间隔

（如间隔 1，以下相同，可能是线路或变压器）通过断路器 DL1，隔离开关 1G 或者 2G 连接到ⅠM 母线或ⅡM 母线上。ⅠM 母线上接有电压互感器 TV1，ⅡM 母线上接有电压互感器 TV2。显然当母线联络断路器 MDL 和隔离开关 M1G、M2G 闭合时，通过在隔离开关 1G 或 2G 之间的切换，可以使间隔接至ⅠM 母线或ⅡM 母线。

一般正常运行情况，在间隔 1 接至ⅠM 母线时，间隔 1 的二次设备从 TV1 取得电压；间隔 1 接至ⅡM 母线时，间隔 1 的二次设备从 TV2 取得电压，如图 4-11 所示。

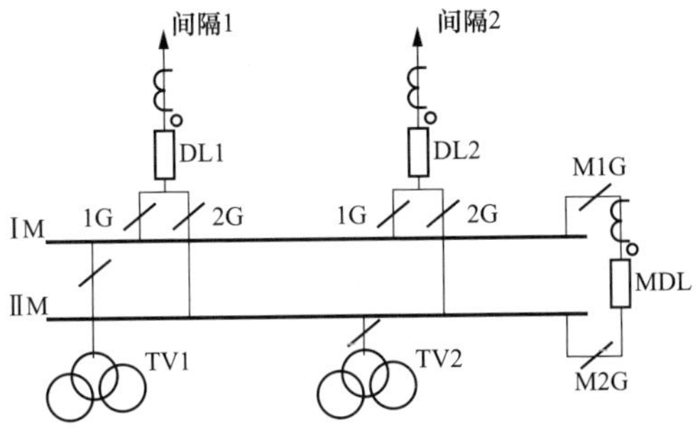

图 4-11　典型的双母线接线形式示意图

电压切换回路的启动回路及接线展开回路。启动回路图中，当间隔 1 通过断路器 DL1 和隔离开关 1G 连接至ⅠM 母线时，隔离开关 1G 动合触点闭合，继电器 1YQJ1-5 带电，如图 4-12 所示。

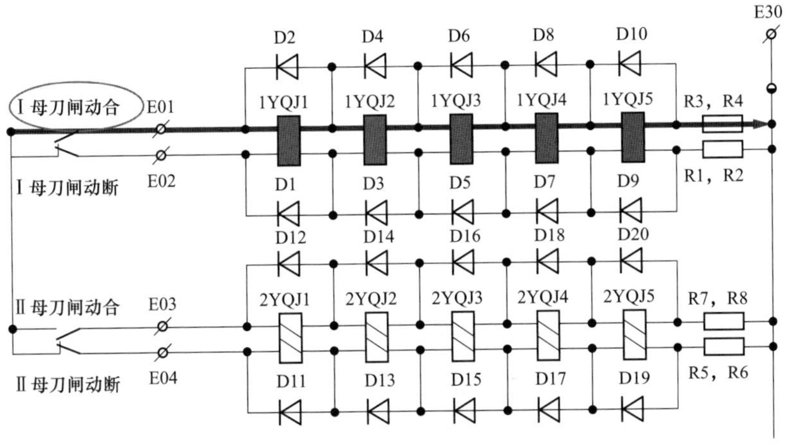

图 4-12　隔离开关 1G 动合触点闭合启动示意图

在接线展开回路中，1YQJ1-3 动合触点闭合，将 TV1 二次电压接入微机保护，如图 4-13 所示。

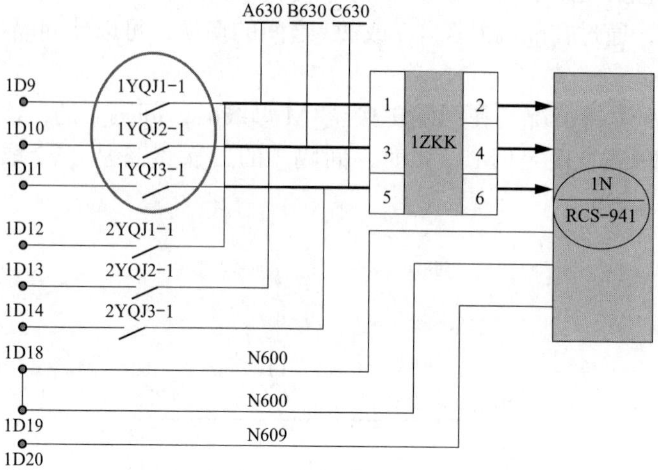

图 4-13　TV 二次 1M 电压开入保护示意图

当需要将间隔 1 改接至ⅡM 母线时，先将 2G 合上，此时继电器 2YQJ1-5 被启动，其动合触点闭合，将 TV2 二次电压接进微机保护，如图 4-14 所示。

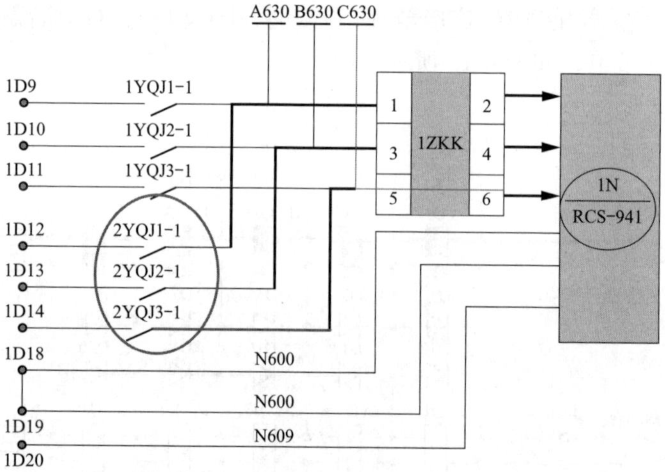

图 4-14　TV 二次 2M 电压开入保护示意图

随着断开 1G，2G 的动断触点闭合，使 1YQJ1-5、2YQJ1-5 复归，其动合触点断开，TV1 或 TV2 二次电压与微机保护断开，如图 4-15 所示。

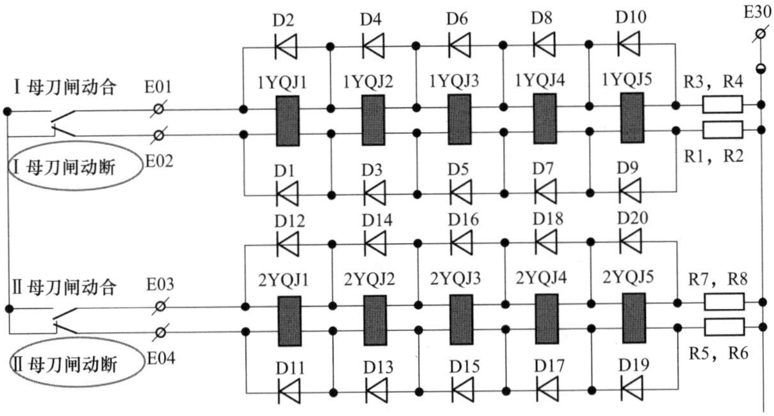

图 4-15　二次电压复归示意图

进行上述操作前必须保证图 4-3 所示中母线联络断路器 MDL 及隔离开关 M1G、M2G 都在合位，ⅠM 母线、ⅡM 母线已经处于并列运行状态，即 TV1、TV2 的一次电压已经并列。

因为在 2G 闭合后，存在一个 1G，2G 同时闭合的时间段（此时报“切换继电器同时动作信号”），如果此时两条母线未并列运行，就会出现在此处强行将两条母线的二次电压并列的情况，这是绝对不允许的。

线路电压互感器二次电压（U609、N600）表示的是线路的电压情况，一般用于检无压、检同期（有压）判断。根据继电保护反措要求线路电压互感器二次电压与母线电压互感器二次电压的接地点是在一起的，如图 4-16 所示。

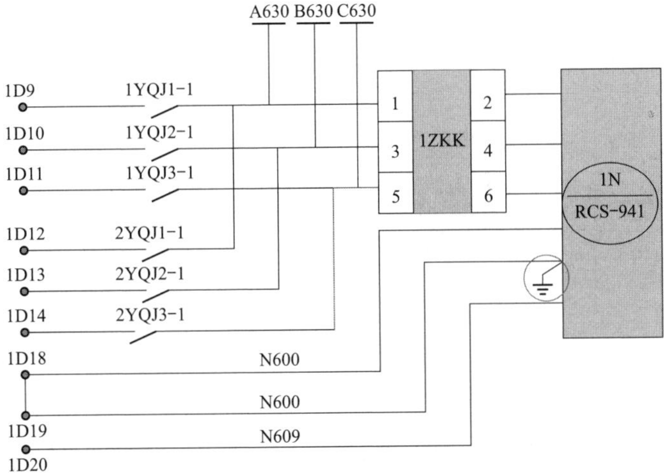

图 4-16　二次电压 N600 一点接地示意图

4.3.4 开入回路

本节讲述的 RCS-941 系列保护对外部数字量的采集，在现场应用中最常用的就是保护功能、闭锁重合闸、保护检修状态、其他开入等。

开入量均属于弱电（+24V）开入。在闭锁重合闸等回路中，是用连接片来代替接点实现相应的功能。

如闭锁重合闸开入：+24V 正电源→公共端→闭锁重合闸压板 NLP →保护装置 611 实现其闭锁功能，如图 4-17 所示。其他开入方式类似不再阐述。

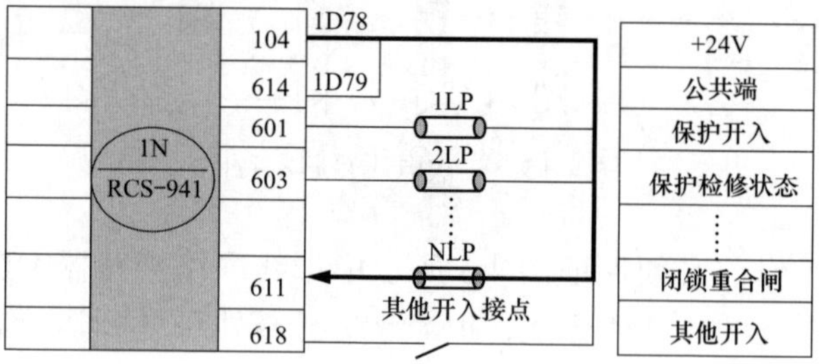

图 4-17　开入回路示意图

4.3.5 开出回路

开出回路中包括操作指令类无源触点、信号类触点、遥信类触点。如保护跳闸触点，保护动作时此触点闭合；重合闸触点，重合闸动作时此触点闭合。这两种触点称为操作指令类无源触点，因为只有将两组无源触点接入操作箱对应的回路中，由操作箱提供给它们正电源，才能在动作后启动对应的断路器控制回路。信号类触点、遥信类触点，都属于信号输出开出类型，这两种信号触点中，表示同一信号含义的不同触点，区别在于信号类触点为保持接点；而遥信类触点为瞬动接点，如图 4-18 所示。

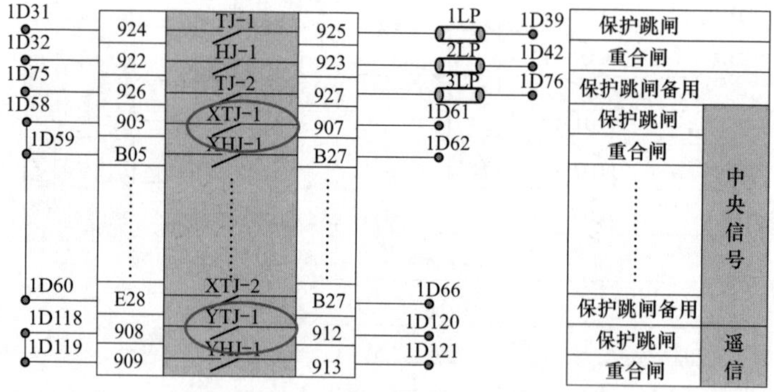

图 4-18　开出回路示意图

4.4 操作箱回路

在现场生产实际应用中 110kV 电压等级采用三相操作回路。如与 RCS-941 系列微机保护配合的三相操作回路，三相操作回路主要由合闸回路、跳闸回路、防跳回路、断路器操作闭锁回路、断路器位置监视回路等组成。如图 4-8 所示中间操作箱部分。

4.4.1 合闸回路

1. 手动合闸

在测控装置处就地手动合闸回路的动作条件：QK 在就地位置（⑨-⑩接点导通）且防跳电压继电器 TBJV 未形成自保持，同时断路器本体未禁止合闸且断路器机构箱远方合闸回路处于完备状态时，手动按下 1HA 使其触点接通，合闸回路整体导通，合闸线圈 52C 励磁，具备启动手动合闸条件。

如图 4-8 所示，当手动合闸时正电 101→测控装置内的｛端子 1YK3→QK［⑨-⑩接点］→手合操作按键 1HA（手合）→端子 1YK9｝→回路号 R103 的电缆→操作箱内的［端子 1D40→二极管 D3→“断路器本体异常禁止合闸”继电器（HYJ1、HYJ2）的动断触点→防跳电压继电器 TBJV 的动断触点→合闸保持继电器 HBJ］→回路号 107 的电缆→断路器机构箱内的［X5-110 端子→LR（就地 / 远方）转换开关的远方位置接点→防跳电压继电器 TBJ1 的动断触点 TBJ1-1→断路器的动断辅助触点 F-1→合闸线圈 HQ→电阻 Rh→低油压闭锁合闸启动继电器 ZJ7 的动断触点→ SF_6 压力低闭锁启动继电器 ZJ2-1 的动断触点→X5-105 端子→间隔内各隔离辅助接点（QS1 与 QS2 串联）或解除闭锁启动继电器 ZJ6 的动断触点］→负电端 102。合闸线圈 HQ 励磁，实现手动合闸功能。

同时操作箱内［合闸保持继电器 HBJ 动作，其动合触点闭合形成自保持］。手合操作按键 1HA 返回原来位置后，其触点断开，合闸回路依靠合闸保持继电器 HBJ 的自保持回路导通。断路器合闸成功后，其断路器的动断辅助触点 F-1 断开合闸回路，合闸保持继电器 HBJ 复归，其自保持回路接点随后断开。

2. 遥控合闸

遥控合闸即平时提到的远方合闸，遥控合闸与就地手动合闸类似，区别在于：测控装置内［QK 在远方位置（⑦-⑧接点导通）］。

如图 4-8 所示，当测控装置收到遥合指令后，遥合正电 101→测控装置内的［端子 1YK3→QK（⑦-⑧接点）→端子 1YK5→遥合 HJ 接点→压板 LP5→端子 1YK9］→回路号 R103 的电缆→操作箱内的［端子 1D40→二极管

D3→“断路器本体异常禁止合闸”继电器（HYJ1、HYJ2）的动断触点→防跳电压继电器 TBJV 的动断触点→合闸保持继电器 HBJ］→回路号 107 的电缆→断路器机构箱内的［X5-110 端子→LR（就地 / 远方）转换开关的远方位置接点→防跳电压继电器 TBJ1 的动断触点 TBJ1-1→断路器的动断辅助触点 F-1→合闸线圈 HQ→电阻 Rh→低油压闭锁合闸启动继电器 ZJ7 的动断触点→ SF_6 压力低闭锁启动继电器 ZJ2-1 的动断触点→X5-105 端子→间隔内各隔离辅助接点（QS1 与 QS2 串联）或解除闭锁启动继电器 ZJ6 的动断触点］→负电端 102。合闸线圈 HQ 励磁，实现遥控合闸功能。

手动合闸 / 遥控合闸回路元件说明：

（1）手合操作按键 1HA（手合）。安装在测控屏上，用于实现对合闸回路的强电操作。

（2）远方 / 就地切换把手 QK。用于实现远方 / 就地操作模式的切换。远方指通过微机测控装置向操作箱发出的合闸指令，就地指通过手合操作按键 1HA（手合）向操作箱发出的合闸指令。

（3）禁止合闸继电器（HYJ1、HYJ2）的动断触点。从操作箱中的回路来看，它可以反映一切应该禁止断路器合闸的情况。操作箱中（HYJ1、HYJ2）动断触点均被短接，其作用相当于导线。

（4）防跳电压继电器 TBJV 的动断触点。TBJV 的动断触点闭合，表示防跳电压继电器 TBJV 未启动，允许断路器进行合闸操作。

（5）合闸保持继电器 HBJ。要保证断路器合闸成功，必须使合闸回路中的电流持续一定的时间以启动合闸线圈，其动合触点闭合保证足够的合闸电流持续时间。原因是遥控合闸指令只有几十至几百毫秒的高电平脉冲，如果脉冲在合闸线圈启动之前消失，则合闸操作就会失败。所以，在操作回路中引入了合闸保持继电器 HBJ，依靠 HBJ 的自保持回路，可以保证在断路器合闸操作完成之前，断路器的合闸回路一直保持导通状态，确保断路器能够完成合闸操作。

合闸保持继电器 HBJ 的自保持回路还保证了一定是由断路器的动断触点 52b（两对）断开合闸回路，避免了由不具备足够开断容量的 1HA 触点或遥合触点断开此回路造成黏连甚至烧毁的危险。

3. 同期手合

同期合闸回路是由测控装置中的同期合闸继电器 HJ 的动合触点闭合后启动的，而同期合闸继电器 HJ 接点是由测控装置满足同期合闸条件继电器 HJ 被驱动的，其 HJ 的动合触点闭合，动作过程与手合基本相同。

如图 4-8 所示，当测控装置满足同期合闸条件同期合闸继电器 HJ 被驱动后其动合HJ触点闭合，遥合正电101→测控装置内的［端子1YK3→QK（③-④接点）→端子1YK4→同期合闸HJ接点→压板LP3→端子1YK9］→回路号R103的电缆→操作箱内的［端子1D40→二极管D3→“断路器本体异常禁止合闸”继电器（HYJ1、HYJ2）的动断触点→防跳电压继电器TBJV的动断触点→合闸保持继电器HBJ］→回路号107的电缆→断路器机构箱内的［X5-110端子→LR（就地/远方）转换开关的远方位置接点→防跳电压继电器TBJ1的动断触点TBJ1-1→断路器的动断辅助触点F-1→合闸线圈HQ→电阻Rh→低油压闭锁合闸启动继电器ZJ7的动断触点→SF_6压力低闭锁启动继电器ZJ2-1的动断触点→X5-105端子→间隔内各隔离辅助触点（QS1与QS2串联）或解除闭锁启动继电器ZJ6的动断触点］→负电端102。合闸线圈HQ励磁，实现遥控合闸功能。

4. 自动合闸

自动重合闸回路是由保护装置中的自动重合闸继电器HJ的动合触点闭合后启动的，而自动重合闸继电器HJ接点是由保护装置满足重合闸条件CPU被驱动的，其自动重合闸继电器HJ的动合触点闭合，动作过程与手合基本相同。

如图4-8所示，保护装置满足重合闸条件CPU被驱动，其HJ的动合触点闭合，操作箱内的［正电101→重合闸投退压板1LP2→防跳电压继电器TBJV的动断触点→合闸保持继电器HBJ］→回路号107的电缆→断路器机构箱内的［X5-110端子→LR（就地/远方）转换开关的远方位置接点→防跳电压继电器TBJ1的动断触点TBJ1-1→断路器的动断辅助触点F-1→合闸线圈HQ→电阻Rh→低油压闭锁合闸启动继电器ZJ7的动断触点→SF_6压力低闭锁启动继电器ZJ2-1的动断触点→X5-105端子→间隔内各隔离辅助接点（QS1与QS2串联）或解除闭锁启动继电器ZJ6的动断触点］→负电端102。合闸线圈HQ励磁，实现遥控合闸功能。

4.4.2 跳闸回路

1. 手动跳闸

在测控装置处就地手动跳闸回路的动作条件：QK在就地位置（⑨-⑩接点导通），同时断路器本体未禁止跳闸，断路器机构箱远方跳闸回路处于完备状态时，手动按下1TA使其触点导通，跳闸回路整体导通，跳闸线圈52T励磁，具备启动手动跳闸条件。

如图4-8所示，当手动跳闸时正电101→测控装置内的［端子1YK3→QK（⑨-⑩接点）→手跳操作按键1TA（手挑）→端子1YK7］→回路号R113的电缆→操作箱内的［端子1D35→二极管D1→“断路器本体异常禁止合闸”

继电器（TYJ1、TYJ2）的动断触点→跳闸保持电器 TBJ ］→回路号 137 的电缆→断路器机构箱内的［ X5-118 端子→ LR（就地 / 远方）转换开关的远方位置接点→断路器的动断辅助触点 F-2 →跳闸线圈 YT →电阻 Rf1 →低油压闭锁合闸启动继电器 ZJ8 的动断触点→ SF_6 压力低闭锁启动继电器 ZJ2-2 的动断触点］→负电端 102。跳闸线圈 YT 励磁，实现手动跳闸功能。

同时操作箱内［跳闸保持继电器 TBJ 动作，其动合触点闭合形成自保持］。手合操作按键 1TA 返回原来位置后，其触点断开，跳闸回路依靠跳闸保持继电器 HBJ 的自保持回路导通。断路器跳闸成功后，其动断辅助触点 52a（两对串后再并联）断开跳闸回路，跳闸保持继电器 HBJ 复归，其自保持回路节点随后断开。

2. 遥控跳闸

遥控跳闸就是平时提到的远方跳闸，遥控跳闸与就地手动跳闸类似，区别在于：测控装置内［ QK 在远方位置（⑦ - ⑧接点导通）］。

如图 4-8 所示，当测控装置收到遥跳指令后，遥跳正电 101 →测控装置内的［端子 1YK3 → QK（⑦ - ⑧接点）→端子 1YK5 →遥合 TJ 接点→压板 LP4 →端子 1YK7 ］→回路号 R113 的电缆→操作箱内的［端子 1D35 →二极管 D1 →“断路器本体异常禁止合闸”继电器（TYJ1、TYJ2）的动断触点→跳闸保持电器 TBJ ］→回路号 137 的电缆→断路器机构箱内的［ X5-118 端子→ LR（就地 / 远方）转换开关的远方位置接点→断路器的动断辅助触点 F-2 →跳闸线圈 YT →电阻 Rf1 →低油压闭锁合闸启动继电器 ZJ8 的动断触点→ SF_6 压力低闭锁启动继电器 ZJ2-2 的动断触点］→负电端 102。跳闸线圈 YT 励磁，实现手动跳闸功能。

手动跳闸 / 遥控跳闸回路元件说明：

（1）手跳操作按键 1TA（手跳）。安装在测控屏上，用于实现对跳闸回路的强电操作。

（2）远方 / 就地切换把手 QK。用于实现远方 / 就地操作模式的切换。远方指通过微机测控装置向操作箱发出的跳闸指令，就地指通过按键 1TA 向操作箱发出的跳闸指令。

（3）禁止跳闸继电器（TYJ1、TYJ2）的动断触点。从操作箱中的回路来看，它可以反映一切应该禁止断路器跳闸的情况。操作箱中（TYJ1、TYJ2）动断触点均被短接，其作用相当于导线。

（4）跳闸保持继电器 TBJ。要保证断路器跳闸成功，必须使跳闸回路中的电流持续一定的时间以启动跳闸线圈，其动合触点闭合保证足够的合闸电流持续时间。原因是遥控跳闸指令只有几十至几百毫秒的高电平脉冲，如果脉冲在跳闸线圈启动之前消失，则跳闸操作就会失败。所以，在操作回路中引入了合闸保持继电器 TBJ，依靠 TBJ 的自保持回路，可以保证在断路器跳闸操作完成之前，断路器的合闸回路一直保持导通状态，确保断路器能够完成跳闸操作。

跳闸保持继电器 TBJ 的自保持回路还保证了一定是由断路器的动断触点 52a（两对串后再并联）断开跳闸回路，避免了由不具备足够开断容量的 1TA 触点或遥合触点断开此回路造成黏连甚至烧毁的危险。

3. 自动跳闸

自动跳闸回路是由保护装置中的自动跳闸继电器 TJ 的动合触点闭合后启动的，指微机保护装置向操作控制回路发出跳闸命令，微机保护装置负责对采集到的数据进行运算分析，确定是否有故障，若有故障保护装置满足条件 CPU 被驱动，其自动跳闸继电器 TJ 的动合触点闭合，动作过程与手跳基本相同。

如图 4-8 所示，保护装置满足跳闸条件 CPU 被驱动，其 TJ 的动合触点闭合，操作箱内的［正电 101 →跳闸投退压板 1LP1 →操作箱内的］端子 1D38 →二极管 D1 →“断路器本体异常禁止合闸”继电器（TYJ1、TYJ2）的动断触点→跳闸保持电器 TBJ →回路号 137 的电缆→断路器机构箱内的［X5-118 端子→LR（就地 / 远方）转换开关的远方位置接点→断路器的动断辅助触点 F-2 →跳闸线圈 YT →电阻 Rf1 →低油压闭锁合闸启动继电器 ZJ8 的动断触点→ SF_6 压力低闭锁启动继电器 ZJ2-2 的动断触点］→负电端 102。跳闸线圈 YT 励磁，实现自动跳闸功能。

自动跳闸属于本间隔保护动作发出的跳闸命令，对于断路器操作回路还要外部保护跳闸和自动装置跳闸等。

外部跳闸和自动装置跳闸指的是由操作回路配套的本间隔保护之外的其他微机保护或自动装置发出的跳闸指令，例如母差保护动作，低频减载动作，备用电源自动投入（以下简称“备自投”）动作等。他们发出的跳闸指令与本间隔微机保护发出的跳闸指令的作用模式是类似的，即提供一个代表跳闸指令的无源动合触点，与本间隔微机保护提供的 J 动合触点并联接入操作箱即可，如图 4-8 所示中跳闸投退压板 1LP1 下方。

4.4.3 防跳回路

微机操作箱中防跳回路的作用与断路器机构箱中防跳回路的作用是相同的，根据电力系统继电保护反措要求，只保留一套即可。防跳回路原理接线示意图如图 4-19 所示。

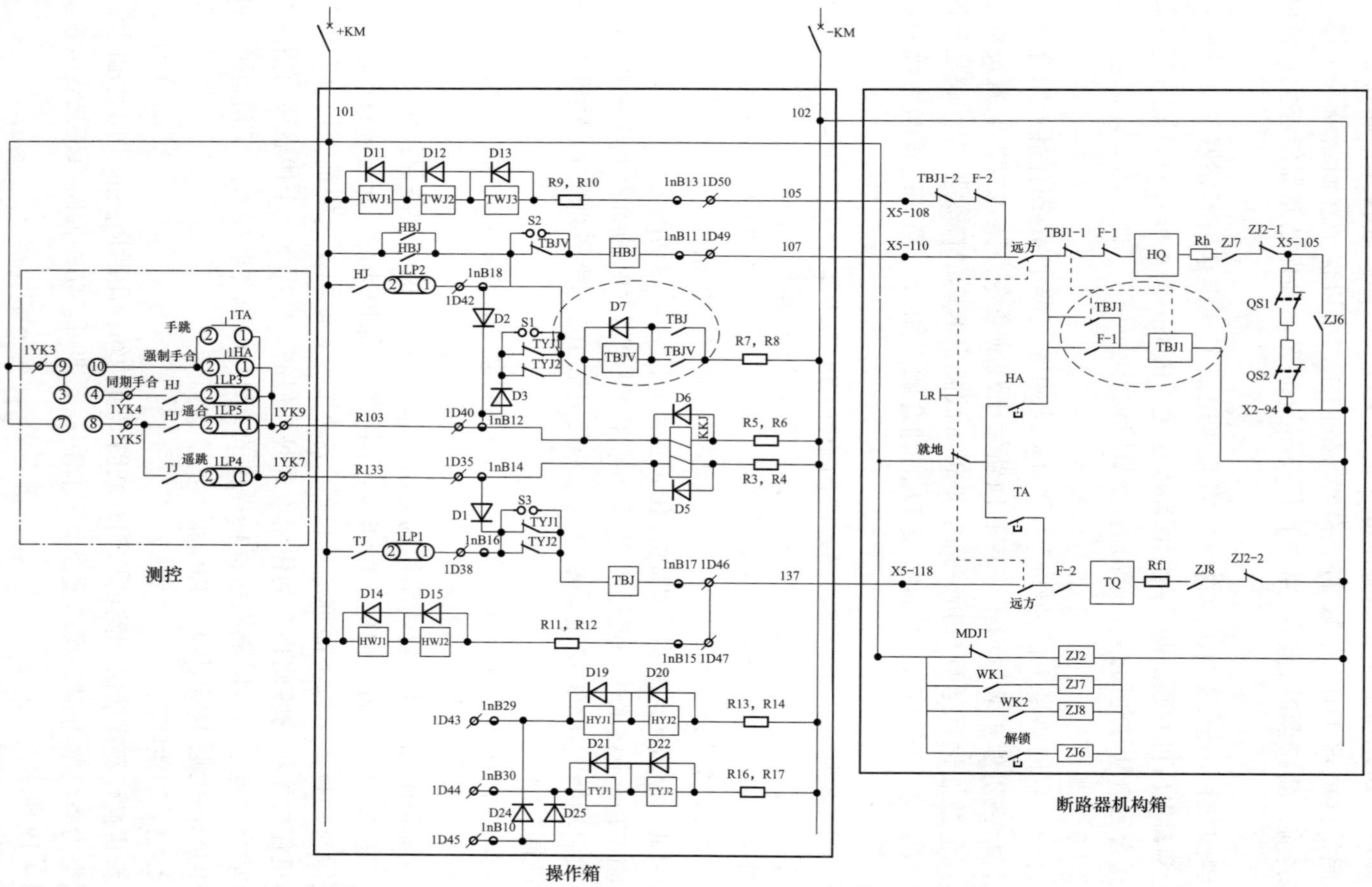

图 4-19　防跳回路原理接线示意图

操作箱防跳：图 4-19 所示中操作箱收到合闸指令后，合闸保持继电器 HBJ 启动并实现自保持，断路器机构箱内合闸回路导通，断路器开始合闸，合闸成功。合闸成功后若合到有故障的线路上，此时保护启动跳闸，跳闸保持继电器 TBJ 动作。其动合触点闭合之后启动防跳继电器 TBJV，TBJV 常接点闭合使其保持，然后断开其动断触点 TBJV，达到防止第二次合闸脉冲去合闸。

断路器机构箱防跳：当操作箱上跳线端子 S2 接上时，选择断路器机构箱防跳。当手合按下 HA 合闸后按钮黏连，正电经过断路器的动断辅助触点 F-1，防跳继电器 TBJ1 启动，并经防跳继电器动合触点 TBJ1 保持。直到合闸命令撤销，防跳继电器 TBJ1 返回。防跳继电器 TBJ1 动作时，TBJ1 动断（闭）触点 TBJ1-1 打开，断开合闸回路，一次合闸只能控制合闸一次，达到防跳效果。

4.4.4 跳 / 合闸监视回路

断路器在跳闸状态时，合闸回路是导通的；断路器在合闸状态时，跳闸回路是导通的，如图 4-20 所示。

1. 跳闸监视回路

如图 4-20 所示，断路器在跳闸状态时，合闸回路是导通的。即正电 101 →跳闸监视继电器（TWJ1、TWJ2、TWJ3）→电阻 R9、R10 →端子 1D50 →回路号 107 的电缆→断路器机构箱内的［X5-108 端子→ TBJ1 动断（闭）触点 TBJ1-2 →断路器的动断辅助触点 F-2 → LR（就地 / 远方）转换开关的远方位置接点→防跳电压继电器 TBJ1 的动断触点 TBJ1-1 →断路器的动断辅助触点 F-1 →合闸线圈 HQ →电阻 Rh →低油压闭锁合闸启动继电器 ZJ7 的动断触点→ SF_6 压力低闭锁启动继电器 ZJ2-1 的动断触点→ X5-105 端子→间隔内各隔离辅助触点（QS1 与 QS2 串联）或解除闭锁启动继电器 ZJ6 的动断触点］→负电端 102。此时合闸监视继电器（TWJ1、TWJ2、TWJ3）励磁对应接点给到其他地方做信号等指示，起到跳闸监视作用。

2. 合闸监视回路

如图 4-20 所示，断路器在合闸状态时，跳闸回路是导通的。即正电 101 →合闸监视继电器（HWJ1、HTWJ2）→电阻 R11、R12 →端子 1D47 →端子 1D46 →回路号 137 的电缆→断路器机构箱内的［X5-118 端子→ LR（就地 / 远方）转换开关的远方位置接点→断路器的动断辅助触点 F-2 →跳闸线圈 YT →电阻 Rf1 →低油压闭锁合闸启动继电器 ZJ8 的动断触点→ SF_6 压力低闭锁启动继电器 ZJ2-2 的动断触点］→负电端 102。此时合闸监视继电器（HWJ1、HTWJ2）励磁对应接点给到其他地方做信号等指示，起到合闸监视作用。

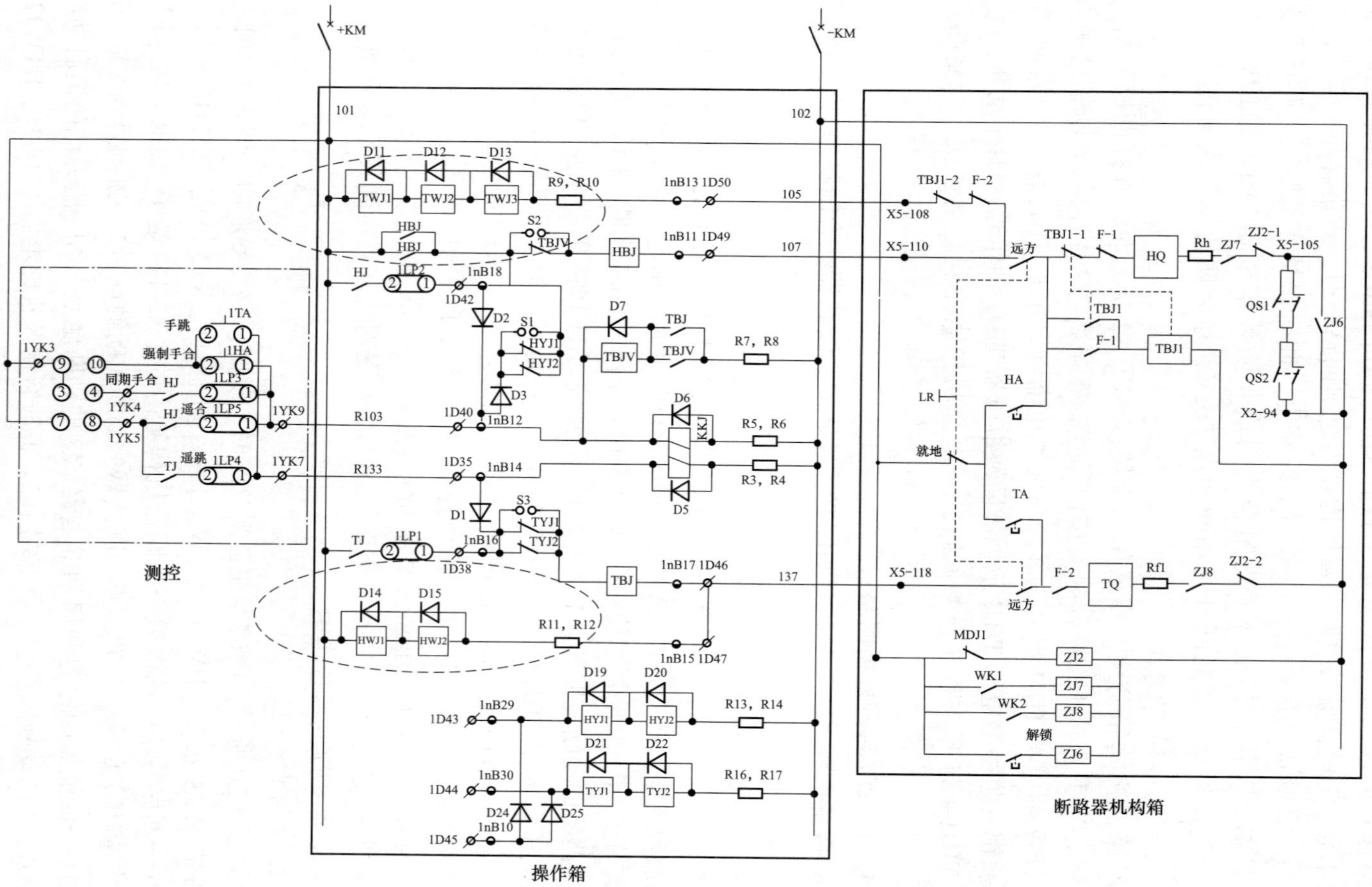

图 4-20　跳 / 合闸监视回路原理接线示意图

4.5 断路器机构控制回路

断路器机构箱控制回路主要包括断路器的跳闸、合闸操作回路以及相关的防跳、闭锁回路等，如图 4-21 所示。

4.5.1 断路器的合闸操作

以现场应用于 110kV 电压等级常用的新东北电气（沈阳）高压开关有限公司生产的 ZF6-110 型液压弹簧机构断路器为例。图 4-21 所示中断路器机构箱的合闸操作分为手动就地合闸和远方合闸两种。

1. 就地合闸

手动就地合闸：LR（就地 / 远方）转换开关的位置接点在就地状态。LR（就地 / 远方）转换开关的远方位置接点，当手合按下 HA 合闸按钮。正电源 101 → LR（就地 / 远方）转换开关的就地位置接点→ HA 合闸后按钮→防跳电压继电器 TBJ1 的动断触点 TBJ1-1 →断路器的动断辅助触点 F-1 →合闸线圈 HQ →电阻 Rh →低油压闭锁合闸启动继电器 ZJ7 的动断触点→ SF_6 压力低闭锁启动继电器 ZJ2-1 的动断触点→ X5-105 端子→间隔内各隔离辅助接点（QS1 与 QS2 串联）或解除闭锁启动继电器 ZJ6 的动断触点→负电端 102。合闸线圈 HQ 励磁，实现手动就地合闸功能。

2. 远方合闸

对断路器而言，远方合闸是指一切通过微机操作箱发来的合闸指令（包括 4.4.1 中合闸回路的①手动合闸、②遥控合闸、③同期手合、④自动合闸等）。这些合闸指令都是通过操作箱控制的合闸回路传送到断路器机构箱内的合闸回路的。当 LR 处于远方状态时，合闸指令通过 LR 以及断路器机构箱内的合闸回路与负电源形成回路，启动 HQ 完成合闸操作。要说明的是远方合闸指令实际是高电位。

如图 4-21 所示，LR（就地 / 远方）转换开关的位置接点在远方状态。远方合闸指令实际是高电位→ LR（就地 / 远方）转换开关的位置远方接点→防跳电压继电器 TBJ1 的动断触点 TBJ1-1 →断路器的动断辅助触点 F-1 →合闸线圈 HQ →电阻 Rh →低油压闭锁合闸启动继电器 ZJ7 的动断触点→ SF_6 压力低闭锁启动继电器 ZJ2-1 的动断触点→ X5-105 端子→间隔内各隔离辅助接点（QS1 与 QS2 串联）或解除闭锁启动继电器 ZJ6 的动断触点→负电端 102。合闸线圈 HQ 励磁，实现远方合闸功能。

断路器手动就地合闸 / 远方合闸回路元件说明：

（1）断路器的远方合闸回路，除了 LR 在远方位置外，与就地合闸回路是一

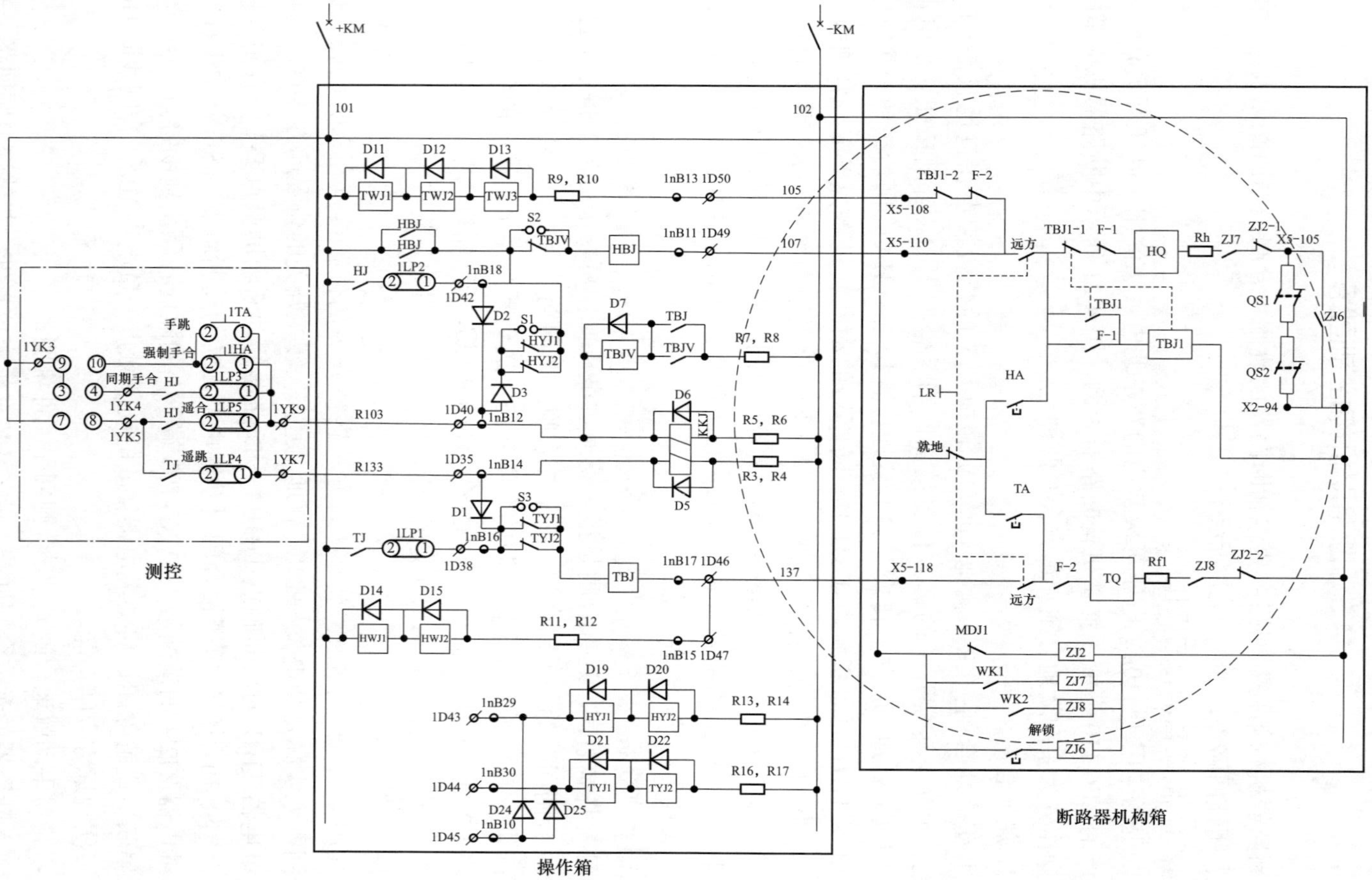

图 4-21　断路器机构箱控制回路回路原理接线示意图

样的。防跳电压继电器 TBJ1 的动断触点 TBJ1-1、断路器的动断辅助触点 F-1、合闸线圈 HQ、电阻 Rh、低油压闭锁合闸启动继电器 ZJ7 的动断触点、SF_6 压力低闭锁启动继电器 ZJ2-1 的动断触点、X5-105 端子、间隔内各隔离开关辅助触点（QS1 与 QS2 串联）或解除闭锁启动继电器 ZJ6 的动断触点组成，到负电端 102。

（2）TBJ1-1 动断触点闭合。TBJ1 是防跳继电器，防跳是指防止在手合断路器时发生线路故障，在手合开关接点黏连的情况下，由于“线路保护动作跳闸”与“手合开关触点黏连”同时发生造成断路器在跳合闸动作之间发生跳跃。将防跳电压继电器 TBJ1 的动断触点 TBJ1-1 串入合闸回路的目的在于，可以在手合断路器后且发生手合开关触点黏连的情况下，断开断路器的合闸回路。

（3）电阻 Rh 起分压作用。

（4）低油压闭锁合闸启动继电器 ZJ7 的动断触点，在低油压时 WK 接点闭合启动继电器 ZJ7 而来，在低油压时实现闭合闸功能，如图 4-22 所示。

（5）SF_6 压力低闭锁启动继电器 ZJ2-1 的动断触点，在 SF_6 低时，其 MDJ1 压力接点闭合启动继电器 ZJ2 而来，实现 SF_6 压力低闭锁功能。

（6）断路器的动断辅助触点 F-1 闭合，表示的是断路器处于分闸状态。

（7）间隔内各隔离开关辅助接点（各隔离开关辅助接点动合与动断并联后再 QS1 与 QS2 串联）形成，当开关两侧的隔离开关处于分位或合位时，开关才能合闸，防止本间隔隔离开关分合不到位的情况下开关合闸。

（8）解除闭锁时，将 SK 置于解锁状态，启动继电器 ZJ6 而来，此时将间隔内各隔离开关辅助接点短接，实现解锁功能。

4.5.2 断路器的跳闸操作

1. 就地跳闸

手动就地跳闸：LR（就地 / 远方）转换开关的远方位置接点，当手跳按下 TA 跳闸按钮。正电源 101 → LR（就地 / 远方）转换开关的就地位置接点→ TA 合闸后按钮→断路器的动断辅助触点 F-2 →跳闸线圈 YT →电阻 Rf1 →低油压闭锁合闸启动继电器 ZJ8 的动断触点→ SF_6 压力低闭锁启动继电器 ZJ2-2 的动断触点→负电端 102。跳闸线圈 YT 励磁，实现就地跳闸功能。

2. 远方跳闸

对断路器而言，远方跳闸是指一切通过微机操作箱发来的跳闸指令（包括 4.4.2 中合闸回路的①手动跳闸、②遥控跳闸、③自动跳闸等）。这些跳闸指令都是通过操作箱控制的跳闸回路传送到断路器机构箱内的跳闸回路的。当 LR 处于远方状态时，跳闸指令通过 LR 以及断路器机构箱内的跳闸回路与负电源形成回路，启动 YT 完成跳闸操作。要说明的是远方跳闸指令实际也是高电位。

4.5.3　断路器机构防跳回路

断路器机构箱防跳：当操作箱上跳线端子 S2 接上时，选择断路器机构箱防跳。当手合按下 HA 合闸后按钮黏连，正电经过断路器的动合辅助触点 F-1，防跳继电器 TBJ1 启动，并经防跳继电器动合触点 TBJ1 保持。直到合闸命令撤销，防跳继电器 TBJ1 返回。防跳继电器 TBJ1 动作时，TBJ1 动断（闭）触点 TBJ1-1 打开，断开合闸回路，一次合闸只能控制合闸一次，达到防跳效果。

4.5.4　断路器操作的闭锁回路

断路器操作的闭锁回路，根据断路器电压等级和工作介质的不同也有不同配置闭锁功能，如图 4-22 所示。SF_6 压力低闭锁及低油压闭锁跳合闸等功能。

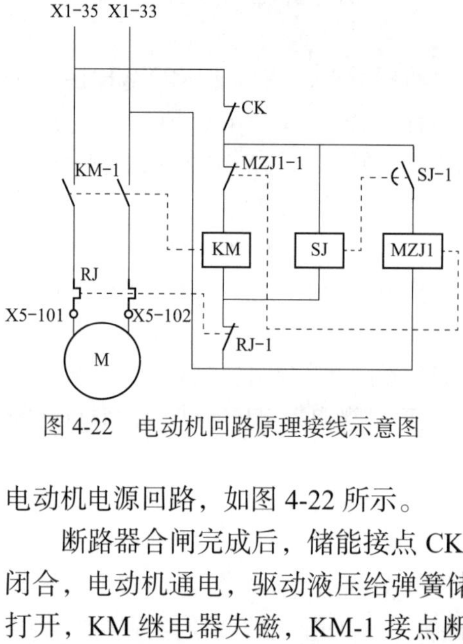

图 4-22　电动机回路原理接线示意图

4.5.5　辅助回路

辅助回路包括信号回路、电动机回路、加热器回路。

1. 信号回路

所谓信号回路实际均是无源接点，可接入光字牌报警系统或微机测控装置，主要包括：SF_6 压力降低报警、低油压闭锁跳合闸闭锁操作等。

2. 电动机回路

电动机回路包括电动机控制回路和电动机电源回路，如图 4-22 所示。

断路器合闸完成后，储能接点 CK 闭合，此时 KM 继电器励磁，KM-1 接点闭合，电动机通电，驱动液压给弹簧储能，合闸弹簧储能完毕后，储能接点 CK 打开，KM 继电器失磁，KM-1 接点断开，电动机失电，停止打压。SJ 时间继电器为电机运转超时间继电器，如果由于机构故障，无法打压，到整定时间后，SJ 时间继电器动作，SJ-1 接点闭合，MZJ1 继电器励磁，其动断触点打开，使得 KM 继电器失磁，KM-1 接点打开，断开电机回路，防止电机长时间运转，起到保护电机的作用。RJ 为热偶继电器，如果打压时，电动机内部故障，热偶继电器 RJ 将动作，RJ-1 打开，KM 继电器失磁，KM-1 接点断开，断开电动机回路，起到保护电动机的作用。

电动机在断路器合闸后开始再次运转储能。储能完成后，在第二次合闸前，合闸弹簧一直处于已储能状态，与断路器在此期间是否跳闸无关。如此即可保证在断路器合闸后，即使断路器机构在再次储能完成后失去电动机电源，仍然可以在断路器跳闸后进行一次合闸操作。如 110kV 线路在故障跳闸后的重合闸操作所需的能量，是在断路器第一次合闸后就开始储备并留存待用的，而不是在跳闸后才开始储备的。

3. 加热器回路

加热器回路由温湿度控制器自动控制。当断路器机构箱内温度偏低、湿度偏高时，动合触点闭合启动加热器，对断路器机构箱进行加热、除潮，避免环境原因对断路器机构运行造成影响。

4.6 智能化保护

智能化变电站在模拟量和开关量的传输上采取光纤的方式，与传统的常规变电站相比，减少了许多电缆的使用，简化了二次回路。智能化保护装置的内部程序逻辑与常规装置大抵相同，但是装置的配置与装置之间的连接方式又与常规变电站大有不同。以一条 110kV 线路保护为例，它的保护二次回路由以下三部分组成：开关机构二次回路、操作箱、保护装置，它们之间通过电缆连接；而一条智能化的 110kV 线路保护一般由以下几部分组成：开关机构二次回路、合并单元、智能终端、保护装置，它们之间通过光纤相互连接。本节将介绍智能化保护装置、智能终端、合并单元以及网络结构。

4.6.1 智能化保护装置

本节将以南瑞继保 220kV 线路智能保护装置 PCS-931N2-D 为例，介绍智能化保护与常规保护的不同之处。

智能化保护装置内部的保护程序逻辑与常规保护是一样的，但是常规站的 220kV 线路保护一般是将操作箱与保护装置置于一面保护屏内，110kV 的保护装置则是将操作箱控制回路集成在保护装置中，而智能站的开关控制回路是在智能终端中的，保护装置中是没有控制回路的。

1. 电源回路

智能化保护装置只需为装置提供电源即可，所以电源回路比较简单，同常规保护装置电源回路接线。

2. 交流电流与电压回路

智能化保护采集电流与电压量的方式有电缆采集模拟量和光纤采集数字量两种。

如果是通过电缆采集模拟量，其二次回路和常规站保护装置并无区别。

如果是通过光纤采集数字量，则通过 B07 板上的光纤接口采集。光纤采集的方式也分为直采和网采两种。直采指保护装置通过光纤直接与合并单元相连从而采集数字量；网采指合并单元通过与交换机相连接将数字量上送至交换机，保护装置再通过交换机获取交流采样数据。

3. 开入回路

智能化保护相对于常规保护大部分硬压板都改为了软压板，大部分开关量输入都通过 GOOSE 网光纤传输。

装置只有“检修状态”与“远控投入”两个硬压板，其余的保护功能压板与保护出口压板都通过软压板实现。除此之外，部分装置还会设置有“SV 接收软压板”“GOOSE 接收软压板”，用以控制数据包的接收与否。

保护功能软压板与出口软压板的配置与常规站装置类似，功能软压板包括“差动保护功能投入”“零序保护功能投入”“距离保护功能投入”等，出口软压板包括“保护跳闸出口”“保护合闸出口”等。

4. 开出回路

智能化保护装置大部分开关量输出量都通过 GOOSE 网光纤传输，所以其接点输出回路只保留一些装置本身相关的信号，只设计了“装置闭锁”“装置报警”两个硬接点信号。

4.6.2 智能终端

智能终端是一种智能组件，它与一次设备之间采用电缆连接，与保护、测控等二次设备采用光纤连接，实现对一次设备的信息采集、控制等功能。本节将以南瑞继保智能终端 PCS-222B-I 为例，介绍智能终端的功能作用。

智能终端的作用大致可以总结为以下几点：

（1）完成位置信号及遥信信号量的采集，并上送给保护及测控装置。例如，断路器开关位置、压力低闭锁重合闸信号等，都是通过智能终端上送至保护装置。开关机构的重要信号例如 SF_6 气压低报警、弹簧未储能等，都是通过智能终端上送至测控装置。

（2）完成直流量的采集，并上送给保护或测控。例如，主变压器本体的绕温和油温等数据，是通过将相应表计的电阻值经过变送器转换为直流电流或直流电压之后，接入智能终端装置，再通过光纤上送至测控装置的。

（3）接收保护及测控装置的控制指令并执行。智能终端中集成了断路器的控制回路，所以保护装置的跳合闸、测控装置的遥控分合都是通过智能终端出口的。

1. 电源回路

智能终端由于具备控制回路与遥信回路，除了装置电源外，还需单独的控制电源和遥信电源，一般遥信电源与装置电源可以取自同一直流电源。

2. 开入回路

智能终端的开入回路收集开关机构所有双位置与单位置信号，通过光纤上送给保护与测控装置。开入回路的原理与常规站的相同，通过 110V/220V 直流遥信电源采集。

3. 控制回路

开关的保护分合闸或者遥控分合闸都经智能终端中的控制回路出口，并且出口都经过硬压板控制。以 220kV 保护动作过程为例，保护装置三相跳闸动作后，智能终端接收到保护装置发出的跳闸命令，装置中的 TA、TB、TC 接点闭合，如果此时压板 1-4LP2、1-4LP3、1-4LP4 都为投入状态，那么控制回路正电就会导通至开关机构线圈，开关跳闸。

保护装置的跳闸有直跳和网跳两种方式。直跳指保护装置与智能终端之间的保护跳闸、保护开入量的传输采取点对点的通信模式，装置之间直接通过光纤连接。网跳指保护装置与智能终端之间的保护跳闸、保护开入量通过 GOOSE 组网传输，即保护装置与智能终端都通过光纤接至交换机，通过交换机传输信息。

隔离开关与接地开关的遥控与闭锁回路，隔离开关与接地开关的遥控都必须经过出口硬压板的控制。以 1G 隔离开关遥控合闸过程为例，智能终端收到测控装置的远方遥控开入之后，1G 的 YH 接点闭合，如果此时压板 1-4LP10 是投入状态，那么隔离开关控制回路的正电将被导通至 1G 隔离开关机构的合闸线圈，进而实现合闸。

4.6.3 合并单元与电子式互感器

合并单元的作用是采集设备的电流、电压等模拟量，并转换为数字量后通过光纤接口给保护、测控等装置提供采样信息。

智能化变电站的互感器一般采取电子式互感器，电子式互感器与传统互感器相比有诸多优势。主要是以下几点：

（1）高低压完全隔离，绝缘简单，安全性高，没有因漏油而潜在的易燃、易爆等危险。

（2）不存在磁饱和、铁磁谐振等问题。

（3）频率响应宽，动态范围大，精度高，可同时满足测量和继电保护的需要。

（4）体积小，重量轻，节约占地面积；无污染，无噪声，具有优越的环保性能。

（5）不存在 TA 二次输出开路及 TV 二次输出短路的危害。

（6）数字信号分享更为容易，带负载能力强。

（7）成本与电压等级的关系不大。因此电压等级越高，经济性越明显。

（8）方便地实现电压电流组合式。

（9）适应电力系统数字化、智能化和网络化的需要。

目前有很多合并单元是与智能终端整合在一个装置中的，这种装置称为合智单元，在实际生产中有较为广泛的应用。

4.6.4 智能变电站网络结构

1. 智能变电站分层结构

智能变电站按体系分层为过程层、间隔层和站控层。过程层包括变压器、断路器、隔离开关、电流 / 电压互感器等一次设备及其所属的智能组件以及独立的智能电子装置；间隔层设备一般指继电保护装置、测控装置等二次设备；站控层包括自动化站级监视控制系统、通信系统、对时系统等，如图 4-23 所示。

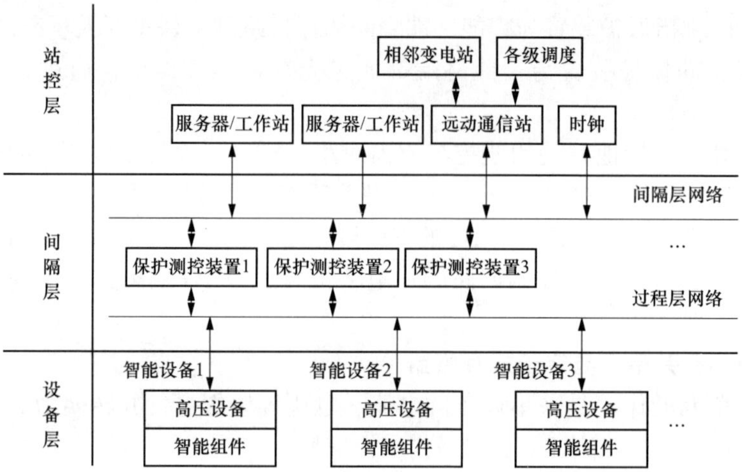

图 4-23　智能变电站网络结构

2. 网络划分及功能定义

智能变电站自动化系统网络信息根据其逻辑功能主要分为站控层 / 间隔层 MMS 信息、间隔层 GOOSE 信息、过程层 SV 信息和过程层 GOOSE 信息。

（1）站控层 / 间隔层 MMS 信息：主要用于间隔层设备与站控层设备间通信，应具备间隔层设备支持的全部功能，其内容应包含四遥信息及故障录波报告信息。

（2）间隔层 GOOSE 信息：主要用于间隔层设备间通信，其内容应包含测控联闭锁信息等。

（3）过程层 SV 信息：主要用于过程层设备与间隔层设备间通信，其内容应包含合并单元与保护、测控、故障录波、PMU、电能表等装置间传输的电流、电压采样值信息。

（4）过程层 GOOSE 信息：主要用于过程层设备与间隔层设备间通信，其内容应包含合并单元、智能终端与保护、测控、故障录波等装置间传输的一次设备本体位置 / 告警信息，合并单元 / 智能终端自检信息、保护跳闸 / 重合闸信息、测控遥控合闸 / 分闸 / 联闭锁信息以及保护失灵启动和保护联闭锁信息等。

智能变电站组网设计一般遵循以下原则：

（1）过程层 SV 网络、过程层 GOOSE 网络、站控层网络应完全独立配置。

（2）过程层 SV 网络、过程层 GOOSE 网络宜按电压等级分别组网。变压器保护接入不同电压等级的过程层 GOOSE 网时，应采用相互独立的数据接口控制器。

（3）继电保护装置采用双重化配置时，对应的过程层网络亦应双重化配置，第一套保护接入 A 网，第二套保护接入 B 网。

3. 过程层典型组网方式

过程层典型的组网方式一般有以下几种：直采直跳、直采网跳、网采网跳。

直采直跳：合并单元和保护装置采取点对点通信模式，保护装置不依赖于时钟源，所有采集、传输延时明确、并实时传送。保护跳闸、保护开入量的传输采取点对点通信模式。位置、控制、闭锁、信号通过 GOOSE 网传输。

直采网跳：合并单元和保护装置采样点对点通信模式。保护装置不依赖于时钟源所有采集、传输延时明确、并实时传送。保护跳闸、保护开入量的传输采取 GOOSE 网模式。位置、控制、闭锁、信号通过 GOOSE 网传输。

网采网跳：按多间隔保护组建 SV 网，SV 网根据需求划分 VLAN。合并单元接收外部同步时钟对时，要求交换机的传输时延小于 1ms。保护装置依赖于时钟源。合并单元需接入外部时钟进行同步。保护装置根据报文中的采样帧计数器进行同步。保护跳闸、保护开入量的传输采取 GOOSE 网模式。位置、控制、闭锁、信号通过 GOOSE 网传输。

4.6.5 虚端子图解读

虚端子是描述 IED 设备的 GOOSE、SV 输入、输出信号连接点的总称，用以标识过程层、间隔层及其之间联系的二次回路信号，等同于传统变电站的屏端子。具备识别虚端子连接图的能力是进行智能化变电站二次设备维护的基础，本节以南瑞继保智能站配置工具 PCS-SCD 为例，介绍如何正确识别虚端子图。

打开智能变电站 SCD 文件后，在“模型配置”模块的“装置”子菜单中选中需要查看的装置，可以查看该 IED 设备的模型实例、数据集等内容。在下方菜单选中“虚端子连接”一栏即可查看该 IED 设备的虚端子表。

表中“外部信号”代表本装置接收的来自其他装置的信号，“内部信号”代表该测点在本装置的内部定义。相比虚端子表，虚端子连接图更为直观地展示了设备之间的连接关系，在实际工作中更为常用。

本章思考题

（1）简述断路器机构的防跳回路如何实现。

（2）写出断路器手动就地合闸 / 远方合闸回路的区别。

（3）简述断路器手动就地合闸操作如何操作。

（4）简述断路器跳 / 合闸监视回路如何实现。

（5）简述微机操作箱的防跳回路如何实现。

（6）写出手动合闸的步骤。

（7）简述什么是开出回路。

（8）写出电压切换回路实现过程。

（9）试读 220kV 电压等级采用分相操作回路。

（10）简述智能变电站网络结构。

5 保护装置及二次回路调试验收

5.1 概　　述

随着继电保护及自动化装置更新换代步伐的不断加快及系统设备的不断增加，继电保护及自动化装置验收、定检工作日渐频繁。继电保护的检验分为：验收定检、定期检验、补充检验三种。其中验收包括的内容最全，覆盖范围最广，有助于对保护检验的各个部分充分了解。优良的验收检验将会给我们日后的运行维护带来很大的方便，防止保护误动、拒动起到积极作用。

现场验收主要包括二次回路验收和装置验收，本章将以220kV线路为例，对220kV线路间隔调试验收作业方法进行详述。

5.2 保护回路验收

5.2.1 资料检查

验收检验时，资料检查内容主要包括：

（1）检查所有保护及相关设备、出厂试验报告、合格证、图纸资料、技术说明书等，开箱记录应与装箱记录一致，并由监理工程师签字确认。

（2）检查施工图纸及设计变更单、图纸审核会议纪要等齐全、正确。

（3）检查保护、通道设备、断路器、电流互感器、电压互感器的验评报告、记录表格及安装记录齐全、正确，必要时检查保护装置打印的施工调试报告。设备安装试验报告要求记录所使用的试验仪器、仪表型号和编号；所有的设备安装试验报告要求有试验人员、审核人员及监理工程师签名，并作出试验结论。

（4）检查开箱记录单上提供的专用工具及备品备件齐全。

5.2.2　外观检查

保护屏体及屏内设备，保护屏体及屏内设备检查内容及要求：

（1）屏柜及装置标识检查。屏、柜的正面及背面各电器、端子排、切换压板等应标明编号、名称、用途及操作位置，其标明的字迹应清晰、工整，且不易脱色，并与安健环及有关标识规定相符合；装置的铭牌标志及编号应符合设计图样的要求；保护通道及接口设备标识清晰、正确，并与有关标识规定相符合。

（2）外部观感检查。装置的型号、数量和安装位置等情况，应与设计图纸相符；装置的表面不应有影响质量和外观的擦伤、碰伤、沟痕、锈蚀、变形等缺陷；装置面板键盘完整，操作灵活，液晶屏幕显示清楚，指示灯显示正常；所有紧固件均应具有防腐蚀镀层和涂层，对于既作连接又作导电的零件应采用铜质或性能更优的材料；可运动部件应按设计要求活动自如、可靠，不得有影响运动性能的松动，在规定运动范围内不应与其他零件碰撞或摩擦。

5.2.3　二次回路接线要求

具体说来就是布线清楚，按图施工，标示清楚。重点关注的细节有：

（1）跳（合）闸引出端子应与正电源适当隔开，至少间隔一个端子。

（2）正负电源在端子排上的布置应适当隔开，至少间隔一个端子。

（3）对外每个端子的每个端口原则上只接一根线（尽可能优化端子接线），相同截面的电缆芯接入同一端子接线不超过两根，不同截面的电缆芯不得接入同一端子，所有端子接线稳固。

（4）所有电缆固定后应在同一水平位置剥齐，每根电缆的芯线应分别绑扎，接线按从里到外，从低到高的顺序排列。电缆芯线接线应有一定的裕度。

（5）所有二次电缆及端子排二次接线的连接应可靠，芯线标识齐全、正确、清晰，芯线标识应用线号机打印，不能手写。芯线标识应包括回路编号及电缆编号。

（6）电缆采用多股软线时，必须经压接线头接入端子。

（7）电缆的保护套管合适，电缆应挂标识牌，电缆孔封堵严密。

5.2.4　抗干扰接地检查

验收检验时，抗干扰接地主要是指电缆屏蔽层两端的接地，且电缆屏蔽层的接地都应连接在二次接地网上。抗干扰接地检查内容如下：

（1）装设静态保护的保护屏间应用截面面积不小于 $100mm^2$ 专用接地铜排直接连通，形成保护室内二次接地网。保护屏柜下部应设有截面面积不小于 $100mm^2$ 接地铜排，屏上设接地端子，并用截面面积不小于 $4mm^2$ 的多股铜线连接到接地铜排上，接地铜排应用截面面积不小于 50mm^2 的铜缆与保护室内的二次接地网相连，如图 5-1 所示。

（2）保护屏本身必须可靠接地。

（3）保护装置的箱体，必须可靠接地。

5.2.5　二次回路检查

直流电源的检查主要包括标识、回路绝缘和回路寄生三方面的问题。

1. 标识检查

对直流空气开关的检查须注意以下几方面：

（1）断路器控制电源与保护装置电源应分开且独立，控制电源与保护装置电源应取自同一段直流母线。

（2）断路器操动机构箱内或保护操作箱内压力闭锁回路，其直流电源应取自断路器控制电源。

（3）电压切换装置直流电源应与本间隔控制回路直流电源共用一组电源，二者在保护屏上通过直流断路器分开供电。

（4）保护通道设备电源（放置在通信机房设备除外）应与对应的保护装置电源共用一组直流电源，二者在保护屏上通过直流空气开关分开供电。

（5）应采用具有自动脱扣功能的直流空气开关，不得用交流空气开关替代。

（6）保护屏配置的直流空气开关应有设备名称和编号的标签。

2. 寄生回路检查

寄生检查步骤如下：

（1）将所有空气开关合上（包括开关机构的交、直流空气开关），分别测量所有空气开关下端，正负电应分别对应且正确。

（2）只断开某一空气开关，对应空气开关下端应无电，需注意的是，需分别用万用表交流挡和直流挡来量测，以防止交直流寄生，如图 5-2 所示。

图 5-1　保护屏柜下部接地示意图

图 5-2　保护屏柜电源开关示意图

5.2.6　绝缘检查

绝缘检查内容包括保护装置、电流、电压、直流控制、信号回路绝缘。进行装置绝缘试验时，装置内所有互感器的屏蔽层应可靠接地，在测量某一组回路对地绝缘电阻时，应将其他各组回路都接地；测试后，应将各回路对地放电。摇测时应通知有关人员暂时停止在回路上的一切工作，断开被检验装置的交直流电源。对于长电缆回路对地遥测结束后需对地进行放电。特别注意必须断开与运行设备相连接部分回路，采取措施防止对运行设备且相连接的电流回路短路，引起保护误动，如图 5-3 所示。

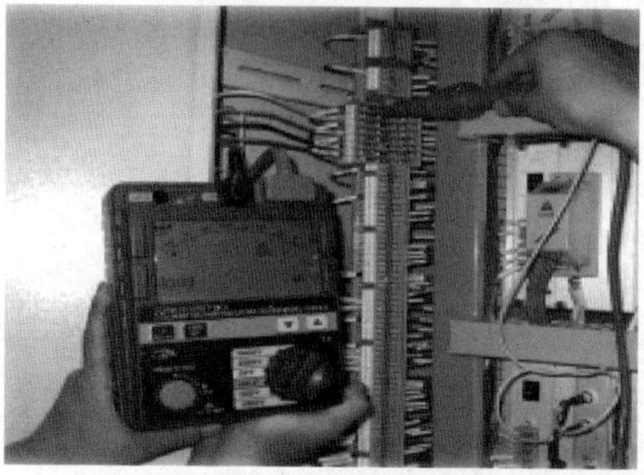

图 5-3　保护回路绝缘检查示意图

由于控制回路在接线中的重要性，在现场验收时，必须特别注意控制回路与其他回路的绝缘问题。

5.2.7　电流、电压二次回路检查

电流、电压回路是二次回路中最主要的采集量，保护是否动作均需要以电流量和电压量为依据。此部分具体工作方法参考《电流互感器二次回路现场验收及运行维护》书籍学习。

1. 电流互感器二次回路检查

（1）绕组接线核对。在电流互感器二次回路挂标识牌标明走向及用途。在保护屏、录波屏、安稳屏、母差屏、备自投屏、端子箱、测控屏、计量屏等电流互感器二次回路端子排旁贴二次回路走向图。

对电流互感器的极性进行逐一验证，电流互感器的极性符合设计要求。

（2）电流互感器二次回路接地检查。电流互感器的二次回路有且只能有一个接地点。独立的、与其他互感器二次回路没有电的联系的电流互感器二次回路，宜在开关场实现一点接地。由几组电流互感器组合的电流回路，如各种多断路器主接线的保护电流回路，其接地点宜选在控制室。220kV 线路保护一般来说，除了母差保护需要在母差保护屏一点接地外，其他电流回路均需在端子箱处一点接地。电流回路一点接地检查可结合绝缘检查进行：断开电流互感器二次回路接地点，检查全回路对地绝缘，若绝缘合格可判断仅有一个接地点。

（3）电流互感器极性、变比试验。测试电流互感器各绕组间的极性关系，核对铭牌上的极性标志是否正确。检查电流互感器各次绕组的连接方式及其极性关系是否与设计符合。

测试 TA 各绕组的变比，核对铭牌上的变比大小是否正确，并对照设计图纸选用合适的变比。

（4）电流互感器 TA 参数测试。测试 TA 的拐点电动势、TA 内阻及 TA 二次负载，校核额定二次极限电动势和最大短路电流时的暂态系数的大小。

（5）电流回路一次通流试验。通过电流互感器一次通流，确认二次回路接线正确性及电流互感器变比：

电流互感器变比及二次回路接线验证。对电流互感器加一次电流，分别测量保护屏、测控屏、计量屏、故障录波屏、母差保护屏电流回路二次电流，检查所接电流互感器二次绕组的变比是否与定值通知单要求一致，确认电流回路没有开路。在二次接线柱逐一短接电流回路二次绕组，验证电流回路接线正确，同时确认保护不发生因施工接线错误引起的死区。通过升流试验检查后的电流回路如有变动，应再次进行本试验检查。若本项目运行维护单位规定由一次专业负责，保护专业仍须掌握试验结果，并存档。

（6）电流回路二次通流试验。验收检验时，自电流互感器的二次端子箱处向负载端通入交流电流，分别测量保护屏、测控屏、计量屏、故障录波屏、母差保护屏电流回路二次电流，检查所接二次回路的正确性。电流回路二次通流试验适用于仅二次设备改造的技术改造工程。

2. 电压互感器及二次回路检查

检查电压互感器二次绕组的用途、接线方式、级别、容量、实际使用变比。

保护屏电压回路配置三相快速联动空气开关，电缆截面满足误差要求。在电压二次回路通电试验，对于经电压切换装置的电压回路（包括母线切换），分别通入Ⅰ母 A 相 30V、B 相 40V、C 相 50V，开口三角 L 20V，Ⅱ母 A 相 35V、B 相 45V、C 相 55V，开口三角 L 25V，检查切换前电压回路电压值及回路接线的正确性；分别模拟Ⅰ母隔离开关合位、Ⅱ母刀闸合位，检查切换后电压回路电压值及回路接线的正确性。

验收检验时，对于线路抽取电压，要求在电压互感器一次回路进行通电压试验，检查各组别、变比正确，检查电压二次回路接线的正确性。

检查接线正确性，TV 并列功能校验。检查中严禁 TV 反充电事故发生。

5.3 保护装置功能调试

保护装置的功能调试是继电保护从业人员的一项基本技能。对保护装置进行功能调试是确保继电保护可靠运行的基本手段，但初学人员往往对于保护调试方法不了解，调试过程中缺项漏项，不能发现保护装置的缺陷，导致保护装置带缺陷投运，造成系统风险。本节将以 PRC31BM-22 光纤电流差动保护屏试验方法为例，系统阐述保护装置功能的调试方法，使初学人员掌握继电保护装置调试的基本方法和步骤。

1. 版本核查

保护装置的软件版本是保护厂家根据业主的技术规范研发的软件的代号，需要经过电网公司组织的统一的入网测试。一个电网系统内的软件版本应保持一致，便于进行统一的技术管理。标准的软件版本应符合省级或网级公司统一发布的版本。

检查方法：进入“程序版本”子菜单，查对软件版本与最新发布的版本要求一致，应核对程序校验码、管理序号均正确。

2. 交流回路检查

此项试验的目的是检验屏内的交流回路接线是否正确和装置的采样精度是否满足要求，通过在屏内背面交流电压、交流电流端子排，分别通入交流电压、交流电流，检查装置的各 CPU 的采样和相位。步骤如下：

（1）在保护端子 1D1、1D3、1D5、1D7 端子上分别通入 A、B、C、N 三相交流电流。1D9、1D10、1D11、1D12 端子上分别通入三相电压，如图 5-4 所示。并使各相的交流电压超前交流电流的相角差固定为 30°。

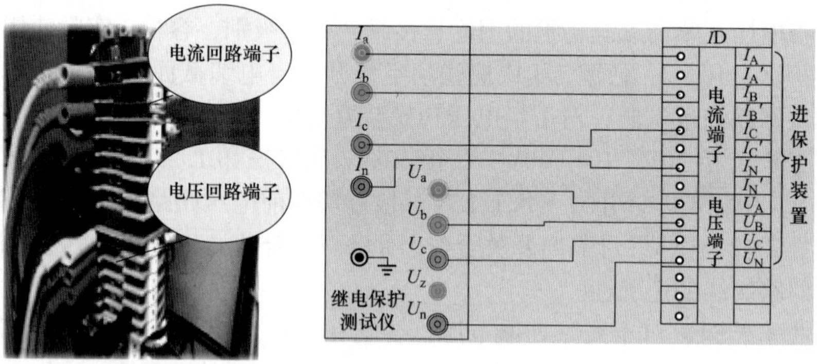

图 5-4　保护交流回路检查示意图

（2）进入“保护状态”菜单中“DSP 采样值”子菜单，液晶显示屏上显示的采样值应与实际加入量相等，其误差应小于 ±5%。

（3）进入“保护状态”菜单中“CPU 采样值”子菜单，在保护屏端子上分别加入额定的电压、电流量，在液晶显示屏上显示的采样值应与实际加入量相等，其误差应小于 ±5%。

（4）进入“保护状态”菜单中“相角显示”子菜单，在液晶显示屏上显示的角度也应电压超前电流 30°，电压、电流三相各自互差 120°。

3. 输入接点检查

此项试验的目的是检查压板和开入回路连线是否正确，改变屏内压板状态、用导线短接各开入端子和开入正电源或启动操作箱相应回路，检查各开入的变位情况，如：RCS-931 保护。

进入“保护状态”菜单中“开入状态”子菜单观察：差动保护开入状态；距离保护开入状态等。

4. 光纤差动保护的调试

电流差动继电器由三部分组成：变化量相差动继电器、稳态相差动继电器和零序差动继电器。此项试验的目的是校验该项保护的定值和功能。校验步骤：

（1）将 CPU 插件上的接收“RX”和发送“TX”用尾纤短接，构成自发自收方式，定值中“本侧与对侧纵联码”改为一致，如图 5-5 所示。

（2）仅投主保护压板，重合闸方式切换把手切在“单重方式”（根据实际系统中应用重合闸方式来定），如图 5-6 所示。

图 5-5 光纤差动保护尾纤短接示意图

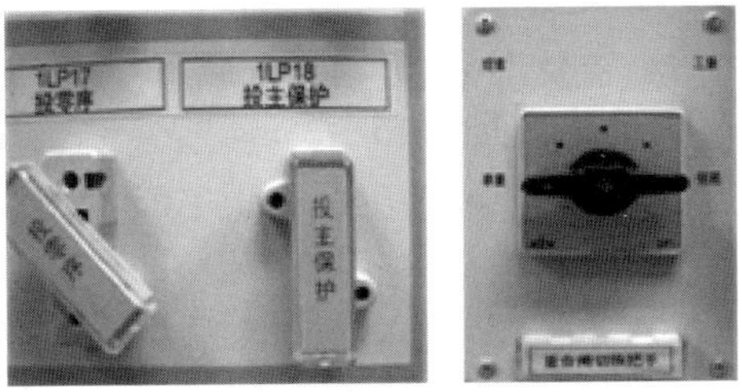

图 5-6 主保护，重合闸方式投入示意图

（3）整定保护定值控制字中“投纵联差动保护”置 1、“投重合闸”置 1，如图 5-7 所示。

（4）开关处于合位，用试验仪给本装置加入 A、B、C、N 三相额定电压，电流可不加，等装置上的“充电”灯亮。

（5）加故障相电流大于 1.05 × 0.5 × 差动电流高定值与 4 倍容电流中的最大值，模拟单相接地瞬时故障并重合成功，如图 5-8 所示。

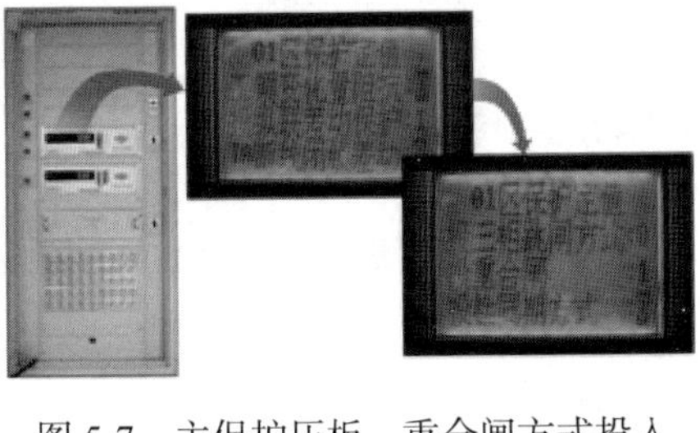

图 5-7 主保护压板，重合闸方式投入示意图

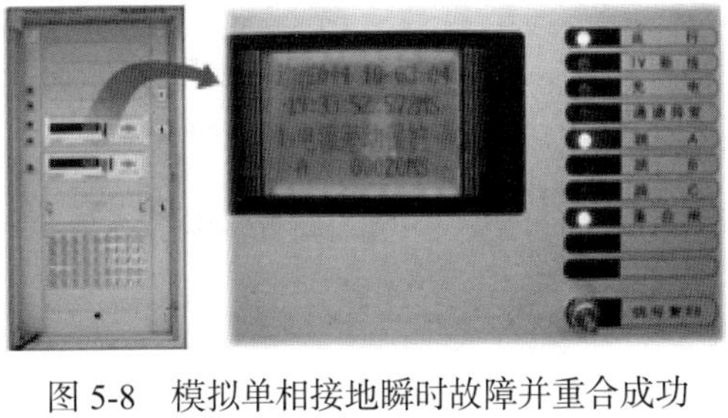

图 5-8 模拟单相接地瞬时故障并重合成功信息示意图

故障状态时间设置为50ms，故障状态50ms后再加入一段时间的空载状态（正序额定电压），此状态时间大于装置重合闸整定时间，保护单跳并重合，装置面板上相应跳闸灯亮，重合闸灯亮，液晶上显示“电流差动保护”，动作时间约25ms。

（6）加故障相电流大于1.05×0.5×差动电流高定值与4倍容电流中的最大值，分别模拟相间或三相瞬间故障，如图5-9所示。

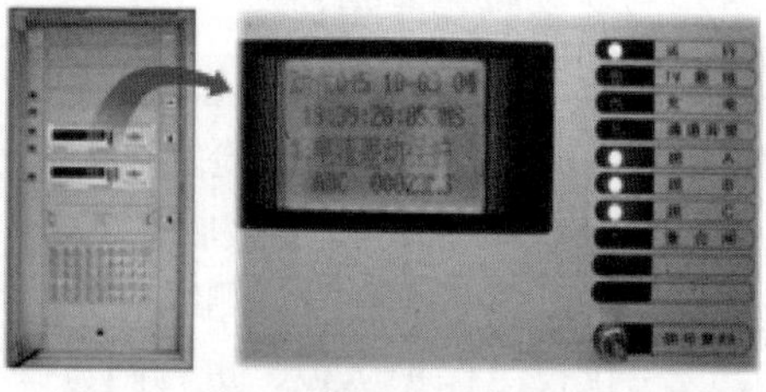

图5-9　模拟相间或三相瞬间故障信息示意图

故障状态时间设置为50ms，故障状态50ms后再加入一段时间的空载状态（正序额定电压），此状态时间大于装置重合闸整定时间，保护三跳不合，装置面板上三相跳闸灯都亮，重合闸灯不亮，液晶上显示“电流差动保护”，动作时间为15～25ms。

（7）加故障相电流大于1.05×0.5×差动电流低定值与1.5倍容电流中的最大值，分别模拟单相或多相故障，故障状态时间设置为100ms（因为低值动作固定有40ms延时），100ms后再加入一段时间的正序的空载状态（正序额定电压），此状态时间大于装置重合闸整定时间。

单相故障单跳并重合装置面板上相应跳闸灯亮，重合闸灯亮，液晶上显示“电流差动保护”，如图5-8所示。

多相故障三跳不重，装置面板上三相跳闸灯都亮，重合闸灯不亮，液晶上显示“电流差动保护”，动作时间均为40～70ms，如图5-9所示。

（8）零序差动的试验：适合抬高差动电流高定值和差动电流低定值，以保证在做零序差动的试验时，相差动不会动，如图5-10所示。

图5-10　抬高差动电流高定值和差动电流低定值示意图

适当整定线路正序容抗，使得容电流大于 $0.1I_n$。加三相对称电压和三相对称容性电流的一半（既电流超前电压 90°），以满足电容电流补偿条件。任意增加一相电流（另外两相不变），使得零序电流大于 $0.3I_n$，故障持续时间 120ms，零差保护选相动作，动作时间大于 100ms。

（9）通道联调：两侧光纤通道正确接好，装置通道异常灯不亮，将对侧开关手跳在分位，本侧加入单相电流大于差动电流高定值与 4 倍容性电流，本侧差动保护可选相动作，动作时间 30ms 左右。同样，本侧开关手跳在分位，对侧加入单相电流大于差动电流高定值与 4 倍容性电流，对侧保护可选相动作。

（10）远跳试验：两侧光纤通道正确接好，装置通道异常灯不亮，对侧装置“远跳受本侧控制”定值若为 0，本侧短接 1D46 和 1D50 远跳开入，本侧向对侧发远跳命令，对侧装置收到远条命令后跳闸，如图 5-11 所示。三相跳闸灯都亮。若对侧装置“远跳受本侧控制”定值为 1，则先给对侧装置加入电流（此电流要大于零序启动电流定值或电流变化量启动定值，以保证对侧装置能够启动），然后本侧短接 1D46 和 1D50 远跳开入，本侧向对侧发远跳命令，对侧装置收到远条命令后跳闸，三相跳闸灯都亮。

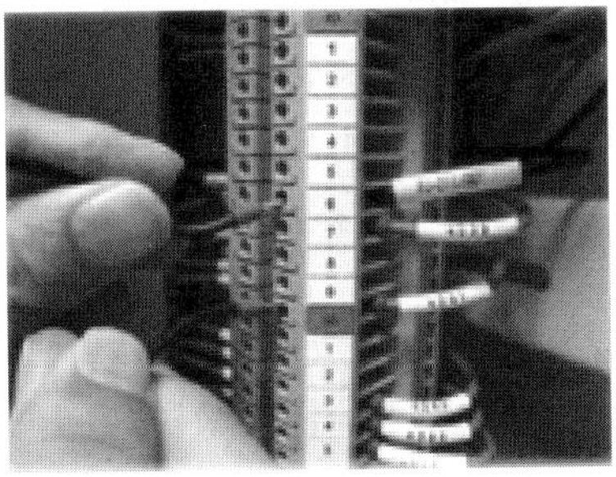

图 5-11　本侧短接 1D46 和 1D50 远跳开入示意图

5. 距离保护校验

距离保护具有保护范围稳定，保护性能优良，适应性强等特点，常作为本线路的近后备保护及相邻线路和元件的远后备保护。此项试验的目的是校验该项保护的定值和功能。校验步骤：

（1）仅投距离保护压板，重合闸方式切换把手切在“单重方式”，如图 5-12 所示。

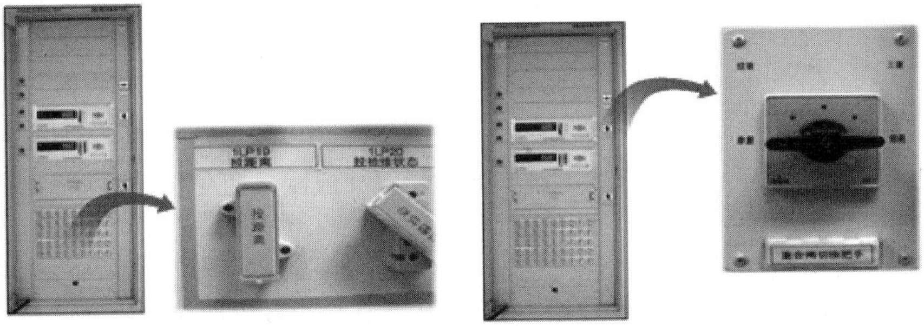

图 5-12　仅投距离保护，重合闸方式切换把手切在“单重方式”示意图

（2）整定保护定值控制字中“投接地距离Ⅰ段”置 1、“投相间距离Ⅰ段”置 1、“投重合闸”置 1。

（3）开关处于合位，用试验仪给本装置，加入 A、B、C、N 三相电压，电流可不加，等装置上的“充电”灯亮。

（4）模拟正方向单相接地故障，加入适当大小的故障相电流（如果接地距离Ⅰ段定值很小，应适当增大故障电流），故障相电压等于 0.95 倍故障电流 ×（1+ 零序补偿系数 K）× 接地距离Ⅰ段阻抗定值。故障相电流滞后故障相电压的角度为本装置定值中的正序灵敏角，分别模拟各相单相接地，故障状态时间设置为 50ms，在故障状态 50ms 后应给本装置再加入一段时间的正序额定电压，此时间大于装置重合闸整定时间，保护单跳并重合，装置面板上相应灯亮，液晶上显示“接地距离Ⅰ段动作”，动作时间约为 35ms，如图 5-13 所示。

（5）方法同上，模拟正方向单相接地故障，加适当大小的故障相电流，故障相电压等于 1.05 倍故障电流 ×（1+ 零序补偿系数 K）× 接地距离Ⅰ段阻抗定值，接地距离Ⅰ段不动作。

（6）模拟正方向相间故障，加适当大小的故障相电流，加故障相电压等于 2×0.95 倍故障电流 × 相间距离Ⅰ段阻抗定值，故障相间电流滞后故障相间电压的角度为本装置定值中的正序灵敏角，故障状态时间设置为 50ms，在故障状态 50ms 后应给本装置再加入一段时间的正序的额定电压，此时间大于装置重合闸整定时间，保护三跳不重，装置面板上相应灯亮，液晶上显示“相间距离Ⅰ段动作”，动作时间为 10～35ms，动作相为“ABC”，如图 5-14 所示。

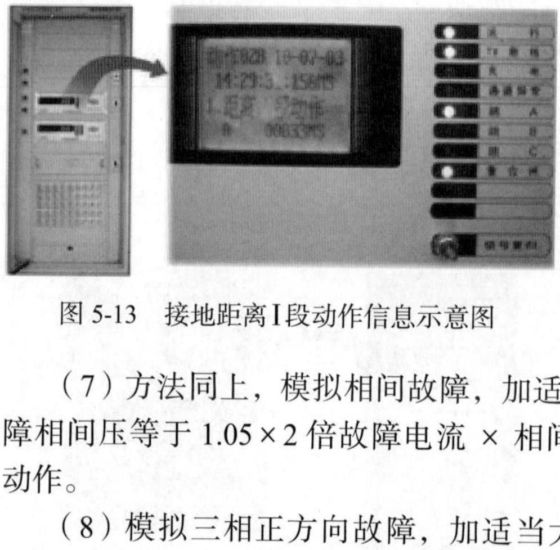

图 5-13　接地距离Ⅰ段动作信息示意图

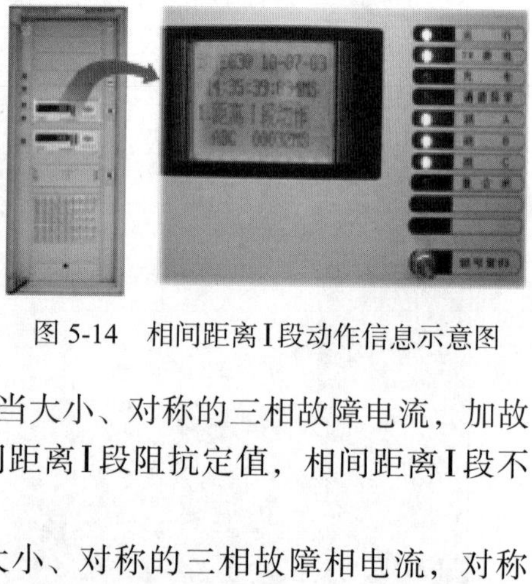

图 5-14　相间距离Ⅰ段动作信息示意图

（7）方法同上，模拟相间故障，加适当大小、对称的三相故障电流，加故障相间压等于 1.05×2 倍故障电流 × 相间距离Ⅰ段阻抗定值，相间距离Ⅰ段不动作。

（8）模拟三相正方向故障，加适当大小、对称的三相故障相电流，对称的三相故障电压等于 0.95 倍故障电流 × 相间距离Ⅰ段阻抗定值，故障相电流滞后故障相电压的角度为本装置定值中的正序灵敏角，故障状态时间设置为50ms，在故障状态50ms后应给本装置再加入一段时间的正序的额定电压，此时间大于装置重合闸整定时间，保护三跳不重，装置面板上相应灯亮，液晶上显示“相间距离Ⅰ段动作”动作时间为10～35ms，动作相为“ABC”，如图5-14所示。

（9）方法同上，模拟三相正方向故障，加适当大小、对称的三相故障电流I，三相故障电压等于1.05倍故障电流 × 相间距离Ⅰ段阻抗定值，相间距离Ⅰ段不动作。

（10）模拟上述反方向故障，故障相或相间电流滞后故障相或相间电压的角度在正方向灵敏角的基础上加180°，距离保护不动作。

（11）按照同样的方法分别效验Ⅱ、Ⅲ段距离保护。

（12）注意：

1）加故障量的时间应大于相应保护段定值时间。

2）距离Ⅲ段动作时，保护三跳不重合（根据保护定值要求决定）。

3）在做反方向三相对称故障时，如果故障时三相电压均小于8V时，距离Ⅲ段可能会动作。

6. 零序保护校验

此项试验的目的是校验该项保护的定值和功能。校验步骤：

（1）仅投零序保护压板，重合闸方式切换把手切在“单重方式”，如图5-15所示。

图5-15 仅投零序保护，重合闸方式切换把手切在“单重方式”示意图

（2）整定保护定值控制字中“零序Ⅲ段经方向”置1、“零序Ⅲ段三跳闭重”置1、“零Ⅱ段三跳闭重”置0、“投重合闸”置1，如图5-16所示。

图 5-16　零序保护整定保护定值控制字示意图

（3）开关处于合位，用试验仪给本装置加入 A、B、C 三相额定电压，电流可不加，等重合闸充电，直至“充电”灯亮。

（4）模拟正方向单相接地故障，加故障相电压 30V，故障相电流等于 1.05 倍零序过流Ⅱ段定值，故障相电流滞后故障相电压的角度为 78°（保护装置固定零序灵敏角为 78°），故障状态时间设置为本装置定值“零序过流Ⅱ段时间”+50ms，在故障状态后应给本装置再加入一段时间的正序的额定电压，此时间大于装置重合闸整定时间，保护单跳并重合，装置面板上相应灯亮，液晶上显示“零序过流Ⅱ段动作”，动作时间为零序过流Ⅱ段时间，如图 5-17 所示，以 A 相故障为例。

（5）加故障相电压 30V，故障相电流等于 0.95 倍零序过流Ⅱ段定值，零序过流Ⅱ段不动作。

（6）按上述方法效验零序过流Ⅲ段定值，注意加故障量的时间应大于“零序过流Ⅲ段时间”定值时间，但不要超过 150ms。零序过流Ⅲ段动作时，保护三跳不重合，如图 5-18 所示。

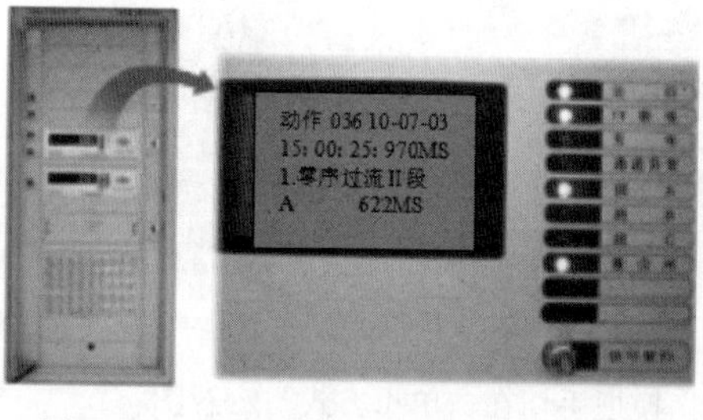

图 5-17　零序过流Ⅱ段动作信息示意图

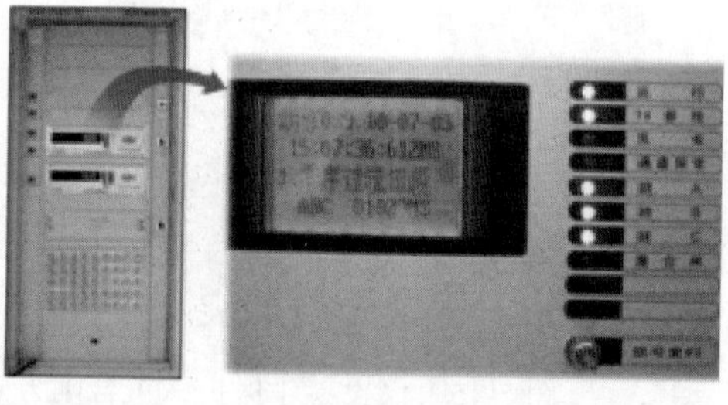

图 5-18　零序过流Ⅲ段动作信息示意图

（7）对 RCS-931B 装置，零序保护设置了速跳的零序Ⅰ段方向过流和三个带延时段的零序方向过流保护，Ⅰ、Ⅱ段零序受零序正方向元件控制，Ⅲ、Ⅳ段零序则由用户选择经或不经方向元件控制，每段保护分别可通过控制字投退。

另外，当“零Ⅱ段三跳闭重”置 0、“零Ⅲ段三跳闭重”置 0 时，零序Ⅰ、Ⅱ、Ⅲ段动作时选相跳闸并重合，零序Ⅳ段动作三跳不重合，如图 5-19 所示。

图 5-19　零序Ⅳ段动作三跳不重合信息示意图

（8）模拟上述反方向故障，故障相电流滞后故障相电压的角度在 78° 的基础上再加 180°，零序保护不动作。

7. 工频变化量距离保护校验

此项试验的目的是校验该项保护的定值和功能。校验步骤：

（1）仅投距离保护压板，重合闸方式切换把手切在“单重方式”，如图 5-20 所示。

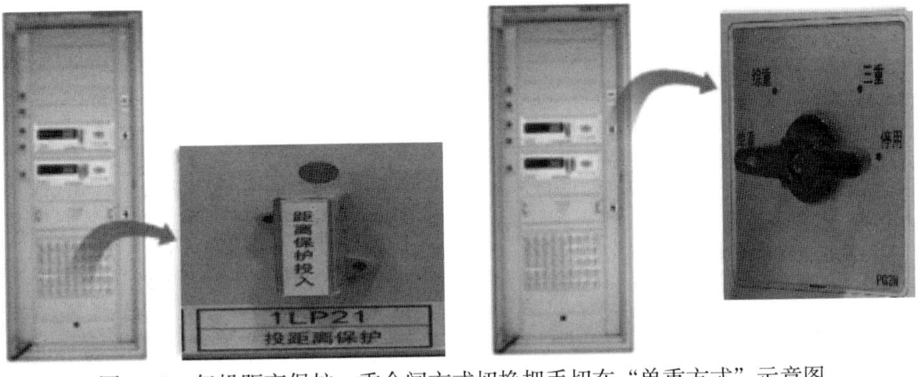

图 5-20　仅投距离保护，重合闸方式切换把手切在“单重方式”示意图

（2）整定保护定值控制字中“工频变化量阻抗：置 1”，投重合闸“置 1”，如图 5-21 所示。

（3）开关处于合位，用试验仪给本装置加入 A、B、C 三相额定电压，电流可不加，等重合闸充电，直至“充电”灯亮。

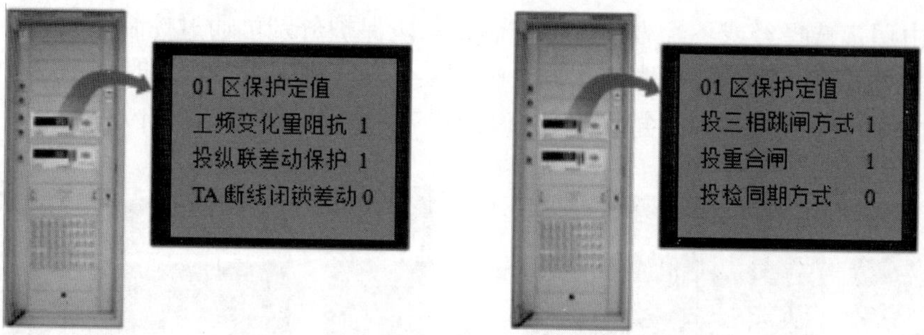

图 5-21　工频变化量保护定值控制示意图

（4）模拟正方向单相接地故障，故障相电压 =（1+ 零序补偿系数 K）× 故障电流 × 工频变化量阻抗 +（1−1.05m）U_N。但必须保证所加的故障相电压小于 7.7 倍故障电流。故障相电流滞后故障相电压的角度为本装置定值中的正序灵敏角，故障状态时间设置为 50ms，当 m 取 1.1 时，保护单跳并重合，装置面板上相应灯亮，液晶上显示“工频变化量阻抗动作”，如图 5-22 所示。当 m 取 0.9 时，保护可靠不动作。

（5）模拟正方向相间故障，加适当故障相间电流，故障相间电压 =2× 故障相间电流 × 工频变化量阻抗定值 +$\sqrt{3}\,U_N$×（1−1.05m）。同样要保证相间电压小于 7.7 倍故障相间电流。故障相间电流滞后故障相间电压的角度为本装置定值中的正序灵敏角，故障状态时间设置为 50ms，当 m 取 1.1 时，保护三跳不重合，装置面板上三个跳闸灯亮，液晶上显示“工频变化量阻抗动作”，如图 5-23 所示。当 m 取 0.9 时，保护可靠不动作。

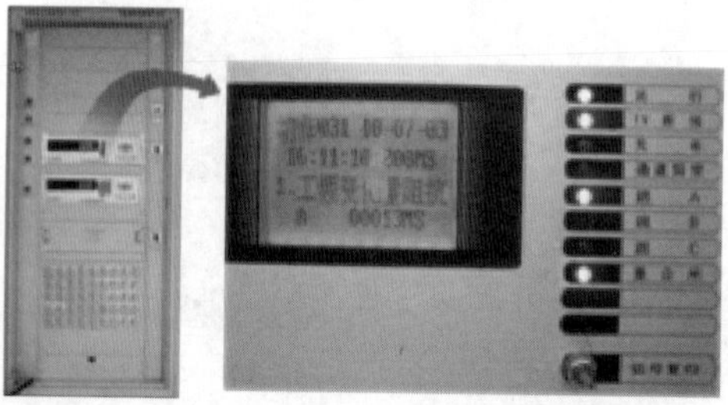

图 5-22　单相接地故障工频变化量阻抗动作信息示意图

图 5-23　相间故障工频变化量阻抗动作信息示意图

8. 永久性故障校验

校验步骤：

（1）投入主保护压板、距离保护压板、零序保护压板，重合闸方式切换把手切在“单重方式”。

（2）整定保护定值控制字中“工频变化量阻抗”置1、“投纵联变化量”置1、“投纵联零序保护”置1、“投Ⅰ段接地距离”置1、“投重合闸”置1。

（3）模拟单相永久性接地故障。（设置四个状态序列）参照单相接地故障的试验方法，在保护重合闸后，200ms内立即再加一次故障，此故障按距离Ⅱ段动作设置，故障时间设置100ms，故障相电流若大于“零序加速定值”，液晶上除显示保护动作和重合闸动作报告以外，还显示距离加速和零序加速报告，如图5-24所示。

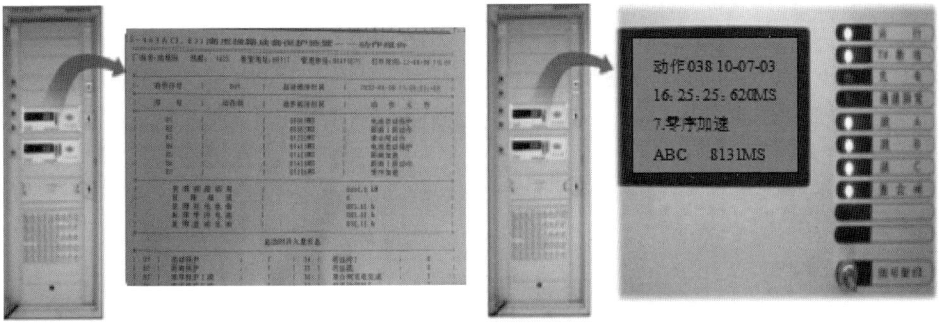

图5-24　模拟单相永久性接地故障动作信息示意图

9. 传动开关校验

此项试验的目的是校验保护出口后是否能正确跳、合开关。校验步骤：

（1）试验前将压板定值中的内部压板控制字“投闭重三跳压板”置0，其他内部保护压板投退控制字均置1，以保证内部压板有效。

（2）如果高频通道采用闭锁式，则将收发迅机置通道负载位置，如果高频保护采用允许式，则将通道自环，注意定值中相应控制字整定与通道方式一致。

（3）将屏中主保护压板、零序保护压板、距离保护压板投入，闭重三跳压板退出，并将相应保护出口跳、合闸压板投入。

（4）对双跳圈开关，如果本屏中保护的两组出口跳闸接点分别接入操作箱的两组分相跳闸回路，则需分别进行试验。

1）开关处于合位，用试验仪给本装置加入A、B、C三相额定电压，电流可不加，等装置上的“充电”灯亮。

2）模拟A相正方向故障，开关A相应能单跳、单重，保护、操作箱相应的信号灯亮。

3）复归信号灯，按上述1）准备完成后分别模拟B、C相正方向故障，开关 B、C 相应能分别单跳、单重，保护、操作箱相应的信号灯亮。

10. 手动传动开关校验步骤

此项试验的目的是校验手跳、手合及其他三跳回路是否能正确跳、合开关。

（1）通过主控室的开关操作把手进行手合、手跳开关操作，三相开关应能正确分、合闸。

（2）将开关处于合闸位置，分别将 4D88、4D90 与正电 4D1 端接，4D93、4D95 与正电 4D5 短接，进行 TJQ、TJR 三跳试验，三相开关应能正确跳闸，操作箱的相应信号灯应分别亮。

（3）如果本屏中保护的出口跳闸接点仅接入操作箱的第一组分相跳闸回路，则还需将开关处于合闸位置，将 4D6 分别与 4D121、4D123、4D125 短接，开关的 A、B、C 相应能分别跳开，操作箱中的第二组跳闸回路信号灯应分别亮。

（4）模拟开关压力降低，相应的压力回路接点应能动作。

5.4 相关二次回路验收

1. 断路器、操作箱及二次回路检查

新建及重大改造设备需利用操作箱对断路器进行下列传动试验：

（1）断路器就地分闸、合闸传动。

（2）断路器远方分闸、合闸传动。

（3）断路器就地合闸闭锁试验：任意合上断路器两侧母线隔离开关或出线刀闸，应可靠闭锁断路器就地合闸。

（4）防止断路器跳跃回路传动。应检查操作箱防跳和机构防跳回路，目前按照规范一般采用机构防跳。

（5）断路器同期手合回路。

（6）断路器操作油压或空气压力继电器、SF_6 密度继电器及弹簧压力等触点的检查。检查各级压力继电器触点输出是否正确。检查压力低闭锁合闸、闭锁重合闸、闭锁跳闸等功能是否正确。

（7）断路器辅助触点检查，远方、就地方式功能检查。

（8）在使用操作箱的防止断路器跳跃回路时，验收检验时，应检验串联接入跳合闸回路的自保持线圈，其动作电流不应大于额定跳合闸电流的 50%，线圈压降小于额定值的 5%。

（9）所有断路器信号检查，包括气体压力、液压、弹簧未储能、电动机运转、就地操作电源消失等开关本体硬接点信号，要求后台信号正确，且遥信定义正确。

（10）对于操作箱中的出口继电器，验收检验时，应进行动作电压范围的检验，其值应在 55%～70% 额定电压之间。对于其他逻辑回路的继电器，应满足 80% 额定电压下可靠动作。

2. 隔离开关二次回路及电压切换回路检查

验收检验时：

（1）刀闸位置接点检查。实际模拟刀闸合上、拉开，检查位置开入正确，现场一般采用短接刀闸位置的方法来实现。

（2）刀闸电气防误闭锁回路，按图纸对刀闸闭锁回路进行检验，满足闭锁要求。

3. 关联的母差联切回路检查

验收检验时：

退出 220kV 母线保护跳运行间隔所有压板，并确保跳闸压板在工作中不被误投入，用绝缘胶布将压板封住。在 220kV 母差保护的本线路间隔实际加电流，分别模拟 220kV 母差保护Ⅰ母差动动作、Ⅱ母差动动作，试验 220kV 母差保护跳本线路开关回路正确。

对于存在母差保护动作停信的二次回路设计的线路保护，应试验：闭锁式保护，母差保护动作停信；允许式保护，母差保护动作发信；光纤电流差动保护，母差保护动作发远跳命令。母差保护动作跳闸时应同时闭锁线路重合闸。

4. 关联的旁路代路回路检查

验收检验时：纵联通道切换（本线、旁路、停用）回路检查，试验纵联通道发信、收信、停信回路及装置电源、信号切换回路正确。将纵联通道切换到旁路保护试验正确。检查转换开关及回路接线正确，转换开关名称标识清楚、正确。

5. 关联的备自投二次回路检查

验收检验时：检验接入备自投的开入量回路正确，主要有开关分 / 合位、合后位置，手跳开关、母差保护、安稳跳闸等闭锁备自投回路。

检验备自投跳线路开关回路正确，备自投动作时应同时闭锁线路重合闸。压板及回路接线试验正确，压板名称标识清楚、正确。

6. 关联的安稳、低频低压减载二次回路检查

验收检验时：检验接入安稳的开入量回路正确。试验安稳跳闸回路正确，安稳动作时应同时闭锁线路重合闸。压板及回路接线试验正确，压板名称标识清楚、正确。

7. 关联的其他闭锁重合闸回路检查

闭锁重合闸回路试验。试验手分、手合等闭锁开关重合闸回路正确。

5.5 光纤通道验收

光纤通道连接示意图，如图 5-25 所示。

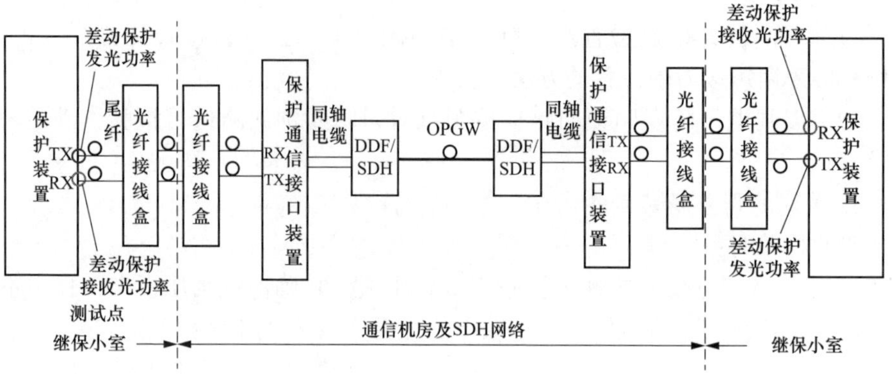

图 5-25　光纤通道连接示意图

1. 光纤通道测试

测试内容及要求：测试保护装置的发光功率以及接收功率；保护装置的发光功率在厂家的给定范围内，尾纤及接头的损耗满足要求。传输线路纵联保护信息的数字式通道传输时间不应大于 12ms；光纤电流差动保护的复用光纤通道不得采用自愈环。

测试方法：按照图示进行测试，测试时两侧保护正常运行，光纤通道连接正常，分别用光功率计测量保护装置发信端（TX）尾纤的光功率——保护装置的发光功率和保护装置收信端（RX）尾纤的光功率——保护装置接收到的光功率。一般情况下，光纤电流差动保护通道时延可在保护装置面板上进行查看，注意与通信测试结果比对，确认装置及尾纤是否正常，如图 5-26 所示。

2. 通道联调

通道联调应重点防止通道同步检验时可能造成的通道环回、通道回路异常导致的长收信或长发信、通道命令接线错误，通过模拟区外正方向故障进行检查，验证区内故障正确动作。

通道联调前与对侧取得联系，了解对侧现场情况防止误伤对侧人员。

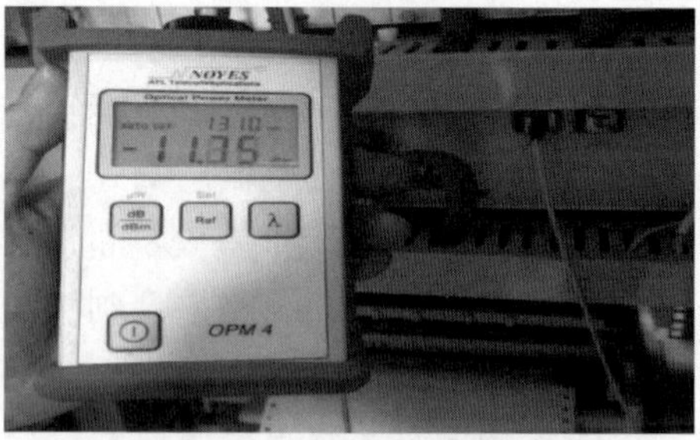

图 5-26　光纤通道功率测试示意图

3. 光纤电流差动联调

通道运行数据检查：通道测试完毕后，恢复保护通道，并将通道数据清零，观察 3min，报文异常、通道失步、通道误码均不增加为正常。装置显示通道延时与通道测试延时一致。

通道接线核对：逐一断开两侧的光纤收发接头，装置应正确告警，且通道对应正确；分别投退两侧通道压板，装置应正确告警，且通道对应正确。

对侧电流及差流检查：在本侧加入三相电流，对侧查看的三相电流及差动电流。保护装置应能正确将各相电流值传送到对侧，且对侧装置采样值与本侧通入测量值误差小于 5%。两侧电流互感器变比不同时，联调应注意变比的折算。

模拟区内故障：要求两侧差动保护投入，对侧断路器在断开位置，本侧开关在合闸位置，模拟差动动作，本侧应动作出口。若对侧开关在合闸位置且 TV 断线，本侧开关在合闸位置，模拟差动动作，两侧应同时动作出口。

电流差动保护联调前与对侧取得联系，了解对侧现场情况防止误伤对侧人员。

4. 远跳（母差停信）联调

对于光纤差动保护，模拟母差保护跳闸，本侧保护装置发送远方跳闸信号，对侧保护在收到远跳信号后保护逻辑正确。

对于采用光电转换装置将保护的接点命令转换成光纤信号传输的通道方式以及载波通道方式，模拟母差保护跳闸，应允许对侧保护跳闸。

5.6 设备投产前保护定值执行

投产前保护作为新设备，保护定值必须重新按照定值管理部门下发的定值单执行，以 RCS-931BM_V3.60 为例。

5.6.1 保护定值内容

定值包括装置参数、保护定值、压板定值等。

（1）装置参数定值，如图 5-27 所示。

装置参数

序号	定值名称	数值	序号	定值名称	数值
01	保护定值区号	01	07	系统频率	50 Hz
02	保护装置地址	00087	08	电压一次额定值	220.00 kV
03	串口1波特率	19200	09	电压二次额定值	057.74 V
04	串口2波特率	09600	10	电流一次额定值	02400 A
05	打印波特率	04800	11	电流二次额定值	1 A
06	调试波特率	04800	12	厂站名称	南继保
01	网络打印方式	0	04	分脉冲对时	0
02	自动打印	0	05	远方修改定值	0
03	规约类型	0	06	103规约有INF	1

图 5-27　装置参数定值示意图

（2）保护定值，如图 5-28 所示。

保护定值

序号	定值名称	数值	序号	定值名称	数值
01	电流变化量起动值	000.10 A	25	接地距离偏移角	00.00 °
02	零序起动电流	000.10 A	26	相间距离偏移角	00.00 °
03	工频变化量阻抗	000.50 Ω	27	零序过流Ⅰ段定值	020.00 A
04	TA变比系数	1.00	28	零序过流Ⅱ段定值	001.30 A
05	差动电流高定值	000.25 A	29	零字过流Ⅱ段时间	000.70 S
01	工频变化量阻抗	0	22	零序Ⅳ段经方向	1
02	投纵联差动保护	1	23	零Ⅳ跳闸后加速	1
03	TA断线闭锁差动	0	24	投三相跳闸方式	0
04	内部时钟	1	25	投重合闸	1
05	远跳受本侧控制	1	26	投检同期方式	0

图 5-28　保护定值示意图

（3）压板定值，如图 5-29 所示。

压板定值指装置设有软压板功能，压板可通过定值投退。

压板定值

序号	定值名称	数值	序号	定值名称	数值
01	投主保护压板	1	03	投零序保护压板	1
02	投距离保护压板	1	04	投闭重三跳压板	0

图 5-29　压板定值示意图

5.6.2　定值整定

RCS-931BM 保护装置提供了一整套完整的定值管理界面，利用这些人机接口界面，用户可以很方便地实现定值输入、修改、显示、打印、复制等操作。在主画面状态下，按“▲”键可进入主菜单，通过“▲”“▼”“确认”和“取消”键选择子菜单，如图 5-30 所示。

1. 显示定值

RCS-931BM 保护装置可以在液晶显示器上显示保存的整定值，操作步骤如下：

（1）进入主菜单。

（2）在主菜单中选择“4. 整定定值”命令，按“确定”键进入定值操作对话框。

（3）在定值操作对话框中选择“1. 装置参数、2. 保护定值、3. 压板定值”命令，按“确认”键进入下级操作对话框。

图 5-30　定值菜单示意图

（4）用“▲”“▼”来滚动查看定值。

（5）按“取消”键逐级退回上一级菜单。

2. 整定定值

“整定定值”的概念即输入、修改整定值。可以方便地输入整定值并将它固化到保护模件的某个指定的定值区中，也可以将保存在保护模件的某个定值区的定值读出来并加以修改然后重新固化，操作步骤如下：

（1）进入主菜单。

（2）在主菜单中选择“4. 整定定值”命令，按“确定”键进入定值操作对话框。

（3）在定值操作对话框中选择“1. 装置参数、2. 保护定值、3. 压板定值”命令，按“确认”键进入下级操作对话框。

（4）按键“▲”“▼”用来滚动选择要修改的定值，按键“◀”“▶”用来将光标移到要修改的那一位，“+”和“−”用来修改数据，按“取消”键为不修改返回，按“确定”键液晶显示屏提示输入确认密码，按次序键入“+”“◀”“▲”“−”，每按一次按钮，液晶显示由“.”变成“*”，当显示四个“*”时，方可按确认，完成定值整定后返回主界面。

（5）若整定出错，液晶会显示错误信息，需重新整定。另外“系统频率”，“电流二次额定值”整定后，保护定值必须重新整定，否则装置任务该区定值无效。

3. 打印定值

RCS-931BM 保护装置可以用表格的形式打印出保护装置保存的整定值，操作步骤如下：

（1）进入主菜单。

（2）在主菜单中选择“3. 打印报告”命令，按“确认”键进入打印操作对话框。

（3）在打印操作对话框中选择“1. 定值清单”命令，按“确定”键进入打印操作对话框。

（4）打印完毕后必须经过两人进行核对检查。

（5）检查无误后进行记录并存档，将执行完毕的定值情况返回管理部门。

5.7 设备投产前检查及投产

1. 设备投产前检查

（1）现场验收工作结束后，工作负责人应检查试验记录有无漏试项目，核对装置的整定值是否与定值通知单相符，试验数据、试验结论是否完整正确。

（2）盖好所有装置及辅助设备的盖子，对必要的元件采取防尘措施。

（3）拆除在检验时使用的试验设备、仪表及一切连接线，清扫现场，所有被拆动的或临时接入的连接线应全部恢复正常。

（4）恢复二次安全措施

（5）所有信号装置应全部复归。

（6）清除试验过程中微机装置及故障录波器产生的故障报告、告警记录等报告。

（7）检查所有TA连片是否连接好。

2. 设备投产

（1）测量电压、电流的幅值及相位关系。根据线路潮流方向和测试数据检验线路保护、母差保护、安稳、备自投、录波器、测控装置、计量回路的TA二次接线极性、变比正确性。对于新接的电压互感器二次回路，进行对相检查及测试电压，检查电压回路的正确性。检查同期电压幅值、同期角度正确。

（2）查看保护装置电压、电流采样幅值和相角及打印保护装置采样录波图，检查保护装置电压、电流采样回路极性、变比正确。

（3）检查光纤电流差动保护差流，差流值满足厂家技术要求。

（4）带负荷测试时，电流电压相位及相位差正确，带负荷测试绘画六角图分析。

（5）新设备启动试运行期间，做好保护装置状态监视，发生故障时及时分析保护动作行为，验证各项性能正常。

5.8 非电量回路验收

5.8.1 变压器本体

1. 瓦斯保护

800kVA及以上变压器应配置气体继电器。气体继电器应具备重瓦斯及轻瓦斯保护功能，重瓦斯动作于跳闸，轻瓦斯动作于信号。

2. 压力释放保护

变压器本体应安装压力释放阀或压力释放装置，35kV及以上变压器应根据变压器油量合理配置压力释放阀数量（500kV及220kV变压器应配置2只及以上，35、66kV及110kV变压器应配置1～2只），每只压力释放阀应有动作接点单独动作于信号。

3. 油压突变保护

当变压器配置有速动油压继电器时，该继电器应动作于信号。

4. 温度保护

1000kVA 及以上变压器应设置测温装置。8000kVA 及以上变压器应装设温度保护，当运行温度过高时，变压器上层油温和绕组温度分两级（即低值和高值）动作于信号。

5. 冷却装置保护

（1）自然油循环风冷、强迫油循环水冷、强迫油循环风冷变压器，应装设冷却系统故障保护，当冷却系统中个别部件（风机、油泵、油流继电器）出现故障时应发信号。

（2）自然油循环风冷变压器，其冷却方式为 ONAN/ONAF，冷却器（风机）全停应发信号，不设出口跳闸，并应在 1h 内将负荷控制在变压器自冷容量以内。

（3）对强迫油循环风冷、强迫油循环水冷变压器，应装设冷却器全停保护。对同时具有多种冷却方式（ONAN、ONAF、OFAF、ODAF 等）的变压器，当冷却器系统故障切除全部冷却器时应发信号。对具备自冷能力的变压器，应在 1h 内将负荷控制在变压器自冷容量以内，对不具备自冷能力的变压器，应按相关要求整定出口跳闸。

（4）为防止变压器冷却装置电源故障导致变压器跳闸停电，强迫油循环变压器的冷却装置必须有两个相互独立的冷却装置电源，并装有自动切换装置，电源切换延时设置为 5s。两个冷却装置电源不应共用一个相序继电器。

（5）对有两台或多台油泵的变压器，应具备自动逐台延时启停功能，延时时间不少于 30s。

6. 油位异常保护

1000kVA 及以上变压器应装有储油柜，并应设置油位过高保护和油位过低保护，均动作于信号。

5.8.2 有载分接开关

1. 瓦斯保护

（1）油浸式真空型有载分接开关应装设重瓦斯保护，宜配置轻瓦斯保护，重瓦斯保护动作于跳闸，轻瓦斯保护动作于信号。

（2）油中灭弧型有载分接开关应装设重瓦斯保护，并动作于跳闸。

2. 压力释放保护

油浸式有载分接开关应配置压力释放装置，若为压力释放阀，则应动作于信号。

3. 过压力保护

换流变压器有载分接开关可装设过压力保护，与重瓦斯保护配合时，过压力保护动作于信号。

4. 油位异常保护

油浸式有载分接开关宜设置油位过高保护和油位过低保护，均动作于信号。

5.8.3 换流变压器阀侧充气套管

换流变压器阀侧充气套管应配有气体压力在线监测装置，当气体压力小于整定值时，分级设置报警和跳闸，在出现报警信号后方能出口跳闸。

5.8.4 其他功能要求

（1）对无人值班站，调度端和集控端应有非电量保护信号的遥信量。

（2）新建变压器接跳闸的非电量保护，宜采用就地跳闸方式。就地跳闸信号接入调度端和集控端。

5.8.5 元件主要性能要求

1. 气体继电器和油流控制继电器

（1）变压器本体瓦斯保护使用的气体继电器，应含反映油中故障产生气体的轻瓦斯动作功能和反映油流速动作的重瓦斯功能，本体气体继电器应选用浮筒（球）挡板式结构。采用排油注氮保护装置的变压器采用具有联动功能的双浮球结构的气体继电器。

（2）气体继电器两侧均应装蝶阀，一侧宜采用不锈钢波纹联管，口径均相同，便于气体继电器的检查和更换。

（3）油中熄弧的有载开关宜采用油流控制继电器保护或带重瓦斯的气体继电器（不带轻瓦斯接点）；油浸式真空有载开关可使用气体继电器保护，宜带轻瓦斯接点，且为挡板式结构。继电器动作（带动作记忆）后必须通过手动才能复位。

（4）气体继电器和油流控制继电器接点容量为直流 220V 大于 0.3A 或直流 110V 大于 0.6A，用于重瓦斯保护的一般应有 2 对接点。新交流变压器本体重瓦斯及换流变压器本体、有载分接开关重瓦斯保护均应设 3 对接点。

2. 压力释放阀

（1）压力释放阀的释放压力应与油箱机械强度实现良好配合，可重复动作。

（2）每个压力释放阀应配备 2 对接点，接点容量为直流 220V 大于 0.3A 或直流 110V 大于 0.6A。

（3）新变压器本体压力释放阀应选用带导向罩的压力释放阀。

3. 速动油压继电器

（1）当内部压力上升速度大于 2kPa/s 时，继电器对应不同的压力上升速度应有不同的保护动作时间；动作时间应满足 JB/T 10430《变压器用速动油压继电器》的要求。

（2）速动油压继电器应配备 2 对接点，接点容量为直流 220V 大于 0.25A 或 110V 大于 0.5A。

5.8.6 温度计

（1）220kV 及以上变压器应至少配置 1 组绕组温度控制器和 2 组油温度控制器测量装置，110kV 变压器应至少配置 1 组绕组温度控制器和 1 组油温度控制器测量装置。

（2）绕组温度控制器和油温度控制器除在变压器本体上提供观看外，温度信号就地转换为 4～20mA 的输出电量与监控系统相连，其带电接点宜为插拔式结构。

（3）油面测温装置的准确度等级不应低于 1.5 级，绕组温度计的准确度等级不应低于 2.0 级，油面测温装置和绕组测温装置的内置（4～20）mA 模拟输出模块可在不停电下进行更换。

（4）变压器投入运行后现场温度计指示的温度、控制室温度显示装置、监控系统的温度三者基本保持一致，误差一般不超过 5℃。

（5）绕组温度计变送器的电流值必须与变压器用来测量绕组温度的套管型电流互感器电流相匹配。由于绕组温度计是间接的测量，在运行中仅作参考。

（6）绕组温度控制器和油温度控制器可根据需要配置 2～4 对节点，接点容量为直流 220V 大于 0.25A 或直流 110V 大于 0.5A，以满足报警、启停冷却器等要求。

5.8.7 油位计

（1）换流变压器应配置两套基于不同原理的储油柜油位监测装置。

（2）油位计接点容量为直流 220V 大于 0.25A 或直流 110V 大于 0.5A，应配置 2 对接点。

5.8.8 过压力继电器

（1）换流变压器有载分接开关过压力继电器接点容量为直流 110V 大于 0.6A，应设 3 对接点。

（2）气体密度（压力）继电器。

（3）换流变压器充气式阀侧套管压力监测装置应配备气体密度继电器，信号送至监控系统。

（4）气体密度继电器应满足 GB/T 11287《电气继电器　第 21 部分：量度继电器和保护装置的振动、冲击、碰撞和地震试验　第 1 篇：振动试验（正弦）》和 GB/T 22065《压力式六氟化硫气体密度控制器》中二级振动试验要求和防护等级的相关要求。

（5）每只阀侧套管应配两只及以上气体密度继电器，接点容量为直流 220V 大于 0.25A 或直流 110V 大于 0.5A，每只阀侧套管应配置至少 3 对跳闸接点。

5.8.9 端子箱（控制箱）

（1）主变压器本体非电量信号公共端应该分开布置。

（2）箱体消防联动接线需使用端子排，端子排性能要求如下：

1）采用耐压等级 1000V，阻燃 V0 级的压接型端子，所有金属件为铜质。

2）端子排间应绝缘良好，每个端子应标有序号，每节端子之间应有分隔标示端子。交流输入端子间应用空端子或绝缘隔片分区隔离。

3）交直流不同电源分开，强、弱电端子之间应有明显标志并设空端子隔开或设加强绝缘的隔板，箱内交流空气开关与二次回路的端子排中间要以绝缘板隔开。

（3）箱体外壳防护等级：≥IP30；外壳防撞等级：≥IK10。

（4）端子箱（控制箱）应具备防潮抗凝露措施，可根据用户需要选择配置由温湿度控制器自动控制的防潮抗凝露电加热器或智能半导体除湿器装置。

5.8.10 安装、交接及验收要求

1. 安装要求

（1）气体继电器和油流控制继电器、压力释放阀、速动油压继电器、油位计、绕组温度表及油面温度表均应配置耐腐蚀材质防雨罩，避免接点受潮误动。安装后应检查非电量保护装置防雨罩防雨效果。

（2）气体继电器安装位置应有 2% 的坡度，采用利于二次接线头防水的安装方式（下倾式），气体继电器二次软管不得高于二次接线盒接口，避免雨水沿软管进入继电器。

（3）压力释放阀应采用利于二次接线头防水的安装方式（下倾式）。压力释放阀与油箱间应装设阀门，并具有明显的常开标识。压力释放装置设置在油箱顶盖上的边沿部位，并应设有排油管引向地面附近以引导向下排放油气（使油远离控制箱等），但不应对准取样位置。排油管管径不应小于压力释放阀管径，应留有足够通流面积，确保油的释放通道畅通。

（4）速动油压继电器放气塞应在上端。装有循环油泵的变压器，速动油压继电器不应装在靠近出油管的区域，以免在启动和停止油泵时，继电器出现误动作。

2. 交接及验收要求

变压器非电量保护装置元件交接验收项目及要求见表 5-1。

表 5-1　　变压器非电量保护装置元件交接验收项目及要求

序号	项目		要求	说明
1	安装前检验	气体继电器	（1）检验项目包括外观检查、绝缘电阻检查、耐压试验、密封性、流速整定值、气体容积整定值、干簧接点导通试验。 （2）流速动作值、气体容积动作值应与非电量整定值一致	

续表

<table>
<tr><th>序号</th><th colspan="2">项目</th><th>要求</th><th>说明</th></tr>
<tr><td>2</td><td rowspan="7">安装前检验</td><td>油流控制继电器</td><td>（1）按生产厂家技术要求进行检验。
（2）流速动作值应与非电量整定值一致</td><td></td></tr>
<tr><td>3</td><td>压力释放阀</td><td>（1）依据 JB/T 7065《变压器用压力释放阀》进行检验，包括外观检查、开启压力试验、开启时间试验、信号开关绝缘性能试验、时效开启性能试验及密封压力值的密封性能试验。
（2）开启压力动作值应与非电量整定值一致</td><td></td></tr>
<tr><td>4</td><td>速动油压继电器（突发压力继电器）</td><td>（1）依据 DL/T 1503《变压器用速动油压继电器检验规程》进行检验，包括外观检查、绝缘强度试验、密封性试验、动作特性试验、静压试验、防水性能试验。
（2）继电器动作特性符合标准要求</td><td></td></tr>
<tr><td>5</td><td>测温装置</td><td>（1）依据 JB/T 6302《变压器用油面温控器》及 JB/T 8450《变压器用绕组温控器》对油面及绕组温控器进行检验，包括外观检查、示值误差测量、示值回路测量、示值重复性测量、环境温度影响量快速测量、接点动作误差试验和切换差测量、绝缘电阻试验、绝缘强度试验、热模拟特性试验。
（2）测温装置动作值应与非电量整定值一致</td><td></td></tr>
<tr><td>6</td><td>油位计</td><td>（1）依据 JB/T 10692《变压器用油位计》及厂家技术要求进行检验，应包括外观质量检查、密封性能试验、电气强度试验、动作特性试验等。
（2）油位计动作值应与非电量整定值一致</td><td></td></tr>
<tr><td>7</td><td>过压力继电器</td><td>（1）按生产厂家技术要求进行检验。
（2）压力动作值应与非电量整定值一致</td><td></td></tr>
<tr><td>8</td><td>SF_6 气体密度继电器</td><td>（1）依据 DL/T 259《六氟化硫气体密度继电器校验规程》进行检验。
（2）压力动作值与非电量整定值一致</td><td></td></tr>
<tr><td>9</td><td rowspan="3">交接试验</td><td>气体继电器、油流继电器</td><td>（1）传动试验正确、后台信号正确。
（2）二次回路对地绝缘电阻大于 1MΩ。
（3）接点间绝缘电阻值大于 1MΩ</td><td rowspan="3">（1）绝缘电阻测量使用 1000V 绝缘电阻表。
（2）对所有非电量保护进行整组传动试验，传动信号直接来自保护元件继电器的内部接点</td></tr>
<tr><td>10</td><td>压力释放阀</td><td>（1）传动试验正确、后台信号正确。
（2）二次回路对地绝缘电阻大于 1MΩ</td></tr>
<tr><td>11</td><td>速动油压继电器（突发压力继电器）</td><td>（1）传动试验正确、后台信号正确。
（2）二次回路对地绝缘电阻大于 1MΩ</td></tr>
</table>

续表

序号	项目		要求	说明
12	交接试验	测温装置	(1)现场温度计指示的温度、控制室温度显示装置、监控系统的温度三者基本保持一致，误差一般不超过5℃。 (2)传动试验正确、后台信号正确。 (3)二次回路对地绝缘电阻大于1MΩ	(1)绝缘电阻测量使用1000V绝缘电阻表。 (2)对所有非电量保护进行整组传动试验，传动信号直接来自保护元件继电器的内部接点
13		油位计	(1)传动试验正确、后台信号正确。 (2)二次回路对地绝缘电阻大于1MΩ。 (3)基于连通器原理进行油位计比较试验，油位应指示正确	
14		过压力继电器	(1)传动试验正确、后台信号正确。 (2)二次回路对地绝缘电阻大于1MΩ	
15		SF_6气体密度继电器	(1)传动试验正确、后台信号正确。 (2)二次回路对地绝缘电阻大于1MΩ	
16		冷却装置检查	(1)冷却装置应试运行正常，联动正确，按定值正常启动风扇；强迫油循环的变压器应启动全部冷却装置，循环4h以上，应排完残留空气。 (2)油流继电器指示正确、潜油泵转向正确，无异常噪声、振动或过热现象。油泵密封良好，无渗油或进气现象。 (3)冷却系统的电源应来自两路独立的电源，且能自动切换，有关信号装置应齐全可靠；强迫油循环结构的潜油泵启动应逐台启动，延时间隔应在30s以上，以防止气体继电器（又称瓦斯继电器）误动。 对于强迫油循环变压器，应进行单台油泵启动、2台及以上油泵同时启动（多次试验），观察重瓦斯接点的抖动情况	
17		端子箱（控制箱）检查	(1)电器元件及其二次线应无锈蚀、破损、松脱，机构箱内无烧糊或异味。 (2)机构箱底部应无碎片、异物；二次电缆穿孔封堵应完好。 (3)呼吸孔无明显积污现象。 (4)密封应良好，无脱落、破损、变形、失去弹性等异常。 (5)柜门无变形情况，能正常关闭。 (6)箱内应无水渍或凝露。 (7)箱体底部应清洁无杂物；二次电缆封堵良好。 (8)辅助开关切换正常，动作应准确可靠，接点接触良好，无烧损或锈蚀。	

续表

序号	项目		要求	说明
17	交接验收	端子箱（控制箱）检查	（9）加热器（驱潮装置）、温控器应能正常工作：按要求应长期投入的加热器，在交接验收时应利用红外或其他手段检测是否在工作状态；对于由环境控制的加热器，应检查温湿度控制器的设定值是否满足厂家要求，厂家无明确要求时，温度控制器动作值不应低于10℃，湿度控制器动作值不应大于80%	
18		文件、资料检查	（1）采购技术协议或技术规范书。 （2）出厂试验报告。 （3）工厂监造、施工监理、质量检验及评定报告。 （4）运输记录、安装使用说明书，竣工图纸、维护手册等技术文件。 （5）安装检查及安装过程记录。 （6）安装过程中设备缺陷通知单、设备缺陷处理记录。 （7）交接试验项目齐全、试验结果满足规程要求。 （8）备用、备件、专用工具及测试仪器齐全及清单资料齐备。 （9）资产管理系统台账信息录入正确、完备	

5.9 隐蔽环节验收

针对近年来现场运维发现的缺陷、保护跳闸事件等暴露的问题进行分析，发现不少问题在基建工程验收把关环节还存在遗漏，在验收入网环节没有及时发现和整改隐患，在设备投运后才逐渐暴露出来，增加了保护不正确动作风险及设备运维工作量。

为进一步减少变电站二次设备验收阶段遗留隐患，提高设备验收质量，特编制继保专业基建项目隐蔽环节验收指引，并持续修编完善。本指引作为现有南方电网发布的反措要求、技术规范、验收规范及接线标准的补充。

5.9.1 二次电缆敷设

（1）动力电缆：指线径粗大（不小于6mm^2），一般为3芯或4芯，相间绝缘较厚、外侧有金属铠装保护的电缆，主要用于传输电能供大功率设备使用。例如站用变变低到低压屏的电缆，380V母线到低压分电屏、主变压器冷控箱、动力电源箱和检修电源箱的电缆等。

（2）控制电缆：指传输各种控制信号的电缆，额定工作电压一般不超过250V，电缆芯数较多（从两芯至数十芯不等，线芯不超过4mm^2），在生产时采用各种线芯结构、屏蔽措施来获得较好的电磁兼容效果。例如变电站内开关控制回路电缆、交流电流及电压回路电缆、信号采集回路电缆等。

（3）动力电缆、控制电缆和通信电缆敷设应符合下列规定：

1）分沟敷设：新建变电站应将动力电缆与控制电缆、通信电缆分沟敷设。

2）分支架敷设：新建、扩建变电站直流电源、变压器冷控、消防、应急照明、双重化保护装置系统、公用重要回路的双回路电缆应配置在不同侧或不同层的支架上（优先布置于不同侧）。

3）双回路低压动力电缆应实行防火分隔。防火槽盒风格要求：上层支架的动力电缆防火槽盒宜采用无盖板防火槽盒，非最上层支架的动力电缆防火槽盒宜采用透气型防火槽盒。

4）动力电缆与控制电缆和通信电缆在敷设路径上必须从物理上完全隔离，具体敷设路径包括但不限于：二次电缆层室、电缆竖井、继保室二次电缆层、高压场地二次电缆沟、主变压器本体二次电缆沟等。

（4）控制电缆头制作时，其屏蔽层接地线引出点应采用锡焊固定，不得采用缠绕方式，施工单位在电缆头环节需继保人员现场见证或拍照存档备查。

在控制电缆头制作过程中若操作不当容易导致电缆芯绝缘层破损，长期运行后将导致绝缘损坏，因此在电缆头制作完成后接入二次设备前，需对关键回路（开关控制回路电缆、交流电流及交流电压回路电缆）的控制电缆开展交流1000V、1min 耐压试验（不具备条件时使用 2500V 绝缘电阻表替代），合格后方可开展接线工作。

（5）动力电缆、控制电缆在穿入机构箱、端子箱、汇控柜、开关柜时，在箱体（柜体）的预留穿线孔处应采取穿波纹管护套、在金属边框加装橡胶条等有效防护措施，防止箱体（柜体）金属边框磨破电缆芯绝缘层，导致电缆芯绝缘下降或损坏。

5.9.2 电流互感器本体及其二次回路

（1）户外安装的电流互感器，若二次接线盒盖子沿水平面布置且朝上打开，则需要加装防雨罩，并确保接线盒盖子内部有厚度不小于 2mm 的密封胶圈；若二次接线盒盖子在垂直方向固定，则在可视情况在接线盒上方沿水平方向加装防雨罩或采取其他密封措施，并建议在接线盒正下方适当开一些透气孔（单个直径小于 2mm）。

（2）电流互感器本体二次接线盒内二次电缆从接线盒引出时，应采取穿波纹管、法兰头、橡胶护套等保护措施，防止接线盒角铁磨破电缆芯绝缘层。

（3）电流互感器本体二次接线盒内二次电缆走线尽可能优化，并用扎带固定，尤其要避免二次线与 TA 绕组接线柱、二次接线盒固定螺丝等直接接触，否则将导致绝缘损坏。

在完成电流互感器及其二次回路所有验收项目后，二次接线盒密封前应经继保人员检查合格并拍照后方可封盖并密封。密封后应再次检查该电流互感器二次回路绝缘，防止接线盒固定螺丝固定后导致二次线绝缘损坏。

（4）电流回路用试验端子须沿水平方向安装，且安装的相对高度应以方便维护人员工作为原则；若空间受限必须沿垂直方向安装时，则应确保正常连通时中间连接片开口朝下，不允许出现连通时中间连片开口朝上安装。

（5）电流回路二次接线原则上不允许双压线，尽可能使用电流端子专用短接片实现回路连通功能；电流回路归尾端（N 线）的短接片安装位置应注意不能与 TA 二次接地线在同一侧，以方便后续运维。

电流回路二次接线推荐方式如图 5-31 所示。

5.9.3 电压互感器本体及其二次回路

（1）户外安装的电压互感器，若二次接线盒盖子与水平面平行且朝上打开，则需要加装防雨罩，并确保接线盒盖子内部有厚度不小于 2mm 的密封胶圈；若二次接线盒盖子在垂直方向固定，则在可视情况在接线盒上方水平方向加装防雨罩或采取其他密封措施，并建议在接线盒正下方适当开一个透气孔（直径小于 3mm）。图 5-32 为某站电压互感器二次接线盒进水缺陷案例，若不及时处理，可能引起电压回路二次 N600 两点接地导致保护不正确动作的事故。

图 5-31　电流回路二次接线推荐方式

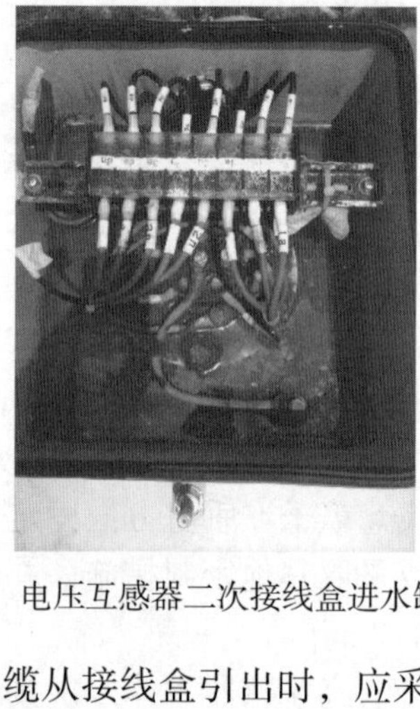

图 5-32　电压互感器二次接线盒进水缺陷案例

（2）电压互感器本体二次接线盒内二次电缆从接线盒引出时，应采取穿波纹管、法兰头、橡胶护套等保护措施，防止接线盒角铁磨破电缆芯绝缘层。

（3）电压互感器本体二次接线盒内二次电缆走线尽可能优化，并用扎带固定，尤其要避免二次线与 TV 绕组接线柱、二次接线盒固定螺丝等直接接触。

在完成电压互感器及其二次回路所有验收项目后，二次接线盒密封前应经继保人员检查合格并拍照后方可封盖并密封。密封后应再次检查该电压互感器二次回路绝缘，防止接线盒固定螺丝固定后导致二次线绝缘损坏。

（4）电压回路用试验端子须沿水平方向安装，且安装的相对高度应以方便维护人员工作为原则；若空间受限必须沿垂直方向安装时，则应确保正常连通时中间连接片开口朝下，不允许出现连通时中间连片开口朝上安装。

（5）电压回路串接的 TV 刀闸动合辅助触点，应与其他直流回路用 TV 刀闸辅助接点有明显的隔离，目的是防止刀闸辅助触点拉弧，交流电压窜入直流回路，所以 TV 刀闸的同一层辅助触点只能都接入直流回路或都接入交流回路。

5.9.4 保护用光纤及同轴电缆敷设

（1）保护用尾纤及同轴电缆敷设时应采用穿金属波纹管、PVC 管等物理隔离措施，并与动力电缆、控制电缆分开布置，一般在控制电缆上方敷设。若采用 PVC 管护套时，则在转角处应使用专用弯头连接 2 条 PVC 管，不允许使用胶布缠绕方式固定 2 条 PVC 管，防止光纤在转角处被折断或弯折过度影响信号传输。光纤用 2 条 PVC 管错误连接方式示意图如图 5-33 所示。

图 5-33 光纤用 2 条 PVC 管错误连接方式示意图

（2）保护装置至 ODF 屏、光纤复用接口屏、DDF 架之间的尾纤（同轴电缆）上应做好标识，注明间隔名称、光纤（同轴电缆）用途、起止位置等信息，其中“光纤发（TX）”对应各装置的发光端口，“光纤收（RX）”对应各装置的接收端口。

（3）光纤通道调试完毕后，应清除保护装置纵联通道统计数据，在 24h 后检查通道异常统计数据是否符合厂家说明书要求，原则上异常数据越少越好。

5.9.5 二次接地网的验收严格按《南方电网电力系统继电保护反事故措施 2014 版》4.3.4 执行

（1）二次接地网全网均由截面面积不小于 100mm² 的铜排构成，分为室内和室外二次接地网。接地铜排不要求绝缘。二次接地网与变电站主地网连接点应距离避雷器等一次设备的泄流点 3～5m。为方便工作，应对室内、室外二次接地网与主接地网接地点明确标识。

（2）室外二次接地网在进入室内时，通过截面面积不小于 100mm² 的铜缆与室内二次接地网可靠连接；同时在室外场地二次电缆沟内，该接地网各末梢处分别用截面面积不小于 50mm² 的铜缆与主接地网可靠连接接地。开关场的端子箱（汇控柜）内接地铜排（要求为 $100mm^2$）应用截面面积不小于 $50mm^2$ 的铜缆与室外二次接地网连接。

室外二次接地网不可以首尾相连，否则当一次发生故障或者其他干扰侵入时，二次接地网中容易形成环流，从而对连接在整个二次接地网上的设备造成长时间的影响。

（3）在主控室、保护室柜屏下层的电缆室内，按柜屏布置的方向敷设首末端连接的专用铜排，形成保护室内的二次接地网。保护室内的二次接地网经截面面积不小于 $100mm^2$ 的铜缆在控制室电缆夹层处一点与变电站主地网引下线可靠连接。

（4）对于 10kV（20kV）保护安装于高压室的，应在高压室内的二次电缆沟中敷设截面面积不小于 $100mm^2$ 二次专用接地铜排，其末端在高压室内以截面面积不小于 $100mm^2$ 铜缆一点与变电站主地网引下线可靠连接，该铜排还应通过截面面积不小于 $100mm^2$ 铜缆与主控室、保护室内二次接地网可靠连接，各保护装置应用截面面积不小于 $4mm^2$ 的铜导线与该铜排可靠连接。

（5）保护屏柜下部应设有截面面积不小于 $100mm^2$ 接地铜排，屏上设有接地端子，并用截面面积不小于 $4mm^2$ 的多股铜线连接到该接地铜排上，接地铜排应用截面面积不小于 $50mm^2$ 的铜缆与保护室内的二次接地网相连。接地铜排不要求与保护屏绝缘。

（6）所有二次设备的机箱、屏体、箱体外壳均应可靠接地，防止因电气设备绝缘损坏而使外壳带电时，操作人员因接触设备外壳而触电。

验收中应注意特别接地铜排、铜缆应按规定满足最小截面积要求，防止系统接地故障时，导致控制电缆屏蔽层烧毁。接地铜缆外皮一般会标注截面面积。接地铜缆截面不足导致事故案例如图 5-34 所示、二次接地网与一次接地网示意图如图 5-35 所示。机构箱内接地铜排和二次地网相连的接地铜缆应采用 $50mm^2$，实际采用 $10mm^2$。在系统接地故障时，控制电缆屏蔽线和接地铜缆过热导致烧毁。

5.9.6 GIS 本体至间隔汇控柜二次回路

GIS 设备应采用户内安装方式，GIS 本体（含电流互感器、电压互感器）至间隔汇控柜之间的二次电缆应采用带屏蔽层的铠装电缆，二次电缆应采用穿金属波纹管、不锈钢槽盒等防护措施。对户外安装的 GIS 设备，在机构本体侧应采用加装防雨罩等有效防潮措施，防止从机构侧渗水引起电缆绝缘下降或损坏。

5.9.7 10kV（20kV）开关柜内零序 TA

（1）10kV（20kV）开关柜内零序 TA 一次铁芯、二次绕组均应采用一体式结构，整个 TA 只有两个二次绕组接线柱（S1、S2 或 K1、K2），不得设置其他

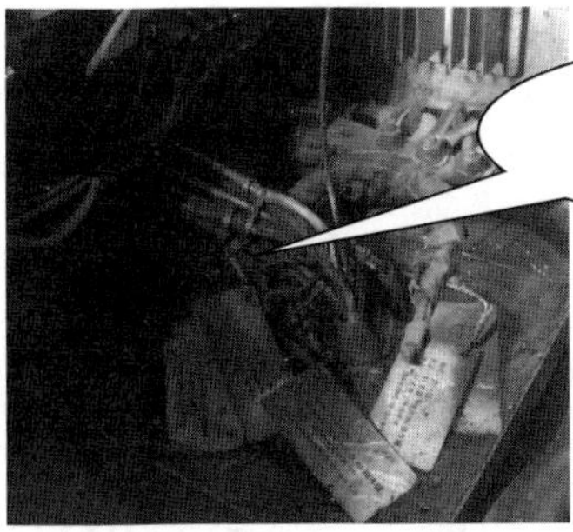

图 5-34　接地铜缆截面不足导致事故案例

图 5-35　二次接地网与一次接地网示意图

连接端子或接线柱。即一次铁芯应为一个整体，不得分为两块后采用连片或螺丝连通；二次绕组应为一个整体，不得分为两块后采用连片或螺丝连通。

（2）10kV（20kV）开关柜内零序 TA 变比一般为 150/1（150/5），准确级为 5P10 或 10P10，容量推荐 5VA，若容量过大将导致小电流时传变误差增大，影响零序过流保护可靠动作。不符合要求的零序 TA 二次绕组连接方式（存在多个断点）如图 5-36 所示，符合要求的一体式（一、二次绕组均为一体式）零序 TA 如图 5-37 所示。

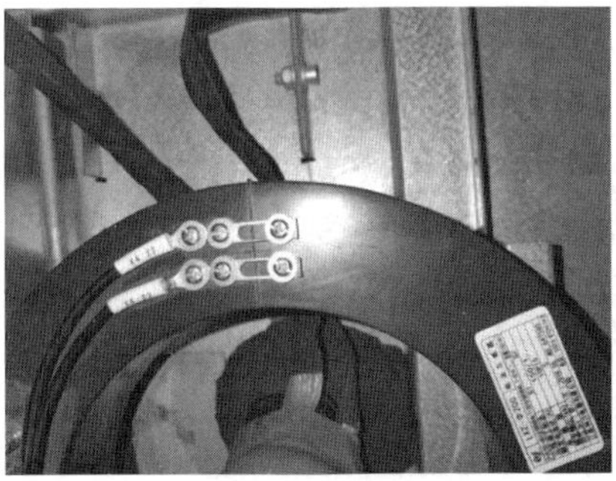

图 5-36　不符合要求的零序 TA 二次绕组连接方式（存在多个断点）

5.9.8　10kV（20kV）开关柜保护小室

（1）10kV（20kV）开关柜保护小室端子排应沿垂直方向安装在柜内，方便二次接线和运维，如图 5-38 所示。保护装置用交流、直流电源及信号环网不得采用柜顶小母线（继保小室上方狭小空间内安装接线端子及其连接导线，极易造成短路或接地）形式，应在继保小室内设置环网电源接线端子，建议沿垂直方向布置端子排，柜与柜之间通过软导线连接。

图 5-37　符合要求的一体式（一、二次绕组均为一体式）零序 TA

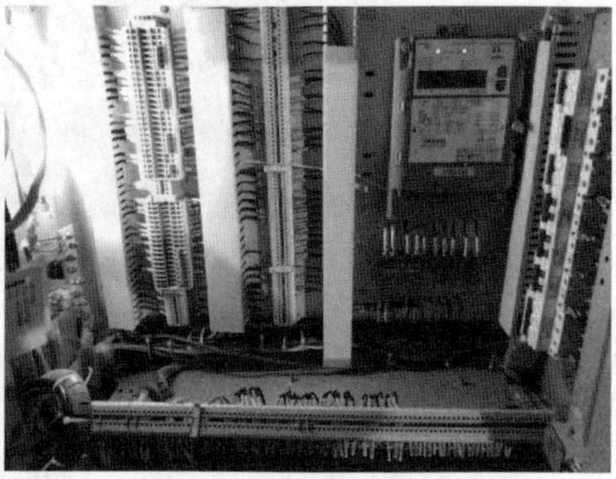

图 5-38　10kV（20kV）开关柜端子排推荐布置方式

（2）10kV（20kV）开关柜内 TA 二次接线柱、TV 二次接线柱至保护小室端子排之间的二次电缆，原则上应采用铠装屏蔽电缆，且二次电缆从 TA 二次接线柱、TV 二次接线柱引出后应采用穿波纹管、橡胶护套等保护措施，在走线上应避开开关柜门固定螺栓、加热器及其二次线等容易导致绝缘损坏的设备或回路，在转角处应采取加装橡胶护套等多重保护措施。10kV（20kV）开关柜内二次线保护措施示意图如图 5-39 所示。

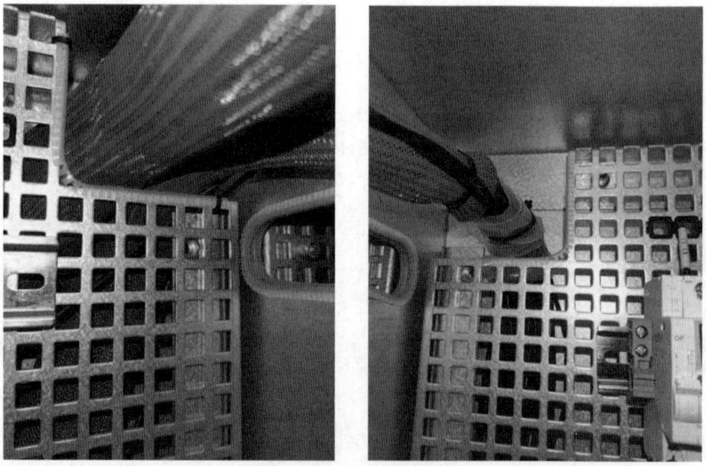

图 5-39　10kV（20kV）开关柜内二次线保护措施示意图

10kV（20kV）开关柜内部配线未采取保护措施的典型情况如图 5-40 所示。验收时，应打开 10kV（20kV）开关柜前后门，摸清柜内 TA 二次接线柱、TV 二次接线柱至保护小室端子排的二次电缆走向，对不符合本条款要求的布线方式（二次线保护措施不到位）须及时提出整改要求，防止带隐患投运。

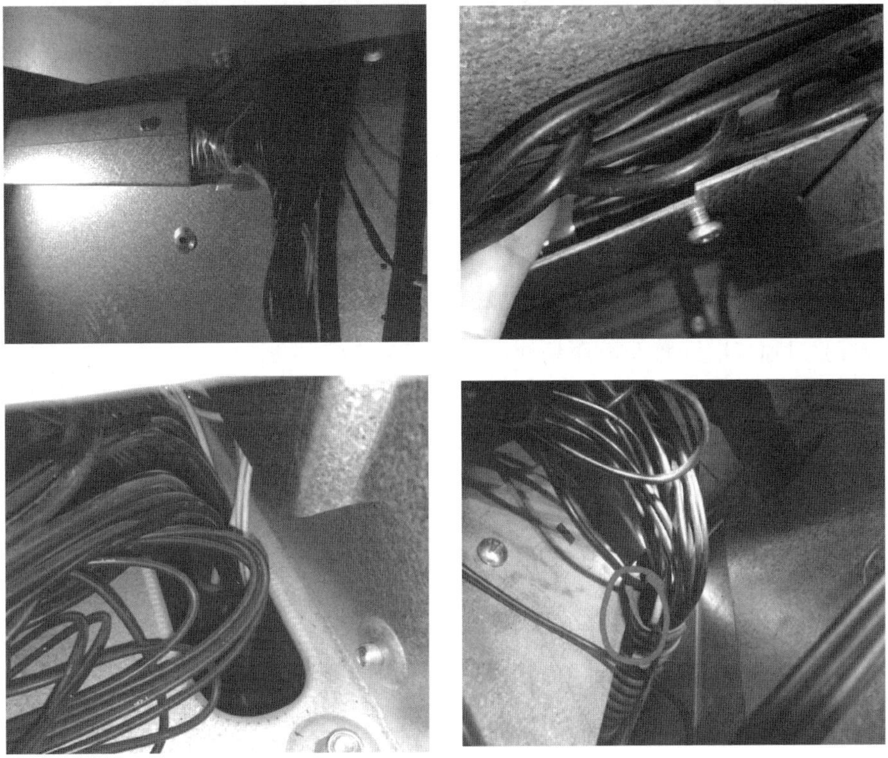

图 5-40　10kV（20kV）开关柜内部配线未采取有效保护措施的典型错误情况示意图

5.9.9　交换机屏、二次安防屏及监控后台屏柜

（1）柜体防护等级 IP30 级，选用高强度钢组合结构，并充分考虑散热的要求。用于安装有风扇设备或运行中发热量较大的柜体（如交换机屏、二次安防屏）必须采用前（后）网门结构，网孔的大小、位置应满足设备散热量的要求。

（2）所有二次屏柜内的顶板上不宜装设照明灯，如装有交流 220V、20W 的白炽灯，应经专用交流空气开关手动控制，禁止采用门控开关控制。

（3）监控主机服务器组屏安装，屏前、后门及屏顶端应有足够的通风孔，屏内具有良好通风散热性，其他屏柜也应考虑散热功能是否良好。带网门的二次屏柜屏示意图如图 5-41 所示。

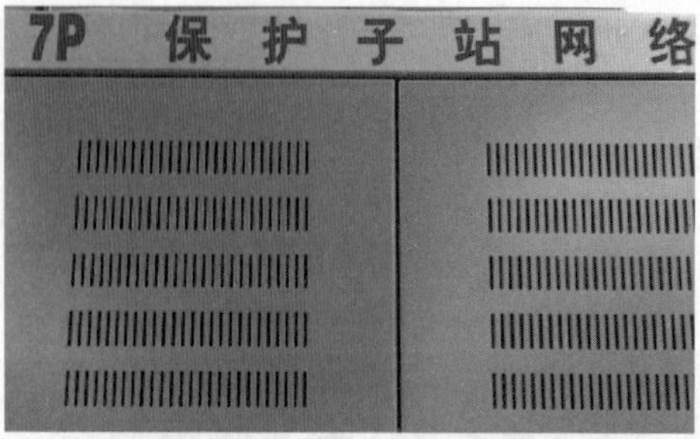

图 5-41　带网门的二次屏柜屏示意图

本章思考题

（1）光纤通道如何测试？
（2）刀闸二次回路及电压切换回路如何检查？
（3）写出传动开关校验的步骤。
（4）工频变化量距离保护如何校验？
（5）写出手动传动开关校验步骤。
（6）光纤差动保护如何调试？
（7）交流电流电压回路如何检查？
（8）如何打印和修改保护定值？
（9）写出带负荷测试的方法。
（10）参考上述方法调试主变压器保护和母差保护。
（11）隐蔽环节验收需要注意哪些？

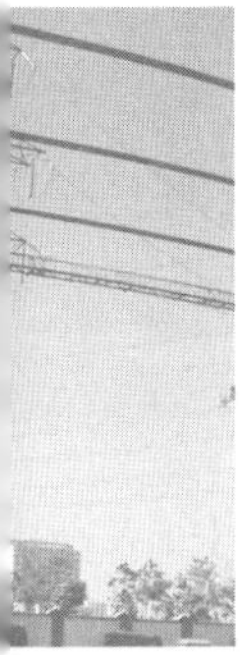

6

继电保护现场缺陷分析与处理

6.1 概　　述

随着微机保护的日趋成熟和电网建设的快速发展，继电保护缺陷造成装置误动或拒动，已成为影响继电保护正确动作率的主要指标。在电网系统中，存在以下原因：保护逻辑设计不完善、二次回路设计不合理、参数配合不当、元器件质量差、设备老化、二次标识不正确、未执行反措等，导致运行的继电保护设备存在一定的缺陷，轻则影响设备运行，重则危及电网的安全稳定，为此，必须高度重视继电保护缺陷，持续地开展继电保护缺陷管理工作，制定有效的防范措施。

继电保护现场缺陷包括设备缺陷及二次回路缺陷。其中设备缺陷包括继保设备缺陷、安自设备缺陷、综自设备缺陷、电源设备缺陷等。二次回路缺陷包括控制回路缺陷、电流回路缺陷、TV 回路缺陷和直流回路缺陷等。继电保护缺陷发现途径有两种情况：设备停电检修和值班人员、巡视人员发现。设备停电检修过程中发现的缺陷，由于有计划的时间和人力，能及时采取安全措施，对一次停电设备不会构成影响；值班、巡视人员发现的缺陷，因为此时设备处于运行状态，伴随有告警或其他异常情况出现而被发现，这些缺陷必须快速消除，否则会造成较大的事故，甚至影响系统运行，这就要求缺陷处理人员有较强的缺陷分析与处理的能力。因此，当继电保护设备运行中发生缺陷时，为了防止保护误动或拒动，必须尽快消除缺陷，如果短时间不能消除，在保证电力系统的稳定运行和电气设备的安全运行的前提下，需要决定是否将一次设备停运。

6.2 缺陷分析与处理基本方法

如何快速有效地消除缺陷，恢复继电保护设备的正常运行，从而保证电网的安全稳定运行，是每个继电保护工作者所要解决的问题。以下就变电站常见的几种类型的继电保护缺陷处理方法进行介绍。

6.2.1 控制回路缺陷

控制回路缺陷主要发生在断路器的操作回路，其二次接线主要由控制把手、指示灯、操作箱、断路器机构的跳合闸线圈、辅助接点及相关闭锁回路组成，涉及的元件和地点较多，发生缺陷时不易查找缺陷点。下面就二次控制回路缺陷发生原因及抗干扰措施进行分析。

1. 二次控制回路缺陷主要原因

（1）操作回路原理设计或接线存在问题，在设备传动时未曾发现。

（2）把手操作失灵，指示灯坏。

（3）闭锁回路接点异常。

（4）断路器主触头与二次辅助接点不配合。

（5）断路器操动机构存在问题。

（6）备自投装置或重合闸相关回路存在问题。

要消除控制回路缺陷，首先必须掌握控制回路原理，其次要了解断路器的动作情况和控制室指示灯的现象，最后分析判断查找原因所在。

2. 二次回路的抗干扰措施

（1）正确安装电缆的屏蔽层。单屏蔽层的控制电缆，应将屏蔽层在开关场地和控制室两端同时接地，同样，通信电缆的屏蔽层也应正确可靠相连接地。

（2）弱电导线不得与强电导线共用一根电缆（说明弱信号与强电的区别：弱电和强电主要区别是用途的不同，强电是用作动力能源，弱电是用于信息传递），尽可能将它们分开排放。

（3）交直流回路禁止共用同一根电缆，防止造成相互干扰，或因电缆芯绝缘下降造成短路，使交流电压串入直流回路，烧坏设备的电源模块或输入部件等。

（4）规范控制电缆的敷设。变电站设计时应考虑好电缆沟的走向，避免与电力电缆距离过近，尽可能远离变压器中性点及避雷针、避雷器等，并尽量不要与高压线平行。

（5）为二次设备和二次电缆敷设专用接地铜排，构造等电位面，消除地电位差干扰。

（6）变电站所有开关量的输入和输出触点（跳闸和监视信号）以及数字量输出（如串口）都应采用光电隔离。

6.2.2 电流回路缺陷

1. 电流回路的缺陷

电流回路的缺陷主要有：

（1）电流回路开路，此时一次电流全部是铁芯的励磁电流，会使铁芯饱和并在二次侧感应高电压，发生绝缘击穿事故，危及作业人员生命安全以及设备的正常运维，是最危险的缺陷。

（2）电流 TA 本体误差较大。

（3）电流回路极性错误。

2. 电流回路缺陷形成原因

造成 TA 回路开路的原因主要有：

（1）设备质量问题，包括 TA 本身的质量和 TA 端子排的质量，由于运行时间长，设备老化导致缺陷出现。

（2）人为问题，在保护校验完毕后，由于忘记恢复 TA 回路连片而引起缺陷，但是这种情况正随着继电保护措施票制度的标准化严格执行而减少。

（3）电流回路电缆虚接导致电流回路开路。

造成电流输出电流偏差大的原因主要有：

（1）电流本身输出存在问题。

（2）电流回路多点接地，产生分流现象。

（3）装置本身采样回路存在问题。

（4）电流回路输入极性错误或者相序错误。

（5）电流回路因绝缘测试后未恢复接地或者接地线损坏导致未接地。

3. 电流回路缺陷发现一般方法

电流回路的缺陷一般发现方法有：

（1）设备巡视时，发现电流端子排处有明显的过热或烧灼痕迹，有时还有小火花出现，可以断定是电流回路开路。

（2）设备运行中，频繁或持续发出 TA 断线或差流越线等告警信号，很可能是 TA 回路异常。

（3）观察保护装置内电流采样以及监控后台电流遥测值是否正常。

（4）定检时对各个组别的电流回路进行单独对地绝缘检查。

（5）对电流回路进行通断测试，检查回路中是否会出现断点，防止 TA 开路。

4. 电流回路缺陷处理注意事项

处理电流回路缺陷时，必须要做好安全措施，保证人身和设备安全。为了保证设备安全运行，在短接或断开电流回路前，必须退出与其有关的保护，在电流回路未恢复正常时，禁止投入这些保护。

5. 电流回路缺陷处理方法

（1）电流回路开路：对于由电流端子排质量问题引起的开路，如果能够在短时间内恢复，工作人员可申请将本间隔保护短时退出运行，在电流回路的源端可靠短接做好安全措施后，更换端子排或采取其他措施使电流回路恢复导通。如果不能够在短时间内恢复，工作人员应申请将本间隔断路器停运，将一次设备转检修后再进行处理。在更换端子排过程中，应首先在远离开路处的电流端子箱封好电流源端侧，然后测量电流回路电流，在确保电流源端侧有电流、负荷侧无电流的情况下，断开电流连片，更换开路处的电流端子。如果端子上的连线也有过热迹象，应一同更换。对于由电流互感器本身质量问题引起的开路，必须在一次设备停运后进行处理。

（2）其余电流回路缺陷：先根据缺陷现象确定缺陷原因，再查找到缺陷位置后，需先做好安全措施再进行处理。如拆除短接线，调换极性、相序，拆除多余地线，恢复一点接地，用备用电缆更换绝缘降低电缆等。TA 回路缺陷带电处理时风险较大，注意处理时不要引起其他问题，造成事故扩大。例如对于电流采样值相差偏大的缺陷，这往往是一相电流本体或电流二次回路出现问题引起的，可以采用测量三相电流是否平衡的方法在电流回路中分段查找。首先在电流端子箱封好该电流回路，测量电流源侧三相电流是否平衡，如果不平衡，说明电流本身输出有问题，需要停电处理；如果三相平衡，说明从端子箱到保护屏及所串联的回路有问题，可按此方法继续分段查找、缩小范围，最终确定问题所在并进行处理。

6. 电流回路缺陷的预防

（1）保证电流质量。近年来，由电流质量问题造成的缺陷时有发生，造成设备被迫停运或保护退出运行，严重影响供电可靠性。这就要求制造厂家不断改进技术和工艺，防止同样的缺陷问题一再发生。

（2）保证电流端子质量。首先，要求组屏厂家使用质量过关的产品；其次，现场人员在测量电流回路电阻时，还应检查电流本身连片接触是否良好。

（3）提高定期校验的质量。定期校验时，要全面检查电流回路中的通断电阻和绝缘状况，注意电流回路的绝缘检测方法。

（4）加强设备的维护和检查。由于并非所有电流异常都有告警信号，所以有时电流回路的异常情况很难发现。因此，应制定维护检查制度，定期巡视设备。

（5）严格执行继电保护措施票制度，防止人为事故的发生。

（6）电流互感器的二次回路应保证有且仅有一点接地。

6.2.3 电压回路缺陷

1. 电压回路的常见缺陷及主要原因

电压回路的缺陷主要包括：

（1）电压回路开路，比如电压回路断线或空气开关、连片漏回复、隔离开关辅助接点故障等。

（2）电压回路多点接地，多余接地点未及时发现拆除。

（3）电压回路无接地，绝缘测试后地线未回复或地线损坏。

（4）极性接反、相序错误，电压回路接线时未注意极性或相序。

（5）电压并列或切换异常，开关、隔离开关辅助接点或者切换并列继电器故障。

发生电压回路断线后，对于继电保护装置来说，将使部分需要电压量参与计算的保护退出运行；对于相关设备来说，会失去交流电压，例如，如果母线电压发生断线，需要引入母线电压量的所有线路（电源线或负载线）的保护、计量、远动、仪表等都将失去母线电压。

2. 电压回路缺陷主要现象

（1）电压回路开路：相关保护或测控装置无电压采样，发 TV 断线信号。

（2）电压回路短路：TV 空气开关跳闸，相关保护或测控装置无电压采样，发 TV 断线信号和相关空气开关跳闸信号。

（3）电压回路多点接地：电压二次回路接地点电流偏大（正常不大于 50mA），或与上次检查相比超过 20mA。

（4）电压回路无接地点：二次线电压正常，二次相电压偏大，中性线 N600 对地电压明显。

（5）电压回路极性接反或相序接错：保护或测控装置电压采样大小正常，电压角度错误，可能发 TV 断线信号。

（6）电压回路并列或切换异常：并列或切换操作时，电压出现异常，并发相关异常信号。

3. 电压回路缺陷出现的主要现场原因

（1）10kV 开关柜出厂时电压二次中性线回路接地点已和柜体外壳连接，在安装时开关柜与接地网连接已有一点接地，又在控制室接地将造成多点接地隐性缺陷。

（2）在对变电站的改造中，由于图纸错误、人为疏忽等原因，误将电压二次中性线接地点改接在其他回路上，造成多点接地隐性缺陷。

（3）电压互感器二次绕组施工时，由于施工人员技术水平低，造成中性点多点接地隐性缺陷。

（4）由于设备长期运行，TYD 的 N600 击穿熔断器导通，造成电压二次中性线多点接地隐性缺陷。

（5）保护安装时，对于一套保护，两个屏的电压二次中性线接地不同，主控室内控制屏和保护屏分别接地，造成多点接地的隐性缺陷。

（6）由于设备长期运行电压二次中性线绝缘损坏，造成多点接地隐性缺陷。

（7）在调试新扩建设备或保护调试定检时使用实验设备不当，形成多点接地隐性缺陷。

（8）电压回路接入的端子排设计不合理，接地线不合理，端子排固定螺丝与端子排不匹配造成断线。

（9）新保护接入电压回路后未测量相间电压和对地电压进行验证，导致相序错接等。

4. 电压回路缺陷处理方法

电压回路缺陷的处理，应先从回路的薄弱环节考虑，如熔断器、过负荷开关及隔离开关辅助接点等，具体可按下列顺序逐一排查：

（1）首先检查熔断器是否熔断或过负荷开关是否掉闸，判断电压回路是否有短路发生；在查明原因并消除短路或接地点后，更换熔断器或合上过负荷开关即可。

（2）检查电压二次熔断器接触是否良好。当熔断器底座卡弹压力不够时会造成电压二次熔断器接触不良。立即通知相关专业人员配合处理。

（3）检查电压二次隔离开关辅助接点接触是否良好。当一、二次隔离开关机械转换不好时会造成电压二次隔离开关辅助接点接触不良。设备运行时，可采取临时措施以保证接点接触良好；设备检修时，应做好接点转换调整和检查。

（4）如果以上 3 项检查均正常，再检查电压二次引出电缆处电压是否正常。如果该处电压不正常，可在做好各种安全措施后，拉开电压隔离开关，检查电压一次熔断器，如果该电压也正常则按照图纸检查线路是否存在断线或接触不良的现象。

5. 电压回路缺陷的预防

（1）防止人为事故的发生。在保护改造过程中，可能牵扯到多处的配线和改线工作，开工前一定要做好安全措施，对于不能停电的电压回路，用绝缘胶布包扎隔离，并对该处的施工人员必须进行技术交底。

（2）提高电压回路检修质量。在设备检修时，应检查隔离开关转换时所有相关的二次辅助接点是否接触良好，必要时进行调整；检查一、二次熔断器是否接触良好；检查电压回路的接线是否紧固。

（3）电压互感器的二次回路应保证一点接地。

（4）电压互感器的各个绕组的二次回路应相互独立。对于电压互感器，过去传统的接线是电压互感器电压不同绕组的中性线公用一根电缆芯，接到N600小母线上，对于常规保护而言也未发现不足之处，且一直在系统内应用。随着微机保护的广泛使用，其应用自产开口三角电压 $3U_0$ 来实现接地方向保护的特点使电压公用中性线可能造成零序方向保护误动的危害也暴露出来。由于不同绕组的中性线共用一根电缆，使得微机保护自产 $3U_0$ 受到了零序电压 $3U_0$ 的影响，其影响主要由零序电压的负载电阻及共用电缆芯的电阻所决定。共用中性线，则可能使微机保护自产 $3U_0$ 和零序电压的 $3U_0$ 反向，从而造成接地零序方向保护正方向拒动、反方向误动的后果。

（5）每次巡视、定检或技术改造之后均使用钳表测量全站TV一点接地电流并与上次测量结果进行对比。

6.2.4 直流回路缺陷

1. 直流回路的缺陷

直流回路的缺陷主要有：直流回路寄生、接地或短路及直流二次回路上的缺陷。直流回路是非接地系统，当发生一点接地后，不会影响设备的正常运行，因此，发生一点接地后必须尽快处理。

2. 直流回路寄生缺陷的原因

（1）设计图上直流回路错误设计导致同个回路内有多个电源进行供电。

（2）端子排、辅助接点绝缘低或电缆破损导致不同回路产生电的联系。

（3）现场接线人员接线错误导致不同回路产生电的联系。

3. 直流二次回路上缺陷的原因

一般分为信号回路缺陷与控制回路缺陷：

（1）信号回路缺陷一般表现为信号误发或拒发，常见原因多种多样，有测控装置故障、通信中断、信号电缆断线、信号接点故障等，需要结合现场现象排查。

（2）控制回路缺陷一般表现为无法正确传动设备或监视继电器无法正常励磁，常见原因与信号缺陷类似，亦需要结合现场实际排查。

4. 直流回路接地缺陷的原因

（1）现场检修人员误碰或误用万用表的挡位（如用电阻挡测量对地电压），造成直流回路接地，一般是瞬间一次或间歇多次。

（2）值班人员由于欠缺安全意识，用水冲洗设备（主要是附属外围设备），造成直流回路接地。

（3）户外端子箱或电气设备潮湿或有雨水进入而造成直流回路接地。随着反措的执行，这种情况显著减少，但并没有彻底解决。

（4）回路整体绝缘低，继电保护装置及二次回路运行时间长，或回路电缆直埋，没有电缆沟，在连续阴雨天气后，回路整体绝缘下降，造成直流回路接地。

（5）回路接线有问题而误发接地信号，如：二次回路改造中，弱电与强电之间有连线，误发直流接地信号。此外，在查找直流接地时，断开直流电源可能会对保护装置和二次回路有影响，要注意做好安全措施，必要时可瞬间切除跳闸压板。

5. 直流回路缺陷的预防

（1）重视保护校验中直流回路的全面检查。现场工作中，“重视装置、轻视回路”的思想依然存在，所以必须明确二次回路的重要性，全面检查直流回路的绝缘状况，从而保证直流回路处于良好的运行状态。

（2）改善设备的运行环境。对运行环境温度不符合规程的场所，应加装空调；对灰尘大的场所，应定期清扫；对安装在户外的端子箱，应采取防潮、防水、防锈等措施。

（3）做好设备改造工作。对超期服役或老化的设备要及时更新，提高设备的健康状况。在保护改造过程中，要从图纸设计、现场施工、保护调试、定值计算、回路传动、运行规程等各个环节，严把质量关。

（4）防止人为事故的发生。在设备检修和消缺过程中，一定要做好安全措施，防止检修工作影响运行中的设备。

（5）对电源系统采取的抗干扰措施，目的是保证二次设备可靠运行。同样，对装置的电源也可以采用以下抗干扰措施：使用 UPS 设备来稳定工作电源，保证供电电压波形稳定；应采用隔离变压器，隔离共模干扰，防止电网噪声干扰窜入控制系统以及强雷电压对装置的损坏；使输出回路尽可能短，使用的电缆芯不能过大，以减小压降。

6.2.5 保护装置缺陷

1. 保护装置的缺陷

现代微机保护出现装置异常时，主要是由元器件损坏引起，一般伴随有光字牌或报文等出现。

2. 保护装置缺陷的原因

（1）电源损坏：电源损坏的主要原因是电源的质量不佳或超期运行所致。

（2）元器件质量不良：其引起的缺陷主要有 A/D 转换故障、液晶显示失灵和跳闸位置继电器损坏等。

（3）设计不良：回路参数设计或软件设计不良，特别是厂家的软件版本控制和程序问题比较突出。出现这些情况时，应及时联系厂家，对设计进行升级处理。

（4）电磁干扰：早期微机型保护装置电磁兼容水平较低，装置的整体抗干扰能力未能达到IEC标准，造成元器件损坏次数居高不下，应加快该类保护的改造。

（5）元器件老化：这主要发生在早期的微机型保护装置上。根据笔者多年处理装置异常缺陷的经验，对于运行年限较久的保护装置出现保护异常，通常是由电源插件或CPU插件老化引起的。因此只要退出保护装置，更换电源插件或CPU插件即可恢复正常。

3. 保护装置缺陷的预防

（1）保护装置设备的外壳应屏蔽接地，装置的活动部分也要可靠连接，比如柜门、机箱盖板等应与接地点可靠导通，保证有良好的电气连接。对变电站的墙壁，有需要时可安装金属网，地板可装防静电地板。

（2）装置设置的接地点应正确，可靠的装置接地点的选择关系到系统运行的稳定性和可靠性。接地系统包括：电气接地系统、变电站室内屏蔽和防静电接地系统、变电站防雷接地系统以及控制系统专用接地系统。其中电气接地系统，用于不间断电源（UPS）和隔离变压器屏蔽层接地，以防止电网杂波窜入二次系统；变电站室内屏蔽和防静电接地系统，主要是站内屏蔽接地、防静电系统接地和设备机箱外壳接地；变电站防雷接地系统，用于防止自然的雷击等危害；控制系统专用接地系统，为装置设备专用的设施，不允许与其他任何设备相连，以免造成干扰。

6.2.6 智能站GOOSE断链缺陷

1. GOOSE断链缺陷的意义

新规范的智能化变电站的组网结构均采用“模采网跳”，即模拟量采样为电缆直连至保护装置，开入跳闸等回路通过交换机以GOOSE网的形式完成。而站内出现GOOSE断链的信号则说明有保护的开入开出回路受到影响，无法正确采集一次设备信息或者出口传动，为了保证保护设备的正常运行，必须立即处理。

2. GOOSE断链主要原因

（1）物理连接的光纤中断或光纤折损导致光衰过大。

（2）发布方/订阅方的装置光口损坏。

（3）过程层交换机光口损坏。

3. GOOSE断链缺陷的主要现象

（1）物理连接的光纤中断或光纤折损导致光衰过大。

现象：智能录波器中首先会发出光纤功率越下限的告警，同时连接光纤两侧装置的接收方会发装置 GOOSE 异常告警，根据最新的验收规范要求，后台中接收 GOOSE 中断的光字牌定义已经分开独立。例：若 1 号主变压器智能终端 A 套的光纤中断，根据 SCD 文件中的虚端子连接，后台会同时发 1 号主变压器智能终端 A 套收 1 号主变压器保护 A 套 GOOSE 中断、1 号主变压器智能终端 A 套收 1 号主变压器测控 GOOSE 中断，1 号主变压器智能终端 A 套收 110kV 母差保护 GOOSE 中断等信号。

（2）发布方 / 订阅方的装置光口损坏。

现象：假设发布方的装置光口损坏。例：若 1 号主变压器保护 A 套发布方的光口损坏，则按照 SCD 文件中虚端子的连接，所有与 1 号主变压器保护 A 套连接的 IED 均会发出收 1 号主变压器保护 A 套 GOOSE 中断的告警信号。假设订阅方的装置光口损坏，那么后台应发该装置接收所有间隔的 GOOSE 中断信号。

（3）过程层交换机光口损坏。

现象：若过程层交换机的光口损坏，则需要确认损坏的光口为百兆级的光口，还是千兆级的光口。千兆级的光口为级联口，百兆级的光口一般连接了间隔层与过程层（例如：110kV GIS 室至主控室），具体的现象还需要与现场实际的情况进行分析。

4. 保护装置缺陷的预防

由于智能站对于运行环境要求较高，需要确保继保室内空调的正常运转，以及交换机屏内顶部风扇的正常运行，以确保继保室内保护装置及交换机的可靠运行。可加强智能站巡视运维的相关要求，尤其是针对智能终端空调，主控室内的空调，以及散热风扇这类控制环境温度的相关设备的日常巡视。

6.3 缺陷分析与处理实例

6.3.1 电压失压缺陷

1. 缺陷现象

2016 年 4 月 29 日凌晨，220kV A 站 220kV AB 甲线线路保护更换工作结束后，申请调度启动，在执行至启动方案“220kVA 站侧将 220kV ⅠM 母线所有运行设备倒至 220kV ⅡM 母线运行，220kV ⅠM 母线及母联 2012 开关在热备用状态”时，断开母联 2012 开关后 220kV ⅡM 母线 TV 二次失压。

2. 事前情况

现场故障前 220kV ⅠM 母线所有运行设备倒至 220kV ⅡM 母线运行，母联 2012 开关在合位，ⅠM、ⅡM 母线一次二次电压均正常。

3. 处理步骤

（1）与运行人员交流在操作过程中未发现异常信号，查看后台报文，发现倒母线后断开母联 2012 开关前这段时间并无异常信号；断开母联 2012 开关后集中出现了保护 TV 断线等与 TV 失压相关的信号。

（2）在 TV 接口屏，用万用表量了 220kV ⅠM、ⅡM 母线保护电压，均无压；计量电压正常。

（3）在 221 TV 及 222 TV 端子箱检查，发现 222 TV 保护组二次空气开关跳开，计量组熔断器正常 221 TV 保护组空气开关及计量组熔断器均正常。

（4）在 222 TV 端子箱用万用表量取了空气开关上下端电压，上端二次源头电压正常，下端二次侧无压。量取下端相间电阻，电阻均偏小，约为 10Ω。

（5）配合运行人员退出了母差、安稳、备投，防止误动。

（6）考虑与 221 TV 电阻比较，由于ⅠM 上无运行设备，即ⅠM 无压，量取空气开关下端相间电阻大小与 222TV 空气开关下端相间电阻相近。

（7）将 221 TV 空气开关断开，再次量取 221 TV 空气开关下端相间电阻大小为千欧级别，量取 222 TV 空气开关下端相间电阻大小也为千欧级别。

（8）现场考虑以恢复母线二次电压为第一要务，再次试给 222 TV 空气开关电压恢复正常。

（9）配合运行人员投入了母差、安稳、备投相关保护。

（10）未并列状态下，221 TV 回路与 222 TV 回路应该独立，不会因为空气开关的变化同时电阻值发生变化，故而推断为电压二次回路出现了不正常并列。

（11）考虑到 AC 甲线ⅠM 隔离开关机构一直存在故障（检修知道有问题，但无备品，一直未处理，现场运行人员操作时直接对机构构件进行操作）。

（12）检查了 AC 甲线间隔电压切换装置，装置型号为：CZX12R2，检查了切换前电压为ⅠM 有压，ⅡM 有压，其中ⅠM 切换前有压则说明电压二次回路异常并列（此时 221 TV 空气开关断开且 220kV ⅠM 处于热备用状态、222 TV 空气开关合上）。

（13）考虑切换节点异常，随后量取了 AC 甲线电压切换回路ⅠM 刀与ⅡM 刀开入，检查后确定ⅠM 隔离开关动断触点在隔离开关分位时未能闭合，导致电压切换继电器未复归处于自保持状态。

4. 空气开关跳闸二次回路分析

在双母线接线方式，为了保证一次系统和二次系统的电压保持对应，需要电压切换装置将二次电压回路随同主接线一起进行切换。

图 6-1 为普遍采用的电压切换回路，当线路接在Ⅰ母上时，Ⅰ母隔离开关

的动合辅助触点闭合，1YQJ1、1YQY2、1YQJ3 继电器动作，1YQJ4～1YQJ7 磁保持双位置继电器也动作，且自保持。Ⅱ母隔离开关的动断触点将 2YQJ4～2YQJ7 复归，此时，1XD 亮，指示保护装置的交流电压由Ⅰ母 TV 接入。当线路接在Ⅱ母上时，Ⅱ母隔离开关的动合辅助触点闭合，2YQJ1、2YQJ2、2YQJ3 继电器动作，2YQJ4～2YQJ7 磁保持双位置继电器动作，且自保持Ⅰ母隔离开关的动断触点将 IYQY4～1YQJ7 复归，此时 2XD 亮，指示保护装置的交流电压由Ⅱ母 TV 接入。当两组隔离开关均闭合时，则 1XD、2XD 均亮，指示保护装置的交流电压由Ⅰ、Ⅱ母 TV 提供。

由Ⅰ母倒到Ⅱ母后，Ⅰ母隔离开关动合触点正常断开，电压切换操作箱中Ⅰ母指示灯熄灭，但是如果Ⅰ母隔离开关动断触点无法到位，造成 1YQJ4～1YQJ7 磁保持双位置继电器无法复归，将会导致母线二次电压的异常并列。当切开母联 2012 开关后两条母线一次情况为ⅠM 无压，ⅡM 有压，由于电压切换回路的异常并列，222 TV 二次电压反冲至 221 TV 一次侧，跳开母线二次电压空气开关，导致保护装置交流电压失压。如果两条母线一次均有压，分裂运行下二次电压存在一定压差，电压切换回路中会有较大环流流过，同样会跳空气开关。

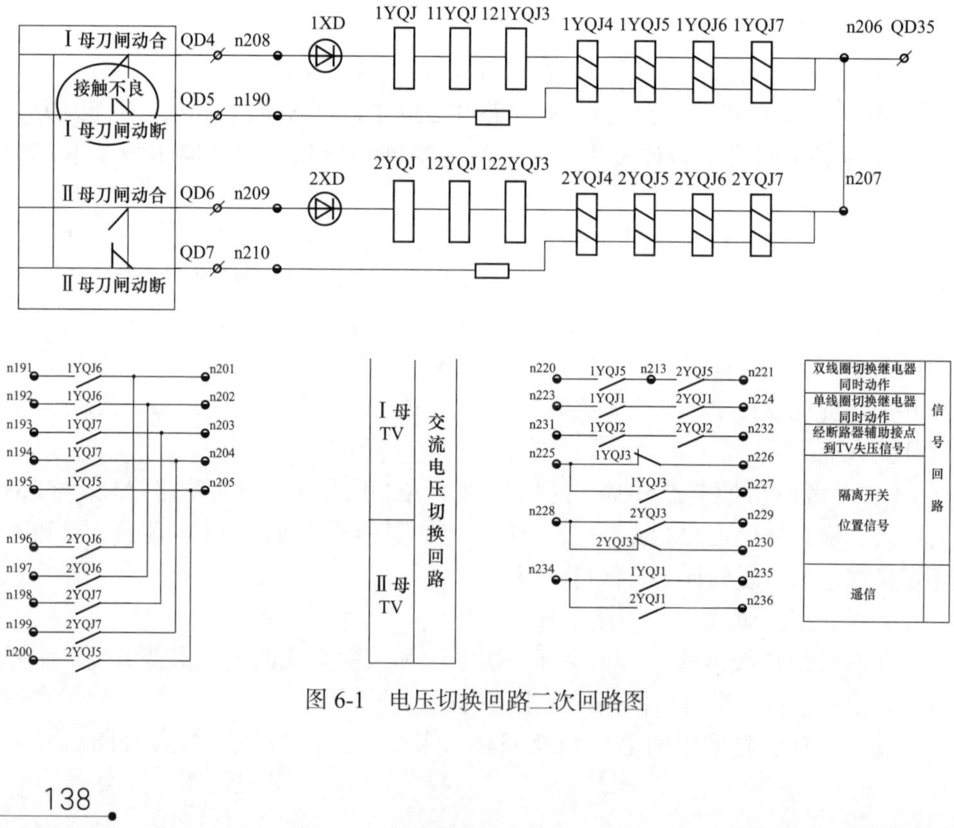

图 6-1　电压切换回路二次回路图

5. 失压原因

（1）220kVAC 甲线ⅠM 隔离开关辅助接点不到位。

（2）机构存在问题的情况下操作。

（3）操作过程中未检查切换继电器同时动作信号，仅仅依靠切换装置面板指示灯无法发现问题。

6. 防范措施

建议运行人员在倒闸操作结束后到监控后台检查各间隔“切换继电器同时动作”信号是否复归，若未复归，则立即通知继保、检修人员到场处理。

由于隔离开关辅助接点运行环境较为恶劣，辅助接点的不到位情况常有发生，应选用高质量的辅助接点，如真空型辅助接点。

电压切换装置指示灯接在动作线圈回路内，无法监视隔离开关动断辅助触点的通断，因此通过观察电压切换装置箱内 1XD、2XD 的亮灭仍无法判断整个电压切换回路是否正常。建议厂家在电压切换的复归回路中加装指示灯来监视隔离开关拉开时动断触点是否到位。

6.3.2 电流回路绝缘不良缺陷

1. 缺陷现象

2021 年 3 月 13 日，220kVA 站 110kV 某某Ⅱ线保护定检工作中发现第三组母差组电流回路对地绝缘不合格。

2. 缺陷分析

打开第三组电流回路中间连接片后，检查右侧至 TA 本体的对地绝缘仅有 0.6MΩ，发现测试结果不合格，拆除 N 相三连短接片及联系检修同事配合拆开 TA 本体二次接线盒后，依次解开二次接线盒第三组 TA 的 A、B、C 三相的 S1、S2、S3 接线（本间隔使用的是 S1～S3 接线），检查二次接线盒各相接线柱的对地绝缘正常，检查各电缆单独的对地绝缘值结果见表 6-1。

表 6-1　　母差保护装置差流记录表

相位	S1 电缆	S2 电缆	S3 电缆
A 相	0.6MΩ	0.8MΩ	3.5MΩ
B 相	0.8MΩ	0.7MΩ	3.7MΩ
C 相	0.9MΩ	0.8MΩ	3.2MΩ

经检查，第三组母差组 TA 的 A、B、C 三相的 S1、S2 电缆对地绝缘均不合格，而 S3 电缆对地绝缘虽合格但差强人意。

因现场情况为 110kV 某Ⅱ线间隔就地控制柜至 TA 本体二次接线盒之间没

有备用电缆芯，遂新增一捆六芯1.5mm的电缆替换掉绝缘不及格的A、B、C三相的S1、S2电缆，因S2电缆长期作为备用绕组使用，所以把绝缘最好的新增电缆给S1、S3使用，将原S3电缆替换给S2使用，更换后电缆对地绝缘为13.7MΩ。

3. 缺陷原因

110kV某Ⅱ线间隔就地控制柜至TA本体二次接线盒之间的电缆绝缘不良。

4. 防范措施

220kV A站地处山区，气候湿润，站内设备运行年限较长，极易出现机构密闭不良导致回路取用接点及线缆绝缘降低，引起直流接地或回路寄生。加强巡视定检工作中对一次设备及二次回路的检查，发现隐患或缺陷后及时处理消除缺陷。

6.3.3 控制回路断线缺陷

1. 缺陷现象

某110kV线路监控后台“控制回路断线”光字牌常亮并发报文，保护装置报控制回路断线告警，且装置红绿指示灯不亮。

2. 缺陷分析

“控制回路断线”告警信号，是由于线路间隔操作箱内HWJ（合位继电器）动断触点与TWJ（跳位继电器）动断触点串联而成的一个位置信号，反映了开关在运行位置（合位）时，不能实现分闸功能，在线路故障时不能正确动作于开关，扩大了停电范围。开关在分闸状态时，不能实现合闸功能。

故障原因主要有：①操作箱插件坏；②二次回路故障；③开关机构箱内元件损坏。

3. 缺陷处理前安全措施

停用断路器，改为冷备用状态，不能改变设备状态则改为非自动状态；若能确认控制回路正常（仅为信号回路异常），则可以不改变一次设备状态进行处理。

4. 处理步骤

（1）操作箱插件坏。

1）分析方法：用万用表直流电压挡测量保护屏外侧端子跳闸回路（37）、合闸回路（7）对地电压，正常情况下，开关分位时合闸回路为−55V、跳闸回路为+55V，开关合位时分闸回路为−55V、合闸回路为+55V左右（直流110V），再检查控制回路断线输出信号节点动作情况，若控制回路正常、信号回路异常，则判断操作箱插件故障，着重检查HWJ、TWJ插件，核对图纸与实物，分别检查线圈阻值，接点通断，判断故障点。

2）处理方案：如发现损坏可以更换单个继电器或整板。如更换单个继电器，应注意焊接牢固、接触可靠。注意：插拔插件应先断开装置电源，使用电烙铁时应可靠接地。

（2）二次回路故障。

1）分析方法：检查相关回路的二次电压，若电缆两端电压不一致，则确认二次回路故障，考虑到保护装置至开关电缆距离较长，应检查电缆对地绝缘和线间绝缘，如不合格应更换。

2）处理方案：更换二次电缆前需将断路器转为冷备用状态，更换完毕需对全部相关回路进行传动试验。

（3）开关机构箱内元器件损坏。

1）分析方法：检查操作屏至断路器机构箱内控制回路电压，若操作屏内和断路器机构箱内电压都正常，则判断开关机构元器件损坏，可能存在以下问题：

a. 断路器分、合闸线圈烧坏、断线。

b. 断路器辅助接点接触不良。

c. 断路器本体异常闭锁分、合闸。

d. 远方 / 就地切换开关故障。

2）处理方案：将断路器转为冷备用状态。针对上述四种情况进行检查，确认故障部位后进行相应处理，恢复后需对断路器进行遥控及就地分、合闸及防跳试验。

6.3.4 直流接地缺陷

1. 缺陷现象

直流接地选线装置报警，并显示某路的接地电阻，监控系统报直流绝缘下降信号。

2. 缺陷分析

直流接地一般由以后情况引起：

（1）绝缘老化、破损。如电缆、绝缘座、端子排等老化、破损，导致绝缘降低。

（2）机械振动。电缆距机械的金属部分较近，机械振动磨损电缆绝缘，导致直流接地。

（3）积灰、潮湿。如接线端子、屏顶小母线、插件板积灰，在空气湿度较大的情况下，导致绝缘下降。

（4）锈蚀。例如，隔离开关辅助接点受潮，导致腐蚀生锈。

（5）渗水。如端子箱、隔离开关机构、主变压器附件、各种表计密封不好，导致渗水，使得绝缘降低。

（6）裸露。如备用电缆芯没有包好等。

3. 缺陷处理前安全措施

直流接地以往一般采用拉路查找的方法，拉路查找方法虽简单、方便、直接，但存在一定的安全风险。随着便携式直流接地检测仪的推广，现在一般以采用便携式直流接地检测仪为主，辅之以拉路的方法，提高了查找效率，降低了安全风险。需要引起注意的是：

（1）发生直流接地时，禁止在二次回路上工作。

（2）处理时不得造成直流回路短路或另一点接地，特别注意使用万用表时必须选择合适的挡位，防止误切在电阻挡，导致两点接地。

（3）拉路查找前应采取必要的措施，防止拉合直流电源过程中电压切换箱失电导致 TV 断线，从而造成电容器保护动作或备自投动作，线路保护动作失去方向性导致的误动情况。

4. 处理步骤

（1）一般先根据直流接地选线装置的选线情况判断是哪条支路出现接地，这时可用便携式直流接地检测仪的钳形表沿该支路的小母线检测接地电流，当检查到接地电流消失时，之前小母线下的分路存在接地，此时可用钳形表测各直流专用空气开关的上端头，若有接地电流，则检查该专用直流回路，进一步可测出哪一根接线有接地情况。但当接地回路存在环路时，接地选线装置会报两条或者两条以上支路接地，便携式直流接地检测仪不能直接找到故障点，这时必须查清环路再检查。

（2）拉路查找时应根据先信号后保护、控制回路的原则进行，同时结合天气情况判断可能的位置，雨天时先室外后室内。在拉开装置的直流电源时，切断的时间不得超过 3s，不论接地是否消失均应合上。当发现某一专用直流回路有接地时，及时找出接地点，尽快消除。

[**例 6-1**] 某日，运行人员发现 220kV 某站发出“直流接地”信号。经现场工作人员检查发现 2 号绝缘监测仪发支路 77 号负控母绝缘降低。首先用万用表测量直流控母电压，正极为 +105V，负极为 −5V，表明确为负极接地。其次采取传统直流拉路法进行了初步筛选，根据选线装置提示，断开 120P 4 号直流充电屏 77 号支路对应空气开关 427Z 110kV GIS 隔离开关、接地开关控制电源二，直流母线电压恢复正常，接地信号消失，合上该空气开关后，直流接地恢复，初步确定为 110kV GIS 隔离开关控制回路存在接地故障。确定了故障范围后，去 110kV GIS 场地。当拉路至 110kV 甲乙Ⅱ线 1600 间隔就地汇控柜中 MCB1 隔离开关、接地开关控制指示电源时，接地现象消失，直流母线电压恢复正常，确定从 120P 4 号直流充电屏到 110kV GIS 场地之间的直流电缆没有问题。最后

用QDB-81型直流接地快速查找仪查找故障电缆。给上MCB1空气开关，当解开110kV甲乙Ⅱ线1678高压带电显示装置电缆后，直流接地消失，控制电源电压恢复正常。经检查发现110kV甲乙Ⅱ线1600高压带电显示装置内有小动物爬入，导致直流接地短路，造成负极接地。

户外设备直流接地的概率在雨天时最高，因为隔离开关辅助触点一般接入的是遥信、电压切换回路、母差保护隔离开关位置开入。

户外设备若是渗水或者受潮引起时，处理时可用电吹风吹干，并找出渗水点封堵好，受潮时应检查加热器回路是否投入，完好。

平时加强对户外开关机构箱、端子箱、就地汇控柜的巡视，注意开关机构箱、端子箱、就地汇控柜的密封性和干燥性以及封堵，防止因为阴雨天气、暴雨进水导致绝缘低或者小动物爬入导致二次电缆短路，从而引发直流接地现象，对保护正常运行带来威胁。

6.3.5 直流回路寄生缺陷

1. 缺陷现象

某日，在对220kV某站220kV母联2012开关进行控制回路检查直流寄生时发现两路开关控制电源之间存在寄生，现象如下：

（1）断开第一路开关控制电源时，控制回路一直流正与直流负均为63V，控制回路二直流正为63V，直流负为−47V。

（2）断开第二路开关控制电源时，控制回路一直流正为63V，直流负为−47V，控制回路二直流正与直流负均为−47V。

2. 缺陷分析

针对该间隔两路控制电源之间存在直流寄生的现象，先在保护屏进行了简单的测量与回路分隔处理，得到以下结果：

（1）将控制回路二正负电源到汇控柜的二次线（回路号201，202）解除，发现寄生消失。

（2）将控制电源一与二电源均断开，测量负载侧，发现两回路之间电阻为600kΩ，排除控制电源线直接短接的可能。

目标锁定：寄生点在高压场地；控制回路一负电端与控制回路二正电端有爬电现象，或者控制回路一负电端经过一大负载与控制回路二正电端连接。

后在开关汇控柜进行进一步排查。现将控制电源一给上，控制电源二拉掉，使得现控制回路二均为负电。

（1）由于控制回路二的负电必然是从控制电源一的负电提供，因此，在汇控柜回路号为102的端子上进行柜内回路线解除，发现解除回路号为（2-17）后控制回路二负电消失。

（2）由于控制回路二的负电必然是从某一控制回路二分支提供，因此在 201 上进行柜内回路线解除，发现解除 201 到 KA16 接触器线圈 A1 回路后负电消失，再查看，发现解除 KA16 接触器线圈 A2 到气密继电器回路（1-83′）后控制回路二负电消失。

结论：寄生点在开关气密继电器中，寄生回路如图 6-2 所示的虚线。

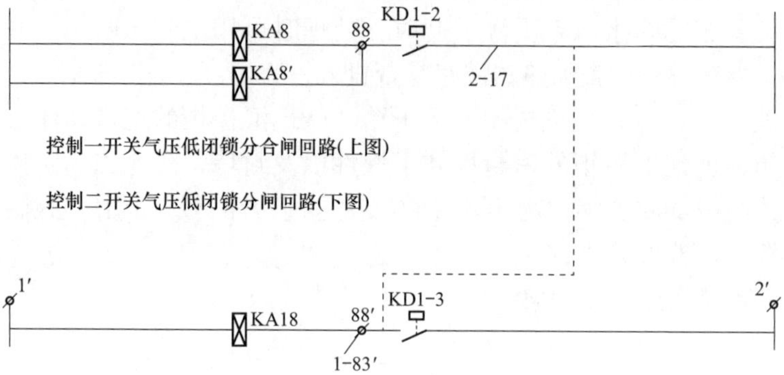

图 6-2　寄生回路示意图

3. 处理步骤

打开开关气密表，气密继电器中有三对节点，端子 1、2 为气压低报警，端子 3、4 为控制回路一气压低闭锁，端子 5、6 为控制回路二气压低闭锁。控制电源一仍然给上，控制电源二拉下，量得端子 3 为 +，端子 4、5 均为 –（正常情况 5 应该没电）。并未发现电缆有破损现象，解开 4 端子线，发现端子 5 负电消失，接上端子 4，发现端子 5 负电恢复，锁定端子 4 和端子 5 之间有寄生。

将端子 4、5 解开，检查之间并未有短接线，只见有积灰以及部分螺丝铁屑在端子上，便用毛刷清扫，再进行两端子绝缘检查为 200MΩ，此时恢复全部接线，发现端子 4 为负，端子 5 负电消失。

此时再进行寄生检查，两电源间未有寄生。

该间隔 QF 气密继电器 KD 的 4、5 端子间通过金属屑和灰尘有串电现象，此现象也验证了两回路间 600kΩ 的电阻值（现场负载一般在几千欧，同时通过金属屑和灰尘爬电的现场电阻较大），导致 2012 开关两路控制回路出现直流寄生。验收过程中注意这类密度继电器小接线盒内的清洁，防止有螺丝铁屑类导体跨接不同的节点。验收结束后注意密封，防止雨水、回潮天气降低回路绝缘。

6.3.6　保护装置缺陷

1. 缺陷现象

调度人员发现某站安稳装置通道故障信号，通知某站运行人员进行检查，现场 RCS-992 安稳装置报“通道 5 故障”自检信息，且装置告警灯亮。某站安稳装置此前一直为就地运行，近期投入了某站 - 某电厂通道 A 及通道 B，调度人员向对侧某电厂确认后，某电厂运行人员现场确认答复调度的情况为某电厂安稳装置未发出异常信号。

2. 缺陷分析

考虑到继保人员责任范围为站内自动化设备，因此需要区分是站内问题还是站外光纤通道问题。

图 6-3 为典型复用光纤通道原理图。由此可见若为站内故障，可能的环节包括图中标红黄部分。

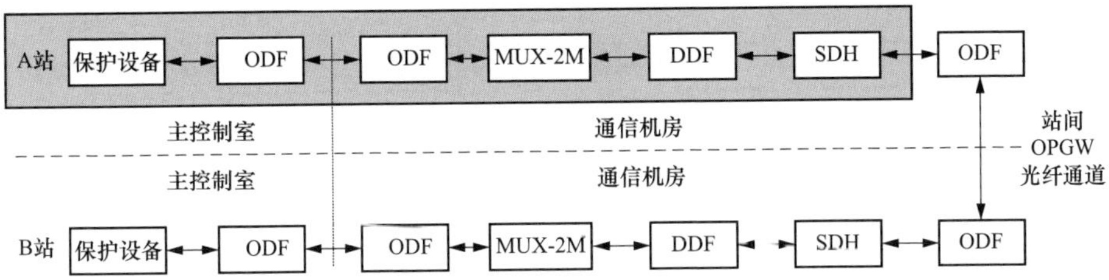

图 6-3　光纤通道回路原理图

（1）交换机 RCS-992 装置。

（2）光纤通道。

（3）光电转换装置 MUX-2M。

（4）通信同轴电缆。

（5）SDH 设备。

3. 缺陷处理前安全措施

仅有通道 5 故障，故采用自环的方式确定故障位置。自环实验前，运行人员退出了出口压板，投入了装置试验参数中的自环试验控制字，并投入了装置检修压板（注意：仅投入自环试验控制字而不投入检修压板，即使正确自环仍然会告警）。

4. 处理步骤

由于 SDH 设备承载多个复用通道的光传输功能，而除了某站 - 某电厂 A 通道以外，其他包括某站 - 某电厂 B 通道在内的均无故障，因此故障位置基本可以排除 SDH 及 SDH 设备以后的部分。

（1）排查 MUX-2M 之前部分，在图 6-4 标识处为自环光纤。

自环后，检查 RCS-992 设备 RX 光纤，功率几乎无衰耗，说明 MUX-2M 之前光纤通道无异常。RX 光纤恢复接入 RCS-992 后，通道 5 告警消失，说明

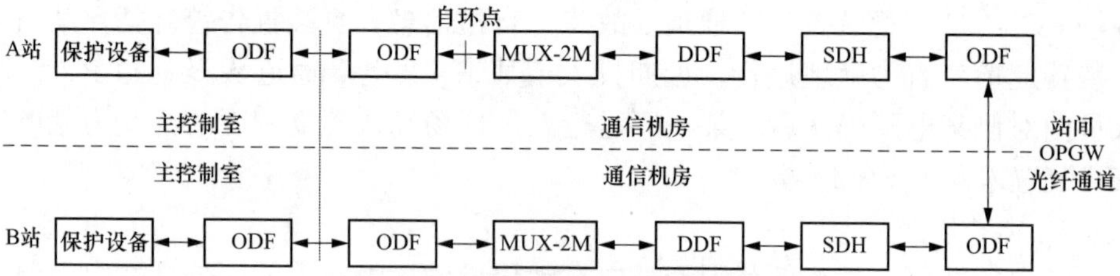

图 6-4　光纤通道回路自环示意图（1）

MUX-2M 之前的光纤通道、ODF 设备、RCS-992 设备均正常运行。

（2）排查 SDH 之前部分，在图 6-5 标识处为自环同轴电缆。

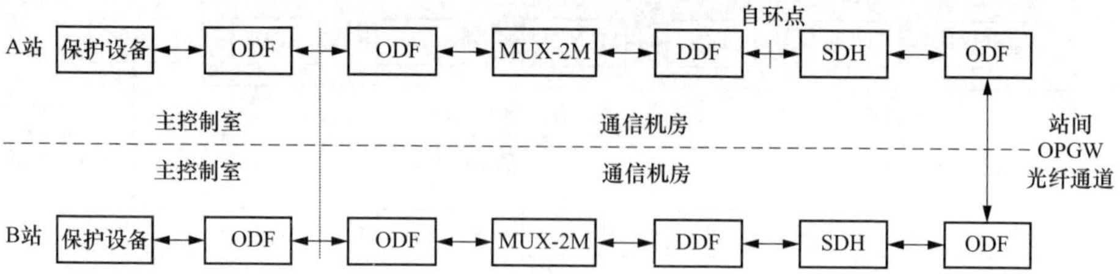

图 6-5　光纤通道回路自环示意图（2）

自环后，检查 RCS-992 设备 RX 光纤，功率几乎无衰耗，说明 SDH 之前光纤通道及同轴电缆无异常。RX 光纤恢复接入 RCS-992 后，通道 5 仍报告警，说明 MUX-2M 及 MUX-2M 到 SDH 设备之前的同轴电缆、DDF 可能存在故障。考虑到同轴电缆及 DDF 运行期间无人触碰，优先考虑 MUX-2M 设备故障。现场检查 MUX-2M 设备运行灯全部正常，从外观未发现异常，因此重启 MUX-2M 装置，重启后 RCS-992 告警灯灭，装置恢复正常。

因此故障锁定为 MUX-2M 死机或程序走死等原因。处理完毕后恢复正常运行状态，恢复并核对定值，由运行人员投入出口压板。

6.3.7　智能站 GOOSE 断链缺陷

1. 缺陷现象

2022 年 2 月 16 日，某 110kV 变电站发出 110kV 母联 A 套智能终端收 1 号主变压器 A 套保护 -GOOSE-A1 网中断、10kV 521 保护测控装置收 2 号主变压器 A 套保护-GOOSE-A1 网中断、1 号主变压器变高 1101 A 套智能终端收 110kV 母差保护-GOOSE-A1 网中断的信号。

2. 缺陷分析

GOOSE 中断遵循着“谁接收、谁监视”的原则，GOOSE 中断异常信号的发出，是以订阅方装置的判别作为依据。

根据以上现象分析，在确认了智能录波器的监视情况中并未有任何发布方装置的光口越下限的情况后，该缺陷现象首先排除了以上物理连接的光纤中断、或光纤折损导致光衰过大和发布方 / 订阅方的装置光口损坏的可能，缺陷的判断主要集中在过程层交换机上。交换机上的缺陷首先需要对每台交换机上配置情况进行了解，对 GOOSE 数据集的走向进行确认，从而推断出在哪个环节上出现了断链现象。检查交换机上的光纤连接情况，见表 6-2（仅列出与 GOOSE 断链相关的装置）。

表 6-2　　7P 过程层 A1 网交换机屏光纤配置情况

7P 过程层 A1 网交换机屏			
1 号交换机	中心交换机		
2 号交换机	1 号主变压器保护 A 套	521 分段保测装置（收 2 号主变压器 A 套 GOOSE 中断）	1101 智能终端 A 套（收 110kV 母差保护 A 套 GOOSE 中断）
3 号交换机	1012 智能终端（收 1 号主变压器保护 A 套 GOOSE 中断）	110kV 母差保护装置 A 套	
4 号交换机	2 号主变压器保护 A 套		

根据表 6-1，以及“谁接收、谁监视”的原则，若是百兆口的光口出现了损坏，那么报出 GOOSE 中断的设备远不止上述现象所示，例如，1012 智能终端除了接收 1 号主变压器保护 A 套 GOOSE 中断，还会报接收 1012 保护 GOOSE 中断，接收分段测控 GOOSE 中断等信号。故障已经基本可以判定为千兆口的级联光口上。

过程层交换机简要示意图如 6-6 图所示，各个过程层交换机的级联方式主要是依靠 1 号交换机（中心交换机）。现场根据中心交换机工作指示灯的判别情况，发现 G5 光口指示灯已经熄灭，而其余光口工作指示灯均能够正常闪烁，G5 光口现场的标签标示显示，该光口为 1 号中心交换机与 2 号交换机的级联口。通过表 6-2 的配置情况可以推断出，当 1 号交换机与 2 号交换机的级联口发生故障时，以 521 保测装置为例，它配置在 2 号交换机，需要接收 4 号交换机的 GOOSE 数据集（2 号主变压器保护 A），数据集走向为：2 号主变压器保护 A → 4 号交换机→ 1 号交换机→ 2 号交换机→ 521 保测装置。当级联口发生故障时，就会发生 GOOSE 断链的信号。同理可推出其他几个异常信号。

3. 缺陷原因总结

中心交换机光模块 G5 故障。G5 光口为中心交换机与 2 号交换机的级联光口，该光口故障，会导致不同过程层交换机之间的级联发生故障，导致以下的缺陷现象：521 分段保测装置收 2 号主变压器 A 套 GOOSE 中断（数据集走向：2 号主变压器保护 A → 4 号交换机→ 1 号交换机→ 2 号交换机→ 521 保测装置）。

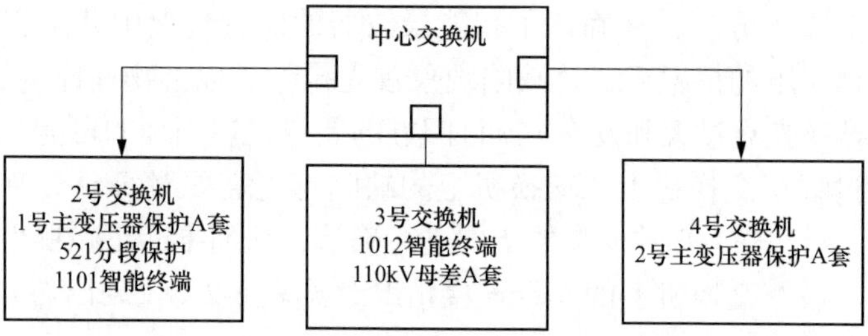

图 6-6　过程层交换机简要示意图

1101 智能终端 A 套收 110kV 母差保护 A 套 GOOSE 中断（数据集走向：110kV 母差保护装置 A → 3 号交换机→ 1 号交换机→ 2 号交换机→ 1101 智能终端 A 套）。

1012 智能终端收 1 号主变压器保护 A 套 GOOSE 中断（数据集走向：1 号主变压器 A 套→ 2 号交换机→ 1 号交换机→ 3 号交换机→ 1012 智能终端 A 套）。

检查现场发现站内空调的上级开关被打下，怀疑为站内交换机运行温度较高，交换机在恶劣环境下长期运行，从而导致光口故障。

4. 缺陷处理

现场更换了备用的光口后，GOOSE 断链异常信号已复归。

6.4 缺陷信息归结案例

对于继电保护缺陷，首先，要采取预防措施，从设备改造、保护校验、日常维护及执行反措等方面来保证设备处于良好状态，防止缺陷发生；其次，对每一起缺陷都要做好总结分析，积累经验，防止同类缺陷再次发生；最后，必须保证快速、安全地消除运行中出现的缺陷。此外，现场工作人员还需要不断提高技术、技能水平，提高预防缺陷和处理缺陷的能力。任何一种缺陷出现后可能有大量的信号出现，面对大量的信号信息我们如何能够快速、准确判断出什么元件存在缺陷等信号信息呢？为此本章仅以 110kV 线路保护的部分缺陷信息进行归结为例进行说明，其他缺陷信号信息可以参考此方法进行归结。

［**例 6-2**］ 重合闸未充电

信息含义：保护装置重合闸无法动作。

信息来源：线路保护装置。

信息类别：预告信号。

关联信息：重合闸充电指示为未充电状态。

产生原因：断路器合上后，重合闸检测到跳位开入、闭锁重合闸开入、装置长期启动、压力闭锁重合闸任一条件时均不充电。

处理原则：①检查保护装置告警信息及运行情况；②检查保护装置重合闸充电指示；③根据检查情况，由相关专业人员进行处理。

［**例 6-3**］ TA 断线告警

信息含义：保护装置检测到电流互感器二次电流回路开路等。

信息来源：线路保护装置。

信息类别：预告信号。

关联信息：①装置告警；②保护装置“告警”灯亮。

产生原因：①电流互感器本体故障；②电流互感器二次回路断线（含端子松动、接触不良）或短路；③保护装置采样回路存在缺陷。

处理原则：①检查保护装置告警信息及运行情况。密切留意后续的预告或动作信号，如有异常现象，现场检查人员迅速撤离；②退出可能误动的保护和自动装置，查找故障时应采取安全措施，防止高压伤人；③检查故障电流互感器是否有异常、异声、异味，及电流互感器二次电流回路有无烧蚀；④确有上述情况，应将电流互感器退出运行。

［**例 6-4**］ TV 断线告警

信息含义：线路保护母线电压值达到断线告警值。

信息来源：线路保护装置。

信息类别：预告信号。

关联信息：①装置告警；②保护装置“告警”灯亮。

产生原因：①母线电压互感器本体故障；②母线电压互感器熔断器熔断或空气开关跳闸，电压互感器二次回路断线（含端子松动、接触不良）或短路；③母线电压切换回路或电压并列回路故障。

处理原则：①检查保护装置告警信息及运行情况。密切留意后续的预告或动作信号，如有异常现象，现场检查人员迅速撤离；②退出可能误动的保护和自动装置；③检查故障电压互感器的熔断器是否熔断或空气开关是否跳闸；④如母线电压互感器本体故障，隔离故障点后将电压互感器二次并列运行。

［**例 6-5**］ 过负荷告警

信息含义：线路保护检测到负荷电流超过告警整定值。

信息来源：线路保护装置。

信息类别：预告信号。

关联信息：①装置告警；②保护装置“告警”灯亮。

产生原因：线路负荷增大，达到过负荷整定值。

处理原则：①检查保护装置告警信息及运行情况；②密切监视线路负荷情

况，及时转移负荷；③检查本线路断路器间隔设备有无异常，进行设备特巡和红外测温。

［**例 6-6**］ 纵联启动

信息含义：线路保护装置检测到电流突变。

信息来源：线路保护装置。

信息类别：预告信号。

关联信息：①距离启动、零序启动、保护启动；②保护装置“告警”灯亮。

产生原因：①负荷突变；②线路发生内部或外部故障。

处理原则：①检查保护装置告警信息及运行情况；②检查本线路断路器间隔设备有无异常。

［**例 6-7**］ 零序启动

信息含义：线路保护装置检测到零序电流升高。

信息来源：线路保护装置。

信息类别：预告信号。

关联信息：①纵联启动、零序启动、保护启动；②保护装置“告警”灯亮。

产生原因：①负荷突变；②线路发生内部或外部故障。

处理原则：①检查保护装置告警信息及运行情况；②检查本线路断路器间隔设备有无异常。

［**例 6-8**］ 装置参数错

信息含义：保护装置检测到设置的参数出错。

信息来源：线路保护装置。

信息类别：预告信号。

关联信息：装置告警。

产生原因：①装置参数设置不符合规定；② CPU（中央处理器）损坏。

处理原则：①检查保护装置告警信息及运行情况；②根据检查情况，由相关专业人员进行处理。

［**例 6-9**］ 通道纵联码错

信息含义：保护装置检测到通道接收的纵联码与定值中对侧纵联码不一致。

信息来源：线路保护装置。

信息类别：预告信号。

关联信息：装置告警。

产生原因：①通道接线交叉；②纵联码整定错误。

处理原则：①检查保护装置告警信息及运行情况；②根据检查情况，由相关专业人员进行处理。

［**例 6-10**］ 光纤通道故障

信息含义：保护装置检测到纵联通道无法正常交换。

信息来源：线路保护装置。

信息类别：预告信号。

关联信息：①装置告警；②光纤保护装置通道“告警”灯亮。

产生原因：光纤通道设备故障。

处理原则：①检测光纤保护通道状态量；②将相应光纤主保护改投信号方式。

［**例 6-11**］ 内部通信出错

信息含义：保护装置检测到内部元件之间通信出错。

信息来源：线路保护装置。

信息类别：预告信号。

关联信息：装置告警。

产生原因：保护装置内部 CPU（中央处理器）、管理板、采样板、开入（开出）模块之间通信异常。

处理原则：①检查保护装置告警信息及运行情况；②根据检查情况，由相关专业人员进行处理。

［**例 6-12**］ 模拟量采集错

信息含义：保护装置检测到模拟量采集系统出错。

信息来源：线路保护装置。

信息类别：预告信号。

关联信息：装置告警。

产生原因：①模拟量输入 / 输出回路异常；②数据采集系统各元件（A/D 模数转换器、采样保持器、转换断路器）故障。

处理原则：①检查保护装置告警信息及运行情况；②根据检查情况，由相关专业人员进行处理。

［**例 6-13**］ 定值自检错

信息含义：保护装置检测到保护定值出错。

信息来源：线路保护装置。

信息类别：预告信号。

关联信息：装置告警。

产生原因：①所选定值校验码错或定值指针错；② EEPROM（电可擦可编程只读存储器）芯片及其连线回路故障。

处理原则：①检查保护装置告警信息及运行情况；②根据检查情况，由相关专业人员进行处理。

［例 6-14］ 线路保护装置告警

信息含义：线路测控装置检测到线路保护装置告警信号。

信息来源：线路保护装置。

信息类别：预告信号。

关联信息：① TV 断线告警、控制回路断线；②保护装置“告警”灯亮。

产生原因：①电压互感器或电流互感器二次回路断线（含端子松动、接触不良）或短路；②跳、合位继电器故障；③保护程序出错，自检、巡检异常；④保护内部元件故障，如保护装置电源故障等。

处理原则：①检查保护装置各种灯光指示是否正常；②检查保护装置报文；③检查保护装置、电压互感器、电流互感器的二次回路有无明显异常；④据检查情况，由相关专业人员进行处理。

［例 6-15］ 智能站 GOOSE 断链信号

信息含义：公用测控装置检测到站内 GOOSE 网络有断链信号。

信息来源：保护装置、测控装置、交换机。

信息类别：预告信号。

关联信息：装置告警。

产生原因：①物理连接的光纤中断或光纤折损导致光衰过大；②发布方 / 订阅方的装置光口损坏；③过程层交换机光口损坏；④保护装置故障等。

处理原则：GOOSE 中断遵循着“谁接收、谁监视”的原则，GOOSE 中断异常信号的发出，是以订阅方装置的判别作为依据。

本章思考题

（1）二次控制回路缺陷主要原因有哪些？

（2）二次回路的抗干扰措施有哪些？

（3）造成 TA 回路开路的原因主要有哪些？

（4）写出 TA 回路缺陷处理注意事项。

（5）TV 回路缺陷形成原因有哪些？

（6）直流回路接地缺陷的原因有哪些？

（7）保护装置缺陷的原因有哪些？

（8）写出直流接地缺陷处理的步骤。

（9）简述一下智能站“模采网跳”的含义。

（10）某智能站 110kV 线路保护装置“发”的 GOOSE 光纤断链，后台会收到哪些报警信号？

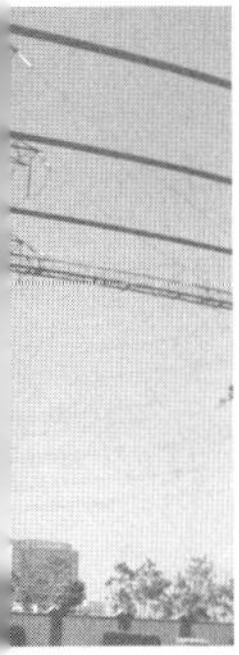

7

继电保护动作录波图识别

7.1 概　　述

随着社会经济的不断发展，各方对供电可靠性要求越来越高。特别是《电力安全事故应急处置和调查处理条例》（即国务院第 599 号令）的颁布实施，对供电企业的事故（事件）预防、信息上报、事故（事件）快速判断和处理都提出了更高的要求。在事故（事件）处理中关键的一个环节就是根据故障录波信息获取故障过程中电流、电压幅值和相位、故障性质、故障的持续时间以及保护元件、断路器的动作时间等信息，从而准确、快速作出判断，为事故处理工作提供参考。因此，读懂故障录波图是继电保护人员必须掌握的一项基本技能。通过本章学习，可有效帮助现场继电保护人员快速掌握电力系统故障波形图识别和分析方法。

目前，不同厂家的保护故障波形图格式不尽相同，但不论如何变化，保护或是故障录波器都是利用故障特征明显的电气量作为启动元件，常用的有电流、电压突变量启动，电流、电压越限启动，频率变化量启动及开关量启动等。保护或故障录波器采集的数据主要有两种类型，一类为电流、电压等模拟量信号；另一类为开关量变位等数字信号，采集到的数据一般不做滤波处理，以尽可能完整、真实地记录故障信息。标准的录波图一般分为故障前一段时间、故障的全过程及故障后一段时间三个时段，每个时段都应完整记录当前的电流、电压波形及开关量变位情况，且这些信息均采用同一时标绘制并可进行打印。

7.2 线路故障保护动作录波图识别

电力系统中电力线路可能发生多种类型的故障，如单相接地故障、单相断线故障、两相接地故障、两相断线故障、两相或三相短路故障等，其中单相接地故障发生概率最高。因此，本章以110kV线路单相接地故障为例讲解保护动作波形图识别方法，如图7-1所示，该方法同样适用于其他故障类型的录波图分析，区别在于故障电流、电压的变化特征。

某110kV线路区内单相接地故障录波图，如图7-2所示。该110kV线路配置了南京南瑞继保电气有限公司生产的RCS-941B高压线路保护，该保护配置有全线速动的纵联距离、纵联零序方向主保护及完善的距离保护、零序方向后备保护。

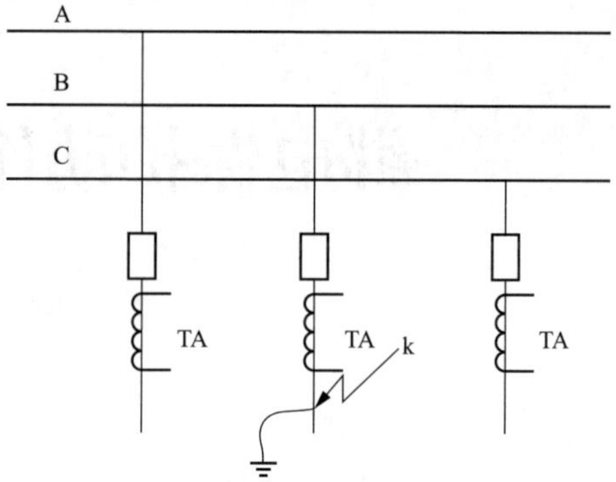

图7-1　110kV线路区内单相接地故障示意图

通过该故障录波图，可以获得以下信息：

1. 故障分析简报

故障分析简报是保护自动地对本次故障进行的简单分析汇总，包括：

（1）变电站及线路名称、装置地址。图7-2所示中，变电站为龙华站、线路名为龙华线，编号为1120、装置地址为009、管理序号为00040369、打印时间为10-05-19 14:31（2010年5月15日14时31分）。

（2）故障发生的启动绝对时间和动作相对时间、动作相别、动作元件以及序号。如图7-2所示中，故障发生的动作序号为017；绝对时间为2010-05-15 19:56:01:164（2010年5月15日19时56分01秒164毫秒）；各保护元件动作相对时间（即以保护启动时绝对时间为基准）为：

序号01：纵联零序方向元件在保护启动后15ms动作。

序号02：纵联距离元件在保护动作后23ms动作。

序号03：距离I段在保护动作后28ms动作。

序号04：重合闸元件在保护动作后923ms动作。

序号05：距离加速元件在保护动作后1240ms动作。

（3）测距、故障相别、故障相电流和零序电流。如图7-2所示，测距为2km、故障相别为B相、故障相电流有效值和零序电流有效值均为5A。

RCS-941B(V2.00)高压线路保护——动作报告

==

厂站名：龙华站 线路：1120 装置地址：009 管理序号：00040369 打印时间：10-05-19 14：31

动作序号	017	启动绝对时间	2010-05-15 19:45:01:164
序　号	动作相	动作相对时间	动　作　元　件
01		00015MS	纵联零序方向
02		00023MS	纵联距离动作
03		00028MS	距离Ⅰ段动作
04		00923MS	重合闸动作
05		01240MS	距离加速

故障测距结果	0002.0　km
故　障　相　别	B
故障相电流值	005.00　A
故障零序电流	005.04　A

启动时开入量状态

01	高频保护	:	1	16	Ⅱ母电压	:	0
02	距离保护	:	1	17	跳闸位置	:	0
03	零序保护Ⅰ段	:	1	18	合闸位置1	:	1
	⋮				⋮		

启动后变位报告

01	00007MS	收信　0->1	06	01108MS	收信　1->0
02	00032MS	合闸位置1　1->0	07	01224MS	收信　0->1
03	00076MS	跳闸位置　0->1	08	01257MS	合闸位置1　1->0
04	00938MS	跳闸位置　1->0	09	01301MS	跳闸位置　0->1
05	00989MS	合闸位置1　0->1	10		

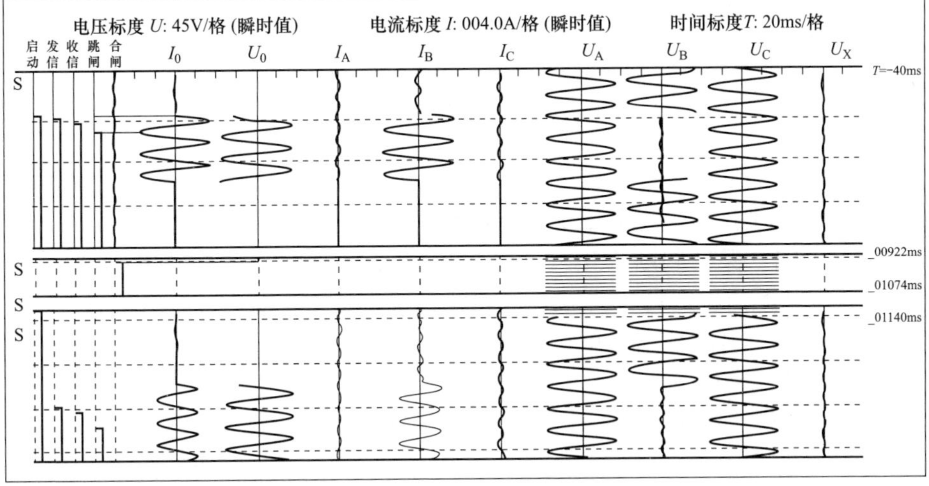

图 7-2　110kV 线路区内单相接地故障录波图

（4）启动时开入量状态。如图 7-2 所示，纵联距离、距离保护、零序保护 I 段等保护在启动时开入量状态为 1，表示相关保护功能压板均投入；跳闸位置状态为 0，合闸位置状态为 1，表示断路器在合闸位置。

（5）启动后变位报告状态。如图 7-2 所示，如保护启动后 7ms 收信由“0”变为“1”、32ms 合闸位置由 1 由“1”变为“0”、32ms 跳闸位置由“0”变为“1”、938ms 跳闸位置又由“1”变为“0”等。

2. 故障波形图信息

故障波形图即为整个故障过程中的各相电流、电压有效值变化曲线和开关量的变位情况。

（1）制定电流、电压、时间比例尺和单位。如图 7-2 所示，电压标度 U：45V/ 格（瞬时值）；电流标度 I：4A/ 格（瞬时值）；时间标度 T：20ms/ 格。

（2）故障波形图通道名称。如图 7-2 所示，包括了启动、发信、收信、跳闸、合闸共 5 个开关量通道及 9 个模拟量通道，其中 I_0 为零序电流（实际为 $3I_0$），U_0 为零序电压（实际为 $3U_0$），I_A、I_B、I_C 分别为 A、B、C 三相电流、U_A、U_B、U_C 分别为母线 A、B、C 三相电压，U_X 为线路 A 相抽取电压。

（3）右边时间纵坐标。如图 7-2 所示，录波图中均以故障发生保护启动时刻为 0ms 计时，后续保护动作时间均是相对于启动时刻的时间，如 T=−40ms 表示保护从启动前 40ms 开始记录数据。

在实际工程应用中，可能出现不同的故障或保护型号，各通道显示信息均有差异，具体分析时以动作报告为准。

下面读取图形信息：

（1）启动：B 相模拟通道采集到故障电流时，保护在 0ms 时启动，7s 后返回。

（2）发信：在保护启动 2～3ms 后发信，持续 1074ms 消失；1220ms 合闸于故障时再次发信。

（3）收信：在发信后 4～5ms 后保护收到对侧信号；保护此时判断为正方向区内故障（相对于本站母线）；1224ms 合闸于区内故障时再次收信。

（4）跳闸：保护判断为正方向区内故障后 15ms 动作出口跳断路器，持续 105ms 跳闸脉冲消失；1230ms 合闸于区内故障保护再次动作跳开断路器。

（5）合闸：当保护动作出口跳断路器后在 922ms 重合闸动作，持续 151ms 合闸脉冲消失。

（6）I_0：保护零序电流模拟通道；因发生 B 相接地故障，根据前文分析将出现零序电流分量直到故障被切除，持续约 60ms；1200ms 合闸于区内 B 相故障时，再次出现零序电流分量，持续约 60ms。

（7）U_0：保护零序电压模拟通道；因发生 B 相接地故障，根据前文分析将出现零序电压分量直到故障被切除，持续约 60ms；1200ms 合闸于区内 B 相故障时，再次出现零序电压分量，持续约 60ms。

（8）I_A、I_C：A、C 相电流模拟通道，基本为负荷电流，无故障电流存在。

（9）I_B：B 相电流模拟通道；因发生 B 相接地故障，0ms 启动时通道上有故障电流存在，持续 60ms 消失；1200ms 合闸于区内 B 相故障时，通道上又有故障电流存在，持续 60ms 消失。

（10）U_A、U_C：A、C 相电压模拟通道；因发生 B 相接地故障，A、C 电压在故障前后无变化。

（11）U_B：B 相电压模拟通道；因发生 B 相接地故障，故障期间 B 相电压明显降低；1200ms 合闸于区内 B 相故障时，B 相电压明显降低。

根据上面的故障波形图分析得知：第一个阶段 B 相采集到故障电流，15ms 后保护动作跳开断路器隔离故障，923ms 时重合动作将断路器合上；第二个阶段系统电流、电压恢复正常后持续 75ms；第三个阶段在 1200ms 合闸于区内 B 相，40ms 后保护动作再次跳开断路器且不再重合（保护动作复归后充电还需要 10～15s）。

3. 故障波形图中读取准确事件时间

保护装置根据开关量变位时刻给出了各事件发生的时间，有时并不十分准确：如断路器跳开或合上时间，一般取决于断路器辅助触点动作时间，但断路器辅助触点与主触头并不精确同步，会有一定时差。因此需要从波形图中直接读取各事件的相对时间，通常以电流或电压波形变化比较明显的时刻为基准，读取各事件发生的相对时间。因为电流变大和电压变小时可较准确判断为故障已发生；故障电流消失和电压恢复正常时可判断为故障已切除。以 110kV 线路单相接地故障时波形图为例说明读取准确事件时间的方法，如图 7-3 所示。

（1）故障持续时间：故障持续时间为从电流变大、电压降低开始到故障电流消失、电压恢复正常的时间，如图 7-3 所示的 A 段，故障持续时间为 60ms。

（2）保护动作时间：保护动作时间是从故障开始到保护出口的时间，即从电流变大、电压开始降低，到保护跳闸继电器动作的时间，如图 7-3 所示的 B 段，保护动作最快时间为 15ms。

（3）断路器跳闸时间：断路器跳闸时间是从跳闸继电器动作到故障电流消失的时间，如图 7-3 所示的 C 段，断路器跳闸时间为 45ms。

（4）保护返回时间：保护返回时间是指故障电流消失时刻到跳闸继电器返回的时间，如图 7-3 所示的 D 段，保护返回时间为 30ms。

（5）重合闸动作时间：重合闸动作时间是从故障消失开始计时到发出重合

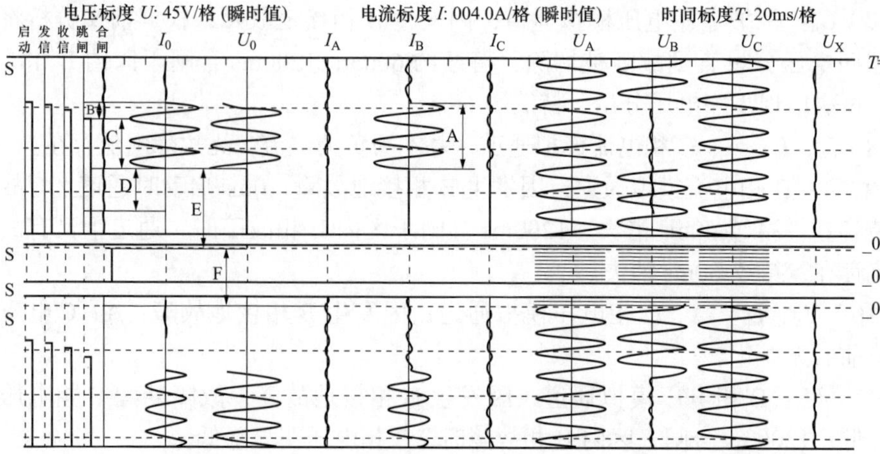

图 7-3　110kV 线路单相接地故障波形图中事件时间读取图

命令的时间，如图 7-3 所示的 E 段，图中重合闸动作时间为 862ms。

（6）断路器合闸时间：断路器合闸时间是从重合闸继电器动作到断路器合闸成功，出现负荷电流的时间，如图 7-3 所示的 F 段，断路器合闸时间为 218ms。

将各过程时间汇集在时间轴上，如图 7-4 所示。

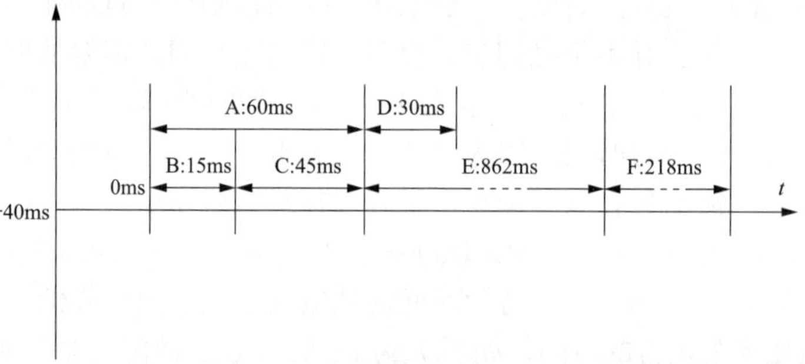

图 7-4　110kV 线路单相接地故障事件时间读取汇集图

4. 故障波形中电流、电压的幅值读取

根据故障波形图，可计算出故障期间电流、电压的幅值，如图 7-5 所示。B 相故障，B 相电流大幅增加，非故障 A、C 相电流在故障前后基本不变；B 相电压明显降低，非故障 A、C 相电压相位基本没有变化。

故障电流计算方法：如图 7-5 所示，先以 I_B 通道上的故障电流波形两边的最高波峰在刻度标尺上的位置，计算在标尺截取格数除以 2，乘以显示的“I:

4.0A/ 格”比率，除以 $\sqrt{2}$ 就得到二次电流有效值，再乘以该间隔的 TA 变比，即得到一次电流有效值。假设本间隔 TA 变比为 1200/1，则 B 相短路的一次电流：

$$I_{kB}=[(总格 \times 电流标度 I)/(2\sqrt{2})] \times 变比$$

$$=[(3.8\times4)/(2\sqrt{2})]\times1200/1=6450(A)$$

零序电流的计算方法与 I_{kB} 相同，需要说明的是实际计算出的是 $3I_0$。

故障电压计算方法：先以 U_B 通道上存在的故障电压波形两边的最低波峰在度标尺上的位置，计算出两边最低波峰之间截取的标尺格数除以 2，乘以在图 7-5 中显示的“U：45V/ 格”比率，再除以 $\sqrt{2}$ 就得到二次电压有效值，再乘以该间隔母线 TV 的变比，即得到一次电压有效值。假设本间隔 TV 变比为 1100/1。则 B 相短路的一次电压：

$$U_{kB}=[(总格 \times 电压标度 I)/(2\sqrt{2})] \times 变比$$

$$=[(2\times45)/(2\sqrt{2})]\times1100/1=35(kV)$$

零序电压的计算方法与 U_{kB} 相同，需要说明的是实际计算出的是 $3U_0$。

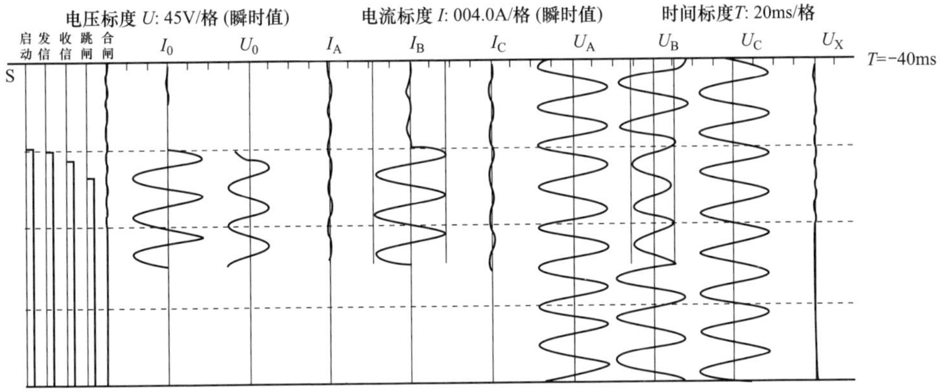

图 7-5　110kV 线路单相接地故障电流、电压的幅值读取图

5. 故障波形图中电流、电压相位的读取

通过测量故障相波形图，如图 7-6 所示。图中电流、电压波形过零点的时间差可测量故障期间故障相电压、相电流及零序电压、零序电流的相位，结合前文理论分析，判断保护是否正确动作。

若电流过零时间滞后于电压过零时间，则电流滞后电压；反之则电压超前电流。图 7-6 中的 B 相电流过零点滞后 B 相电压过零点约 4ms，相当于 B 相电流滞后 B 相电压约 18° ×4=72°，由此可以判断故障发生在正方向（相对于本

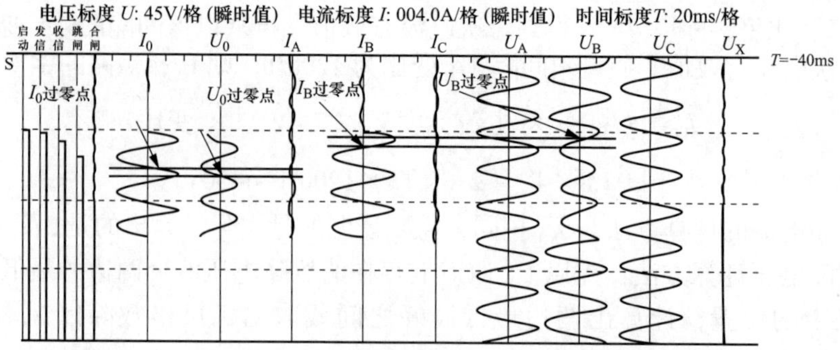

图 7-6 110kV 线路单相接地故障电流、电压的相位读取图

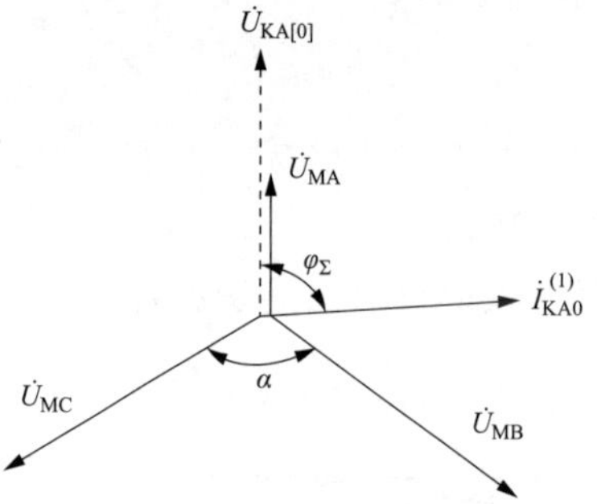

图 7-7 110kV 线路正向单相接地故障电流、电压的相量关系图

站母线），且金属性接地故障。若实测相电流超前相电压 110° 左右，则表明是反向故障，相量图如图 7-7 所示。

同理，零序电流 I_0 过零点超前零序电压 U_0 过零点大约 5ms，相当于超前角 100°，由此可以判断故障发生在正方向（相对于本站母线）。若实测零序电流 I_0 滞后零序电压 U_0 约 80°，则是反向故障，相量图如图 7-8 所示。

6. 正向区内瞬时故障信息快速获取

正向区内故障波形图，如图 7-9 所示。图中可以看出：区内瞬时性故障后，B 相相电压明显降低，保护 2～3m 发信，8～9ms 收信，保护判断为区内发生 B 相故障，发出跳闸指令，最快相对时间为 15ms 断路器跳开，在 922ms 时保护发出合闸指令，断路器重合闸成功。电流、电压恢复正常。也可以用故障波形图中读取电流、电压相位去判断正向区内故障。

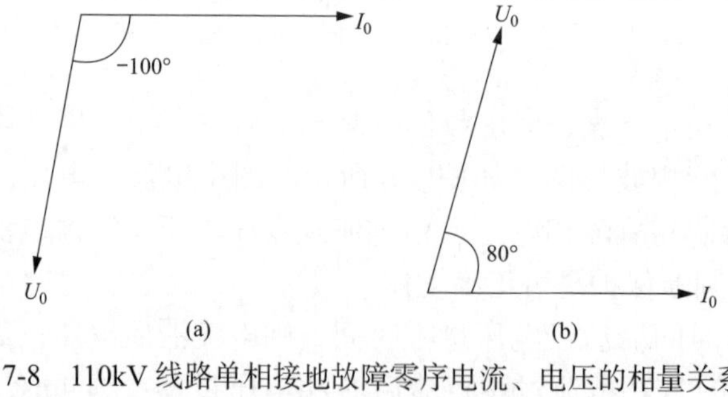

图 7-8 110kV 线路单相接地故障零序电流、电压的相量关系图

（a）正向故障时零序电流电压相位关系；（b）反向故障时零序电流电压相位关系

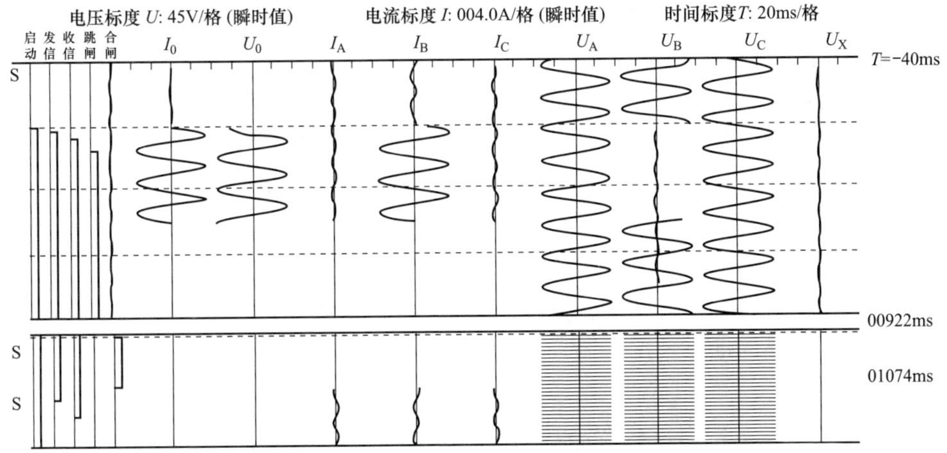

图 7-9　正向区内瞬时故障信息快速获取波形图

7. 正向区内永久故障信息快速获取

正向区内永久故障信息快速获取波形图如图 7-10 所示。由图 7-10 可以看出，该线路区内瞬时性故障后，B 相电压明显降低，保护 2～3m 发信，8～9ms 收信，保护判断为区内发生 B 相故障，发出跳闸指令，最快相对时间为 15ms 断路器跳开，在 922ms 时保护发出合闸指令，断路器重合闸成功。重合到故障的线路，保护立即又发生第二次故障，断路器跳开三相，未合闸成功（重闸未充电）。同样可以根据故障波形图读取电流、电压相对相位关系判断是否为正向区内故障。

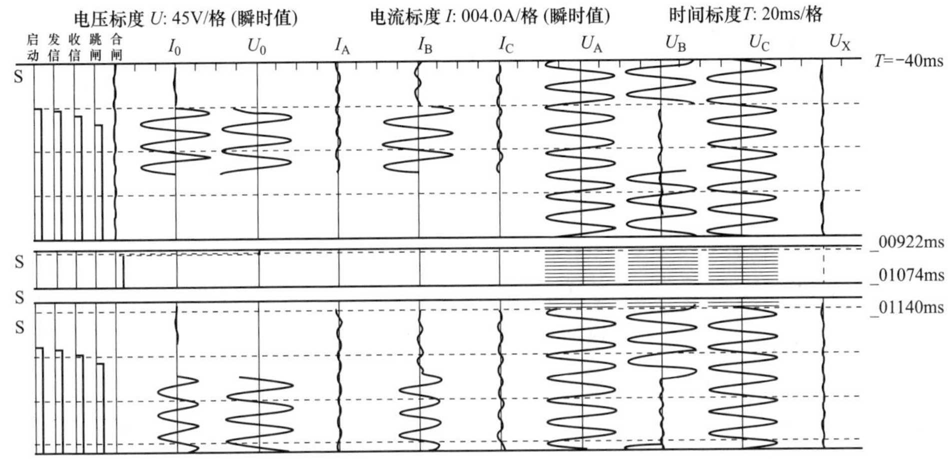

图 7-10　正向区内永久故障信息快速获取波形图

上述仅以线路区内B相单相接地故障保护动作故障波形识别为例说明，A、C相识别方法类似。

综上所述，归纳单相接地故障时电流、电压量、开关量特征如下：

（1）故障相电流增大、电压降低；同时出现零序电压、零序电流。

（2）故障相电压超前故障相电流约70°；零序电流超前零序电压约110°。

（3）零序电流相位与故障相电流相位相同，零序电压相位与故障相电压相位相反。

（4）保护开关量变为相别与故障相别一致，保护启动、跳闸、重合闸、通道交换信息与保护动作情况一致。

7.3 母线故障保护动作录波图识别

母线是发电厂和变电站重要组成部分之一。母线又称汇流排，是汇集电能及分配电能的重要设备。母线上连接有变压器、出线、电压互感器及电流互感器等多种元件。运行实践表明：在众多连接元件中，由于绝缘老化，污秽引起的闪络接地故障和雷击造成的短路故障次数较多；母线电压互感器、电流互感器的故障，运行人员带负荷拉隔离开关，带接地线合断路器的误操作事故也时有发生。在实际生产运行中母线故障主要以单相接地故障为主，相间短路故障也时有发生。对于母线保护而言区分区内、区外故障尤其重要。本节以单相接地故障为例讲解母线区内、区外故障时保护动作录波形图识别方法，其他短路故障分析同理，区别在于故障电流、电压的变化特征。以南京南瑞继保电气有限公司生产的RCS-915系列母差保护为例。

7.3.1 ⅠM母线区内单相故障保护动作分析

ⅠM母线区内单相故障示意图如图7-11所示。以某双母线接线变电站的ⅠM母线A相接地为例讲解母线故障时录波图的识别方法。

ⅠM母线区内A相故障录波图，如图7-12所示。

通过该故障录波图，可以获得以下信息：

1. 开关量通道

由故障波形图可知：开关量1（代表母差跳ⅠM）在故障发生3～5ms后有突变，即工频变化量差动保护跳ⅠM上的所有间隔（含母联和分段）；开关量5、6（分别代表母差跳分段和母联1）在故障发生20ms后有突变，即稳态量差动保护动作跳ⅠM及母联1和分段。上述开关量变位说明保护有动作出口现象。

2. 差动量通道

在母差保护的大差DIA的A相通道中有突变差流存在并持续60ms；同时

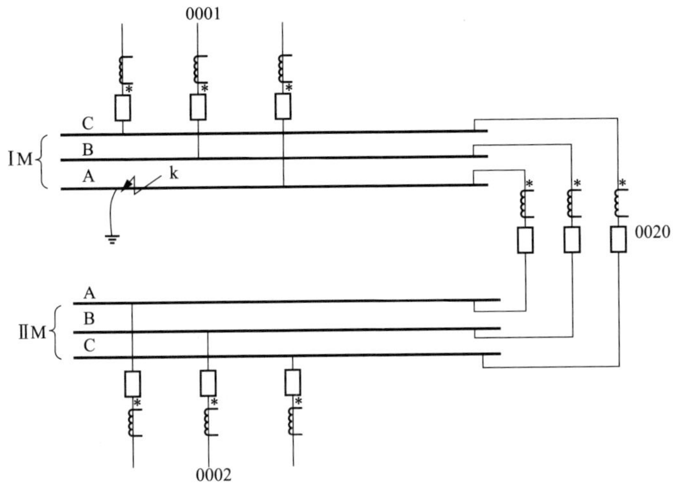

图 7-11　ⅠM 母线区内单相故障示意图

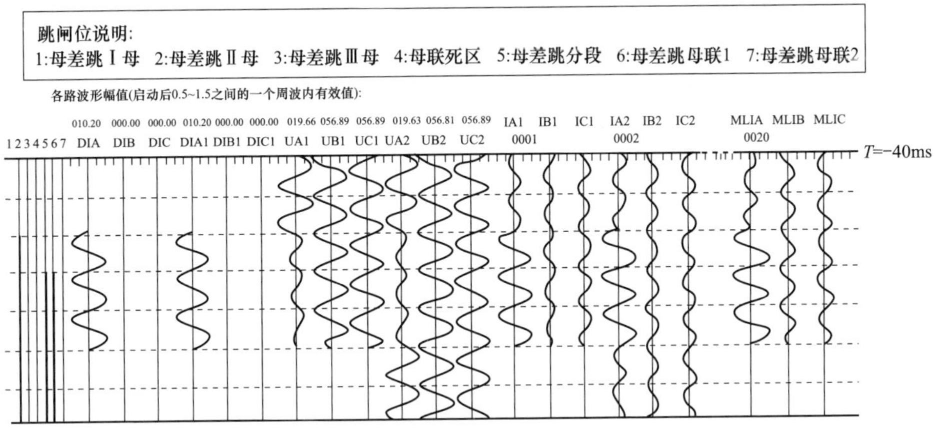

图 7-12　ⅠM 母线区内 A 相故障录波示意图

在母差保护的ⅠM 小差 DIA1 的 A 相通道中有突变差流存在并持续 60ms，并与 DIA 大差 A 相通道中的突变电流相位相同。以上说明故障时母差保护大差元件和ⅠM 小差元件均感受到电流，满足母差保护动作条件：母差保护大、小差元件动作。

3. 电压通道

在 UA1 通道中在出现突变量差流时存在明显的压降，UB1、UC1 整个过程中未出现变化，持续 60ms 后全部消失；同时在 UA2 通道中在出现突变量差流时也存在明显的压降，UB2、UC2 整个过程中未出现变化，但 UA2、UB2、

UC2 持续 60ms 后恢复正常。以上情况说明系统中确实发生了 A 相接地故障，故障相电压明显降低，母差保护复压闭锁条件开放。

4. 电流通道

（1）在 0001 间隔 A 相通道中存在出现突变电流，并且方向没有变化，B、C 相通道中大小和方向均未发生变化，持续 60ms 后全部消失。

（2）在 0002 间隔 A 相通道中存在出现突变电流，并且方向在突变时发生变化（反相 180°），B、C 相通道中大小和方向均未发生变化，持续 60ms 后全部恢复正常。

（3）在 0020 间隔 A 相通道中存在出现突变电流，并且方向在突变时发生变化（反相 180°），B、C 相通道中大小和方向均未发生变化，持续 60ms 后全部消失。

从（1）（2）中看出故障时电流方向相同，均流向故障点，方向相同进一步说明故障为区内故障。再结合（3）可以看出故障前负荷电流从ⅠM 母线流向ⅡM 母线。

结合开关量通道、差动量通道、电压通道、电流通道综合分析得知本次故障为ⅠM 母线区内 A 相故障，故障持续时间为 60ms，保护正确动作。

7.3.2 ⅡM 母线区内单相故障保护动作分析

ⅡM 母线区内单相故障示意图如图 7-13 所示。以某母线的ⅡM A 相接地为例讲解母线故障时录波图的识别方法。

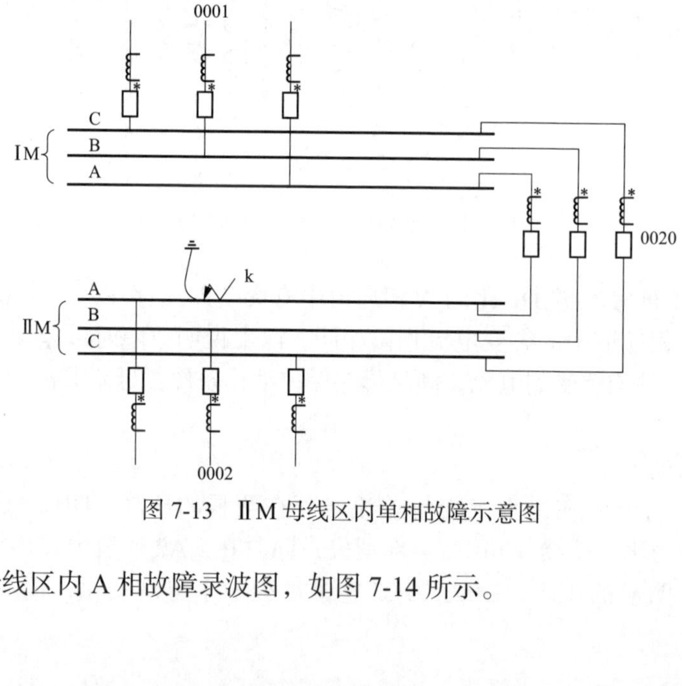

图 7-13 ⅡM 母线区内单相故障示意图

ⅡM 母线区内 A 相故障录波图，如图 7-14 所示。

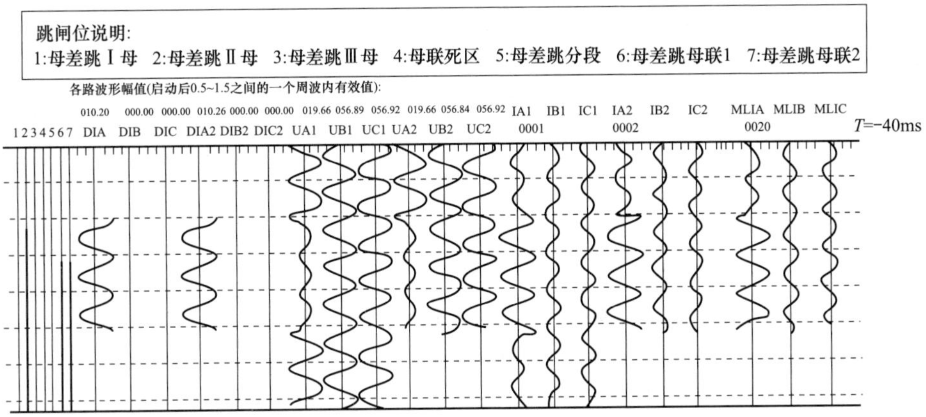

图 7-14 ⅡM 母线区内 A 相故障录波示意图波形图中读取图

通过该故障录波图，可以获得以下信息：

1. 开关量通道

从保护故障波形图得知，开关量 2（代表母差跳ⅡM）在故障发生 3～5ms 后有突变，即工频变化量差动保护跳ⅡM 上的所有间隔（含母联和分段）；开关量 6、7（分别代表母差跳分段和母联 2）在故障发生 20ms 后有突变，即稳态量差动保护动作跳ⅡM、母联 2 及分段。上述开关量变位说明保护有动作出口现象。

2. 差动量通道

在母差保护的大差 DIA 的 A 相通道中有突变差流存在并持续 60ms；同时在母差保护的ⅡM 小差 DIA2 的 A 相通道中有突变差流存在并持续 60ms，并与 DIA 大差 A 相通道中的突变电流方向相同。以上说明故障时母差保护大差元件和ⅡM 小差元件均感受到电流，满足母差保护动作条件：母差保护大、小差元件动作。

3. 电压通道

在 UA1 通道中在出现突变量差流时存在明显的压降，UB1、UC1 整个过程中未出现变化，持续 60ms 后恢复正常；同时在 UA2 通道中在出现突变量差流时也存在明显的压降，UB2、UC2 整个过程中未出现变化，但 UA2、UB2、UC2 持续 60ms 后全部消失。以上情况说明系统中确实发生了 A 相接地故障，故障相电压明显降低，母差保护复压闭锁条件开放。

4. 电流通道

（1）在 0001 间隔 A 相通道中存在出现突变电流，并且方向没有变化，B、C 相通道中大小和方向均未发生变化，持续 60ms 后全部恢复正常。

（2）在 0002 间隔 A 相通道中存在出现突变电流，并且方向在突变时发生变化（反相 180°），B、C 相通道中大小和方向均未发生变化，持续 60ms 后全部消失。

（3）在 0020 间隔 A 相通道中存在出现突变电流，并且方向在突变时未发生变化，B、C 相通道中大小和方向均未发生变化，持续 60ms 后全部消失。

从（1）（2）中看出故障时电流方向相同，均流向故障点，方向相同进一步说明故障为区内故障。再结合（3）可以看出故障前负荷电流从ⅠM 母线流向ⅡM 母线。

结合开关量通道、差动量通道、电压通道、电流通道综合分析得知本次故障为ⅡM 母线区内 A 相故障，故障持续时间为 60ms。属于正确动作。

7.3.3 母线区外单相故障保护误动分析

以ⅡM 母线区外故障 A 相为例分析，如图 7-15 所示。

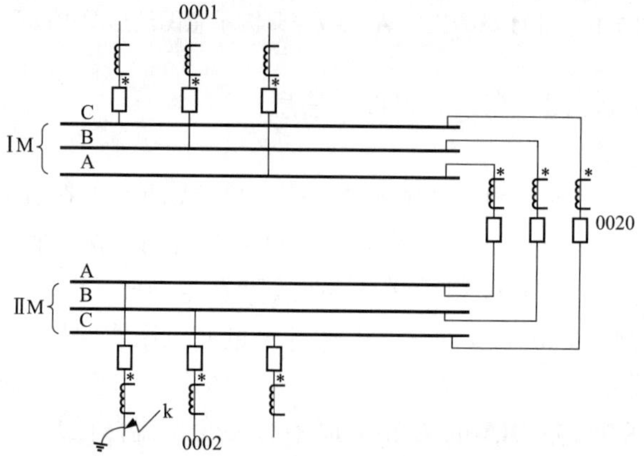

图 7-15　ⅡM 母线区外单相故障示意图

ⅡM 母线区外 A 相故障录波图，如图 7-16 所示。

录波图可得以下信息：

1. 开关量通道

从保护故障波形图得知，开关量 2（代表母差跳ⅡM）在故障发生 3～5ms 后有突变，即工频变化量差动保护跳ⅡM 上的所有间隔（含母联和分段）；开关量 6、7（分别代表母差跳分段和母联 2）在故障发生 20ms 后有突变，即稳态量差动保护动作跳ⅡM、母联 2 及分段。上述开关量变位说明保护有动作出口现象。

2. 差动量通道

在母差保护的大差 DIA 的 A 相通道中有突变差流存在并持续 60ms；同时在母差保护的ⅡM 小差 DIA2 的 A 相通道中有突变差流存在并持续 60ms，并与 DIA 大差 A 相通道中的突变电流方向相同。以上说明故障时母差保护大差元件和ⅡM 小差元件均感受到电流，满足母差保护动作条件：母差保护大、小差元件动作。

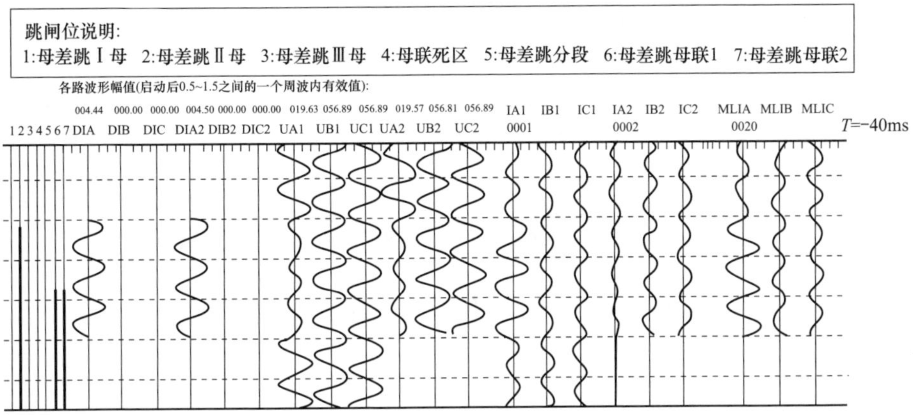

图 7-16 ⅡM 母线区外 A 相故障录波示意图

3. 电压通道

在 UA1 通道中在出现突变量差流时存在明显的压降，UB1、UC1 整个过程中未出现变化，持续 60ms 后恢复正常；同时在 UA2 通道中在出现突变量差流时也存在明显的压降，UB2、UC2 整个过程中未出现变化，但 UA2、UB2、UC2 持续 60ms 后全部消失。以上情况说明系统中确实发生了 A 相接地故障，故障相电压明显降低，母差保护复压闭锁条件开放。

4. 电流通道

（1）在 0001 间隔 A 相通道中存在出现突变电流，并且方向没有变化，B、C 相通道中大小和方向均未发生变化，持续 60ms 后全部恢复正常。

（2）在 0002 间隔 A 相通道中存在出现突变电流，并且方向在突变时未发生变化，但该通道上的电流大小存在明显降小，B、C 相通道中大小和方向均未发生变化，持续 60ms 后全部消失。

（3）在 0020 间隔 A 相通道中存在出现突变电流，并且方向在突变时未发生变化，B、C 相通道中大小和方向均未发生变化，持续 60ms 后全部消失。

从（1）（2）中看出故障时电流方向相反，说明一条支路电流流进母线，另一条支路电流流出母线，二者方向相反，说明发生了区外故障，区外故障母差保护动作原因是 0002 间隔电流突变减小（如该间隔 TA 二次电缆芯线破损导致多点接地，如图 7-17 所示）。两者不平衡产生差流，在有电压开放的条件下保护动作出口。再

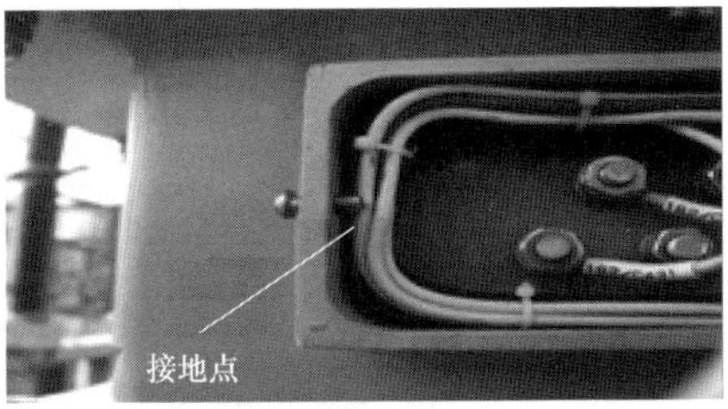

图 7-17　TA 二次电缆芯线破损示意图波形图中读取图

结合（3）可以看出故障前负荷电流从ⅠM 母线流向ⅡM 母线。

结合开关量通道、差动量通道、电压通道、电流通道综合分析得知本次故障为ⅡM 母线区外 A 相故障，故障持续时间为 60ms，保护属于误动作。ⅠM 母线区外故障分析方法与上述分析方法相似，此处不再阐述。

7.4 主变压器故障保护动作录波图识别

变压器是将不同电压等级的系统联系起来的电压转换设备，是电力系统中的一个重要电气设备。它的功能是把一种电压等级的电能转换为另一种电压等级的电能。变压器是依据电磁感应原理工作的，其主要组成部分是铁芯和绕组。变压器的故障可分为内部故障和外部故障。内部故障是指箱壳内部发生的故障，如绕组相间、匝间短路，绕组与铁芯间的短路等。外部故障是指箱壳外部引出线间的各种相间和接地短路故障。针对这些故障，电力系统中运行的变压器均装设了能灵敏反映油箱内部故障的非电量保护和主要反映绕组相间及接地短路、短路匝数较多的匝间短路等故障的纵差保护（含比率制动差动保护、差动速断保护等）。

7.4.1 主变压器保护区内单相故障

主变压器区内故障示意图如图 7-18 所示。某 220kV 变压器发生区内 A 相接地短路，其故障录波图，如图 7-19 所示。

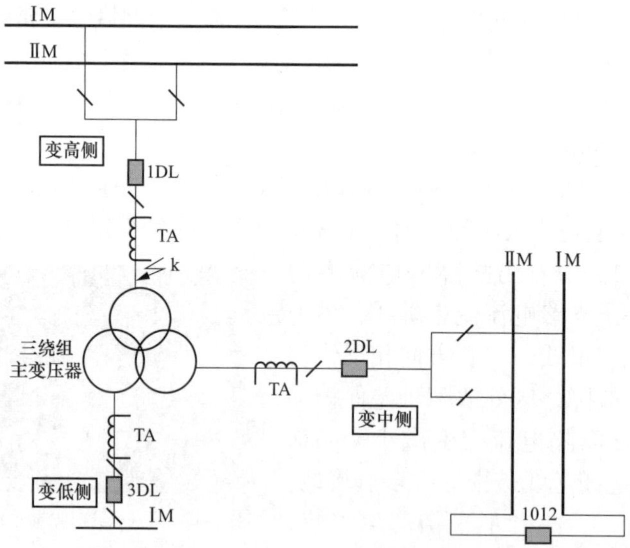

图 7-18 主变压器区内故障示意图

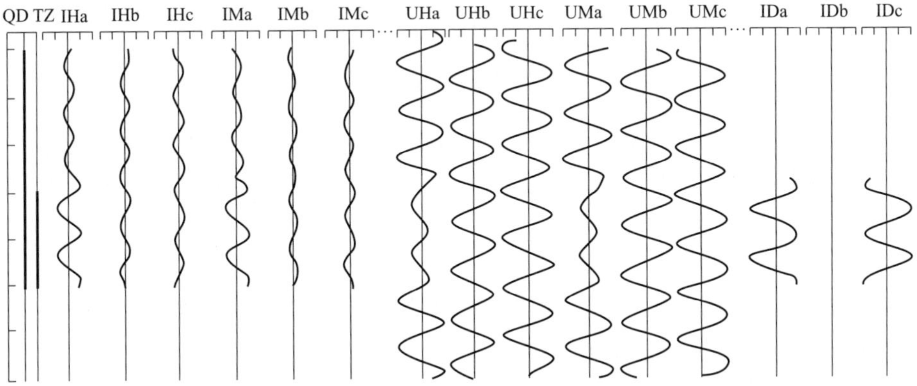

图 7-19　主变压器区内 A 相故障录波示意图

图 7-19 可得以下信息：

1. 开关量通道

开关量 QD 在故障发生 60ms 前有突变，即为保护启动有开出；开关量 TZ 在故障发生 4～5ms 后有突变，即为保护动作开出，说明保护有动作出口现象，最后均消失。

2. 差动量通道

在 DIa 大差 A 相通道中有突变差流存在并持续 43ms；同时在 DIc 大差 C 相通道中的突变差流存在也持续 43ms，并与 DIa 大差 A 相通道中的突变电流方向相反。由于该主变压器差动保护采用Y→△的方式进行相位调整，对 Y 侧电流而言存在以下关系：

$$\dot{I}_{AH}=(\dot{I}_{ah}-\dot{I}_{bh})$$
$$\dot{I}_{BH}=(\dot{I}_{bh}-\dot{I}_{ch})$$
$$\dot{I}_{CH}=(\dot{I}_{ch}-\dot{I}_{ah})$$

式中　$\dot{I}_{AH}$、$\dot{I}_{BH}$、$\dot{I}_{CH}$——高压侧折算到低压侧后的用于差动电流计算的 A、B、C 相电流；

$\dot{I}_{ah}$、$\dot{I}_{bh}$、$\dot{I}_{ch}$——高压侧 A、B、C 相电流。

因此，当高压侧区内发生 A 相接地短路时，$\dot{I}_{AH}=\dot{I}_{ah}$，$\dot{I}_{CH}=-\dot{I}_{ah}$，即 A 相和 C 相均有差流，且相位相反。

3. 电压通道

在 UHa 通道中在出现突变量差流时存在明显的压降，持续 43ms 后恢复正常，在 UHb、UHc 整个过程中未出现变化，说明系统发生 A 相故障，故障时间持续 43ms 左右。同时在 UMa 通道中在出现突变量差流时也存在明显的压降，持续 43ms 后恢复正常，UMb、UMc 整个过程中未出现变化，说明系统发生 A 相故障，故障时间持续 43ms。

4. 电流通道

（1）在ⅠHa 变高侧 A 相通道中存在出现突变电流，并且方向没有变化，持续 43ms 后全部消失，B、C 相通道中大小和方向均未发生变化也在 A 相时同时消失，变高侧断路器三相跳开。

（2）在ⅠMa 变中侧 A 相通道中存在出现突变电流，并且方向存在有变化，与故障前比较方向反向；与ⅠHa 变高侧 A 相通道出现突变电流后的方向相同，持续 43ms 后全部消失，B、C 相通道中大小和方向均未发生变化也在 A 相时同时消失，变中侧断路器三相跳开。

从（1）（2）中看出故障前变高和变中电流方向相同；故障后故障电流均流向故障点，进一步证明故障为区内故障，均由极性端流向非极性端（TA 极性均靠母线侧）。

结合开关量通道、差动量通道、电压通道、电流通道综合分析得知本次故障为主变压器保护区内 A 相故障，故障持续时间为 43ms，主变压器保护装置正确动作。

7.4.2 主变压器保护区外单相故障

主变压器区外 A 相接地短路示意图如图 7-20 所示。某 220kV 变压器发生区外 A 相接地短路，其故障波形图。主变压器区外 A 相故障录波示意图如图 7-21 所示。

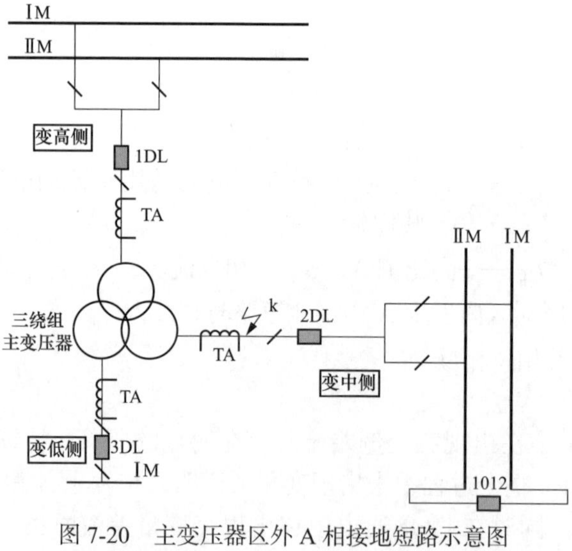

图 7-20 主变压器区外 A 相接地短路示意图

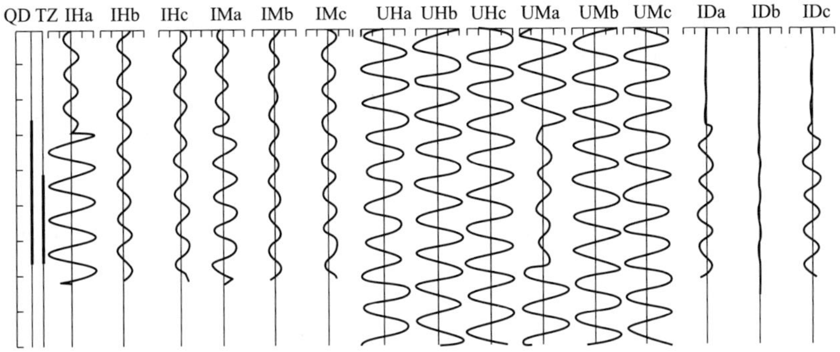

图 7-21　主变压器区外 A 相故障录波示意图

图 7-20 可得以下信息：

1. 开关量通道

在保护故障波形图得知，开关量 QD 在故障发生时有突变，即为保护启动有开出；开关量 TZ 在故障发生 35ms 后有突变，即为保护动作开出，说明保护有动作出口现象，最后均消失。

2. 差动量通道

在 DIa 大差 A 相通道中有突变差流存在并持续 85ms；同时在 DIc 大差 C 相通道中的突变差流存在也持续 85ms，并与 DIa 大差 A 相通道中的突变电流方向相反（原因同前文所述，即差动保护采用Y→△方式调整相位产生的差流）。

3. 电压通道

在 UHa 通道中在出现突变量差流时存在明显的压降，持续 85ms 后恢复正常，而 UHb、UHc 在整个过程中未出现变化，说明系统发生 A 相故障，故障时间持续 85ms 左右。同时在 UMa 通道中在出现突变量差流时也存在明显的压降，持续 85ms 后恢复正常，UMb、UMc 整个过程中未出现变化，说明系统发生 A 相故障，故障时间持续 85ms。

4. 电流通道

（1）在 IHa 变高侧 A 相通道中存在出现突变电流，并且电流方向与故障前负荷电流方向相反，持续 85ms 后全部消失；B、C 相通道中电流大小和方向均未发生变化，与 A 相电流同时消失。

（2）在 IMa 变中侧 A 相通道中存在出现突变电流，并且方向无变化，与故障前负荷电流方向相同；与 IHa 变高侧 A 相通道的突变电流方向相反，持续 85ms 后全部消失，B、C 相通道中大小和方向均未发生变化，与 A 相电流同时消失。

在 TA 极性均靠母线前提下，从第 a、b 点中看出故障前变高和变中负荷电流方向相反，由高压侧流入主变压器，中压侧流出母线；故障时电流由高压侧流入主变压器，由中压侧流出主变压器，最终流向故障点，说明故障为区外故障，但中压侧 A 相电流明显偏小，引起两侧电流不平衡产生差流，造成该主变压器差动保护区外故障时误动。中压侧 A 相电流偏小的原因可能有 TA 二次回路存在多点接地，TA 饱和等。

总结：结合开关量通道、差动量通道、电压通道、电流通道综合分析得知本次故障为主变压器保护区外 A 相故障，故障持续时间为 85ms，主变压器保护装置误动作。

7.5 电力系统常见非正弦电气波形图识别

7.5.1 电流互感器饱和波形

电力系统的容量日益增大，短路电流和一次系统时间常数也随之增大。故障时幅值很大的短路电流及其中的非周期分量可能使电流互感器的铁芯呈现不同程度的饱和。在铁芯深度饱和的情况下电流互感器的二次电流波形会严重失真（电流波形和相位畸变），进而影响继电保护装置的动作行为，造成保护不正确动作，必须采取措施防止保护装置在电流互感器铁芯饱和时不正确动作。互感器饱和波形示意图如图 7-22 所示。

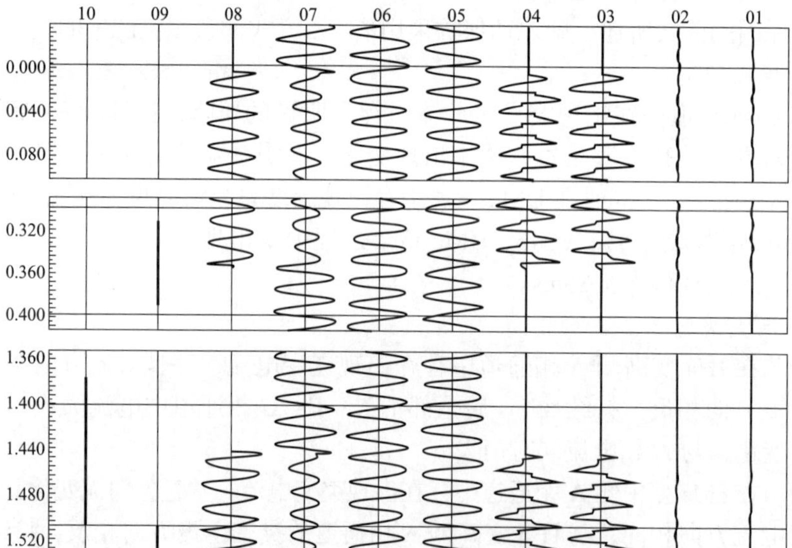

图 7-22　互感器饱和波形示意图

注：图中横坐标 01-10 分别是 I_A、I_B、I_C、V_A、V_B、V_C、T_Z、H_Z。

图 7-22 所示故障波形可得以下信息：

——I_A、I_B 电流通道没有发生电流突变；随故障发生将断路器切除而消失。

——I_C 电流通道在 0ms 时发生突变变大，发生的电流突变波形严重失真畸变，故障持续大约 350ms 后将随断路器切除而消失；在 1440ms 时又发生突变变大，发生的电流突变波形严重失真畸变，故障持续大约 90ms 后将随断路器切除而消失。

——I_0 电流通道在 0ms 时发生突变变大，发生的电流突变波形严重失真畸变，故障持续大约 350ms 后将随断路器切除而消失。

——在 1440ms 时又发生突变变大，发生的电流突变波形严重失真畸变，故障持续大约 90ms 后将随断路器切除而消失，方向与 I_C 电流通道上电流突变波形大致相同，如图 7-23 所示。

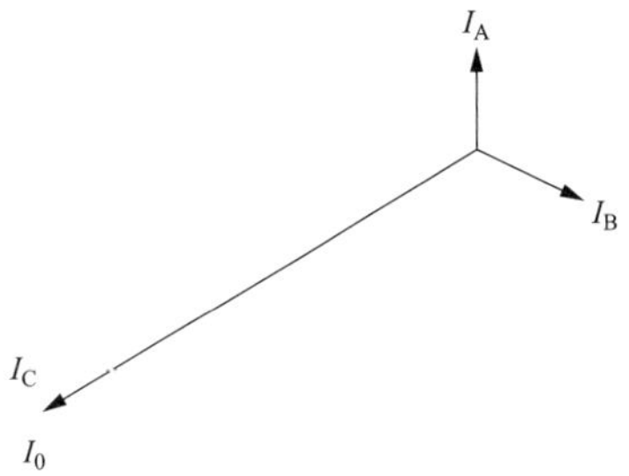

图 7-23　I_0 与 I_C 电流相量同向示意图

——U_A、U_B 电压通道没有发生电压突变。

——U_C 电压通道在 0ms 发生电压突变变小，持续大约 350ms 后将随断路器切除而恢复正常；在 1440ms 又发生电压突变变小，持续大约 90ms 后将随断路器切除而恢复正常。

——U_0 电压通道在 0ms 发生电压突变变大，持续大约 350ms 后将随断路器切除而消失。

——在 1440ms 又发生电压突变变大，持续大约 90ms 后将随断路器切除而消失。

——T_Z 通道大约在 318ms 发生跳闸脉冲，持续大约 60ms 而消失。大约又在 1500ms 发生跳闸脉冲，持续大约 55ms 而消失。

——H_Z 通道大约在 380ms 发生合闸脉冲，持续大约 60ms 而消失。大约又在 1500ms 发生跳闸脉冲，持续大约 180ms 而消失。

通过上述分析，本次故障是转换性的永久故障，其主要特点是电流突变波形严重失真畸变。

7.5.2　电力变压器励磁涌流

对空载变压器进行充电时，将在变压器的送电侧出现励磁涌流，励磁涌流是变压器铁芯饱和造成的，励磁涌流的大小及偏离时间轴的方向，与变压器铁芯材料、送电瞬间电压的相位以及变压器剩磁的大小和方向有关。

同一台变压器在不同的合闸角下会产生不同励磁涌流波形，图 7-24～图 7-27 为某 220kV 主变压器三次送电时的励磁涌流波形图。

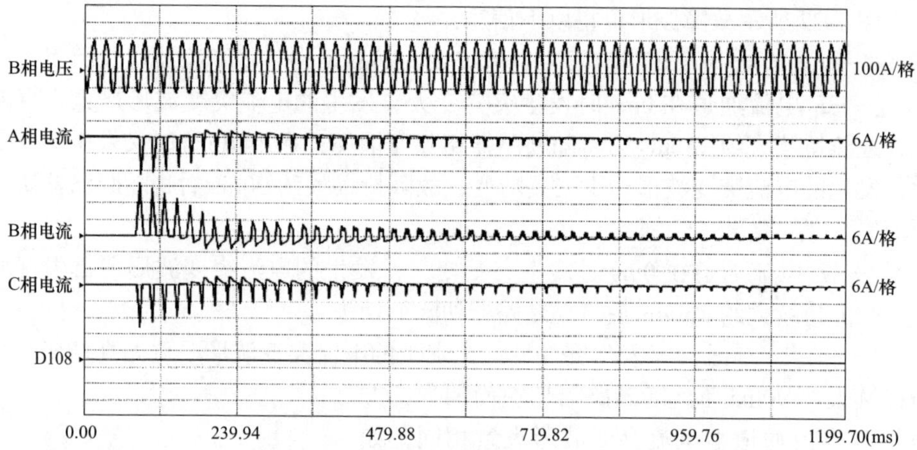

图 7-24　第一次送电励磁涌流波形图

图 7-24 可得：A、C 两相偏离时间轴下方，而 B 相偏离时间轴上方，前 5 个周期波形完全偏于时间轴一侧，5 个周期后时间轴的另一侧有一部分电流；电压未出现任何变化。

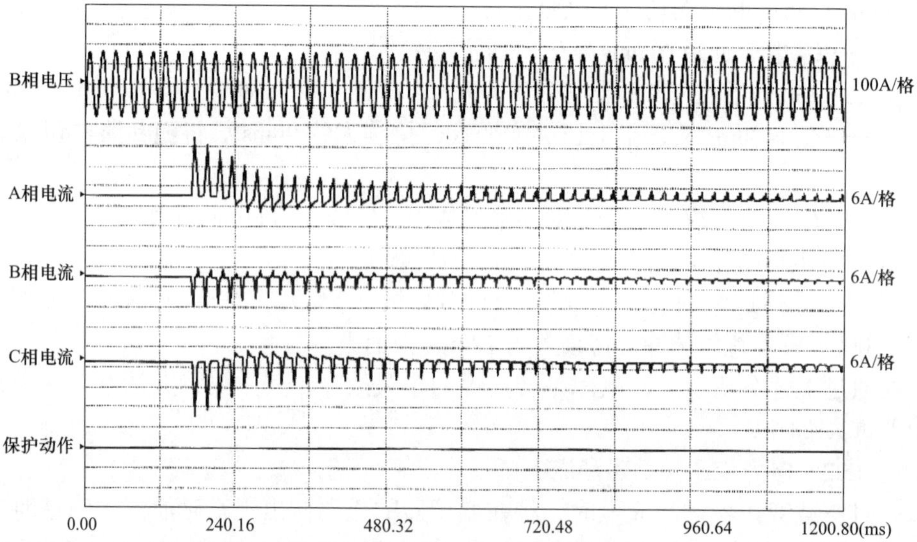

图 7-25　第二次送电励磁涌流波形图

图 7-25 可得：B、C 两相偏离时间轴下方，而 A 相偏离时间轴上方，前 5 个周期波形完全偏于时间轴一侧，5 个周期后时间轴的另一侧有一部分电流；电压未出现任何变化。

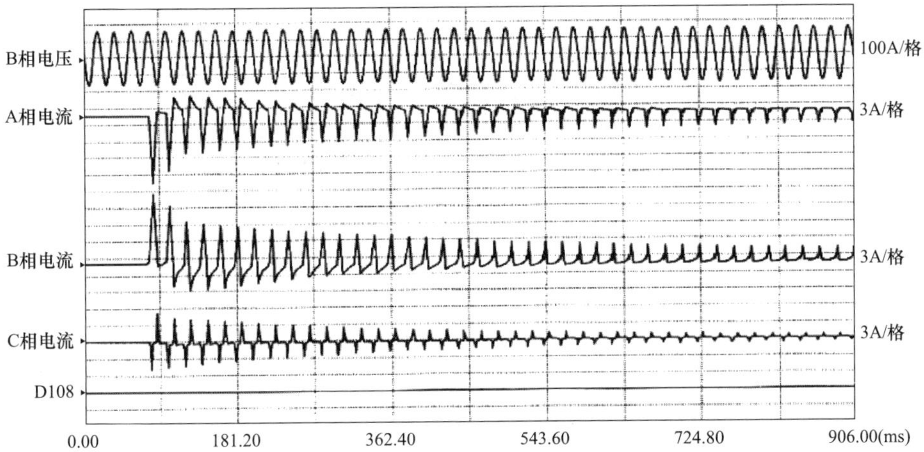

图 7-26　第三次送电励磁涌流波形图

图 7-26 所示的励磁涌流波形比较特殊，首先电压未出现任何变化，涌流幅值相对上两次小一些（比例尺变小了），第一周期就出现了时间轴的另一侧有电流的现象，且 C 相涌流中几乎没有直流分量，为正负半周相互对称的波形，这种波形使保护的涌流判据变得比较困难。由于涌流的产生是一种比较复杂的物理现象，因此波形也是多种多样的。

对三相变压器而言，有时出现三相中一相没有直流分量的情况，该相涌流中虽然波形畸变，含有各次谐波分量，但保持基本对称；还可能出现涌流间断角小于 60° 或二次谐波含量小于 15% 等特殊情况。在实际工程中曾遇到过有间断角小于 60° 和二次谐波含量较小引起按相制动差动保护误动的情况，如图 7-27 所示。

图 7-27 所示为某变压器保护更换后空充主变压器时出现的保护误动的波形图。由图可知，涌流中 A 相和 C 相电流二次谐波含量较小，在 4 个周期后波形趋于对称，间断角消失从而引起采用二次谐波按相制动差动保护误动。另外还可以看出，C 相虽有间断角，但波形基本对称，且二次电流呈现 TA 饱和特征；三相电压未出现任何变化。

综合上述分析可以看出，由于变压器励磁涌流的形成机理非常复杂，波形多种多样，因此识别这种波形图时，应根据具体情况具体分析，但励磁涌流波形中至少有一相存在间断角，出现二次谐波，波形偏离时间轴的一某侧，最大的特点是电压不会发生变化。该波形有如下一些特点：

（1）涌流波形偏于时间轴一侧，含有大量的非周期分量。

（2）含有大量的高次谐波，二次谐波分量较大。

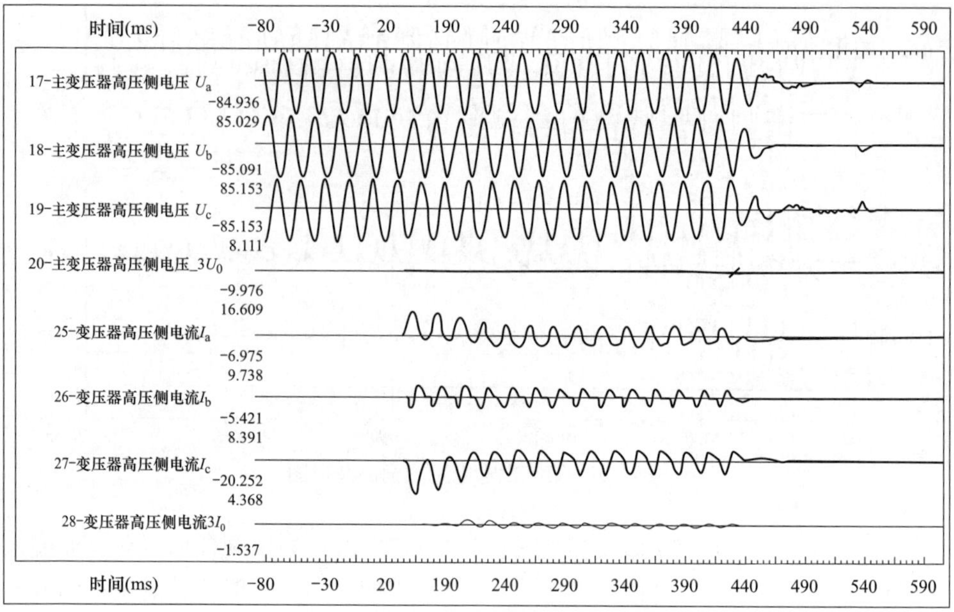

图 7-27　空投变压器时的励磁涌流波形图

（3）涌流波形之间存在间断角。

（4）涌流在初始阶段数值较大，以后逐渐衰减。

当空投主变压器时，若差动保护动作，应注意从故障波形变化特征及数据区分是励磁涌流跳闸，还是励磁涌流叠加变压器匝间故障跳闸；同时应检查保护启动、动作出口情况，是否伴随有非电量保护动作情况等。

7.6　保护动作信息归结案例

任何一种故障发生后保护动作均有信号信息出现，面对大量的信号信息如何准确无误判断及如何快速判断出什么元件动作等信息呢？为此本节仅通过将110kV线路保护的部分保护动作信号信息进行归结为例进行说明，其他保护动作信号信息可以参考此方法进行归结。

［**例 7-1**］　分相差动保护动作

信息含义：纵差保护动作发出线路本侧断路器跳闸的命令。

信息来源：线路保护装置。

信息类别：事故信息。

关联信息：①保护动作告警、重合闸动作、故障录波器动作告警、断路器变位；②线路本侧断路器电流、功率指示为零，线路保护装置“跳闸”及“重合闸”灯亮。

产生原因：本线路发生接地、短路故障。

处理原则：①检查保护装置动作信息及运行情况，检查故障录波器动作情况；②检查本线路断路器间隔设备有无异常；③由相关人员检查线路及用户侧设备，排除故障点后及时恢复送电。

［**例 7-2**］ 零序差动保护动作

信息含义：纵差保护动作发出线路本侧断路器跳闸的命令。

信息来源：线路保护装置。

信息类别：事故信息。

关联信息：①保护动作告警、重合闸动作、故障录波器动作告警、断路器变位；②线路本侧断路器电流、功率指示为零，线路保护装置“跳闸”及“重合闸”灯亮。

产生原因：本线路发生接地故障。

处理原则：①检查保护装置动作信息及运行情况，检查故障录波器动作情况；②检查本线路断路器间隔设备有无异常；③由相关人员检查线路及用户侧设备，排除故障点后及时恢复送电。

［**例 7-3**］ 接地距离保护 I 段保护动作

信息含义：线路保护动作发出线路本侧断路器跳闸命令。

信息来源：线路保护装置。

信息类别：事故信息。

关联信息：①保护动作告警、重合闸动作、故障录波器动作告警、断路器变位；②线路本侧断路器电流、功率指示为零，线路保护装置“跳闸”及“重合闸”灯亮。

产生原因：本线路发生接地故障。

处理原则：①检查保护装置动作信息及运行情况，检查故障录波器动作情况；②检查本线路断路器间隔设备有无异常；③由相关人员检查线路及用户侧设备，排除故障点后及时恢复送电。

［**例 7-4**］ 手合加速保护动作

信息含义：手合于故障线路时，线路保护动作发出线路本侧断路器跳闸命令。

信息来源：线路保护装置

信息类别：事故信息。

关联信息：①保护动作告警、重合闸动作、故障录波器动作告警、断路器变位；②线路本侧断路器电流、功率指示为零，线路保护装置“跳闸”，重合闸充电指示为未充电状态。

产生原因：手合于线路故障。

处理原则：①检查保护装置动作信息及运行情况，检查故障录波器动作情况；②检查本线路断路器间隔设备有无异常；③由相关人员检查线路及用户侧设备，排除故障点后及时恢复送电。

［**例 7-5**］ 距离Ⅱ段加速保护动作

信息含义：重合于故障线路时，线路保护发出线路本侧断路器跳闸命令。

信息来源：线路保护装置。

信息类别：事故信息。

关联信息：①保护动作告警、重合闸动作、故障录波器动作告警、断路器变位；②线路本侧断路器电流、功率指示为零，线路保护装置“跳闸”及“重合闸”灯亮，重合闸充电指示为未充电状态。

产生原因：①本线路发生永久性接地、短路故障；②下一级线路或相邻元件发生永久性接地、短路故障后，故障未切除。

处理原则：①检查保护装置动作信息及运行情况，检查故障录波器动作情况；②检查本线路断路器间隔设备有无异常；③检查保护装置及相关二次回路；④由相关人员检查线路及用户侧设备，排除故障点后及时恢复送电。

［**例 7-6**］ 零序过流Ⅰ段保护动作

信息含义：线路保护动作发出线路本侧断路器跳闸命令。

信息来源：线路保护装置。

信息类别：事故信息。

关联信息：①保护动作告警、重合闸动作、故障录波器动作告警、断路器变位；②线路本侧断路器电流、功率指示为零，线路保护装置“跳闸”及“重合闸”灯亮。

产生原因：本线路发生接地故障。

处理原则：①检查保护装置动作信息及运行情况，检查故障录波器动作情况；②检查本线路断路器间隔设备有无异常；③由相关人员检查线路及用户侧设备，排除故障点后及时恢复送电。

［**例 7-7**］ 零序加速段保护动作

信息含义：手合或重合于故障线路时，线路保护发出线路本侧断路器跳闸命令。

信息来源：线路保护装置。

信息类别：事故信息。

关联信息：①保护动作告警、重合闸动作、故障录波器动作告警、断路器变位；②线路本侧断路器电流、功率指示为零，线路保护装置“跳闸”及“重合闸”灯亮，重合闸充电指示为未充电状态。

产生原因：①本线路发生永久性接地故障；②下一级线路或相邻元件发生永久性接地故障，故障未切除。

处理原则：①检查保护装置动作信息及运行情况，检查故障录波器动作情况；②检查本线路断路器间隔设备有无异常；③检查保护装置及相关二次回路；④由相关人员检查线路及用户侧设备，排除故障点后及时恢复送电。

［**例 7-8**］ 重合闸动作

信息含义：保护装置发出线路本侧断路器合闸命令。

信息来源：线路保护装置。

信息类别：事故信息。

关联信息：①保护动作告警、重合闸动作、故障录波器动作告警、断路器变位；②线路保护装置“跳闸”及“重合闸”灯亮。

产生原因：①线路发生故障，保护动作，断路器跳闸后，保护装置令断路器再次合闸；②断路器发生偷跳后，保护装置令断路器再次合闸。

处理原则：①检查保护装置动作信息及运行情况，检查故障录波器动作情况；②检查跳闸断路器三相位置及断路器间隔设备有无异常；③检查保护装置及相关二次回路。

本章思考题

（1）写出根据故障录波图计算短路电流和电压的公式。

（2）如何读取故障波形图中准确事件时间？

（3）画出线路正、反向单相接地故障电流、电压的相量图。

（4）如何根据故障录波图区分母线区内外故障？

（5）如何根据故障录波图区分主变压器区内外故障？

（6）电力系统常见的非正弦电气波形有哪些？

（7）励磁涌流特点有哪些？

（8）励磁涌流对继电保护有何影响？

（9）请对本章节未涉及的故障信息进行归结。

8

变电继电保护工作票及二次安全技术措施单填写

8.1 概　　述

工作票是指所有在电气设备上进行工作之前，必须填写的书面文档或者电子文档；它是准许在电气设备上工作的书面许可文件、是明确安全职责、实施保证安全的技术措施、向工作人员进行安全交底，以及履行工作许可、工作间断、转移和终结手续的书面依据；同时也是保证工作人员生命安全的重要组织保障措施之一。通过工作票来约束和规范现场工作人员的行为，使现场生产全过程达到安全可控、在控和能控的目的，是检修、运行人员双方共同持有、共同强制遵守的书面安全约定。执行工作票是在电气设备上工作时保证人身，设备安全的重要措施，应按要求认真执行。因此，刚入职新员工学习正确地填写工作票及二次安全措施单具有重要意义。本章主要以变电继电保护工作为例阐述变电继电保护工作票及二次安全措施单填写方法，其他关于工作票内容参考《电力安全工作规程》（Q/CSG 510001—2015）学习。

8.2 工作票填写常用术语和定义

8.2.1 术语

工作票：为电网发电、输电、变电、配电、调度等生产作业安全有序实施而设计的一种组织性书面形式控制依据。

工作票签发人：以确认工作必要性、工作人员安全资质和工作票上所填安全措施是否正确完备的审核签发人员。

工作负责人：组织、指挥工作班人员完成本项工作任务的责任人员。

工作监护人：指不参与具体工作，负责监督和看护工作成员的工作行为是否符合安全标准的责任人员。

值班负责人：调度室、厂站、集控（巡维）中心、监控中心、配电网值班或电话待班等24h全天值班的当值负责人。

工作许可人：变电站（发电厂）当值的运行人员，在值班负责人的指挥下完成各项安全措施，负责办理工作许可、中断、转移和终结手续的人员。

工作班人员：参与该项工作的工作成员。

外单位：与设备所属单位无直接行政隶属关系，从事非生产运行维护职责范围内工作的设备、设施维护工作或基建施工的单位。

双签发：外单位人员办理工作票时，工作票经外单位签发后，由设备运维单位审核并签发（即会签）的过程。

一次设备：直接执行电网中发、输、变、配电主要工作任务的设备，包括生产和转换电能的设备、接通或断开电路的开关电器、限制故障电流和防御过电压的电器、接地装置及载流导体。

二次设备：为确保电网和一次设备的安全、稳定运行，完成对一次设备运行测量、监视、控制和保护工作任务的设备总称。

一个电气连接部分：交流系统中，可用隔离开关与其他电气装置分开的部分；直流系统中，双极停用的换流变压器及所有高压直流设备等部分，或单极运行时停用极的换流变压器、阀厅、直流场设备、水冷系统（双极公共区域为运行设备）等部分。

双重命名：按照有关规定确定的电气设备中文名称和编号。

计划工作时间：不包括设备停、送电操作及安全措施实施时间的设备检修时间。

紧急抢修工作：设备设施在日常运行或自然灾害情况下，发生故障停运或紧急缺陷后，且需立即进行的紧急修理等处置工作。

8.2.2 操作常用动词

合上：各种断路器（开关）、隔离开关（刀闸）通过人工操作使其由分闸位置转为合闸位置的操作。

断开：各种断路器（开关）、隔离开关（刀闸）通过人工操作使其由合闸位置转为分闸位置的操作。

装设地线：通过接地短路线使电气设备全部或部分可靠接地的操作。

拆除地线：将接地短路线从电气设备上取下并脱离接地的操作。

投入或停用、切换、退出：使继电保护、安全自动装置、故障录波装置、变压器有载调压分接头、消弧线圈分接头等设备达到指令状态的操作。

取下或投上：将熔断器退出或嵌入工作回路的操作。

插入或拔出：将二次插件嵌入或退出工作回路的操作。

悬挂或取下：将临时标示牌放置到指定位置或从放置位置移开的操作。

8.2.3 设备状态定义

1. 一次设备状态

运行状态：是指设备或电气系统带有电压，其功能有效。母线、线路、断路器、变压器、电抗器、电容器及电压互感器等一次电气设备的运行状态，是指从该设备电源至受电端的电路接通并有相应电压（无论是否带有负荷），且控制电源、继电保护及自动装置正常投入。

热备用状态：是指该设备已具备运行条件，经一次合闸操作即可转为运行状态的状态。母线、变压器、电抗器、电容器及线路等电气设备的热备用是指连接该设备的各侧均无安全措施，各侧的断路器全部在断开位置，且至少一组断路器各侧隔离开关处于合上位置，设备继电保护投入，断路器的控制、合闸及信号电源投入。断路器的热备用是指其本身在断开位置、各侧隔离开关在合闸位置，设备继电保护及自动装置满足带电要求。

冷备用状态：是指连接该设备的各侧均无安全措施，且连接该设备的各侧均有明显断开点或可判断的断开点。

检修状态：是指连接设备的各侧均有明显的断开点或可判断的断开点，需要检修的设备已接地的状态，或该设备与系统彻底隔离，与断开点设备没有物理连接时的状态。在该状态下设备的保护和自动装置、控制、合闸及信号电源等均应退出。

2. 二次设备状态

运行状态：是指其工作电源投入，出口连接片连接到指定回路的状态。

热备用状态：是指其工作电源投入，出口连接片断开时的状态。

冷备用状态：是指其工作电源退出，出口连接片断开时的状态。

检修状态：是指该设备与系统彻底隔离，与运行设备没有物理连接时的状态。

8.2.4 三种人的安全责任

1. 工作票签发人

（1）确认工作必要性和安全性。

（2）确认工作票所列安全措施是否正确完备。

（3）确认所派工作负责人和工作班人员是否适当、充足。

2. 工作负责人（监护人）

（1）亲自并正确完整地填写工作票。

（2）确认工作票所列安全措施正确、完备，符合现场实际条件，必要时予以补充。

（3）核实已做完的所有安全措施是否符合作业安全要求。

（4）正确、安全地组织工作。工作前应向工作班全体人员进行安全交代。关注工作人员身体和精神状况是否正常以及工作班人员变动是否合适。

（5）监护工作班人员执行现场安全措施和技术措施、正确使用劳动防护用品和工器具，在作业中不发生违章作业、违反劳动纪律的行为。

3. 厂站工作许可人

（1）接受调度命令，确认工作票所列安全措施是否正确、完备，是否符合现场条件。

（2）确认已布置的安全措施符合工作票要求，防范突然来电时安全措施完整可靠，按《电力安全工作规程》规定应以手触试的停电设备应实施以手触试。

（3）在许可签名之前，应对工作负责人进行安全交代。

（4）所有工作结束时，确认工作票中本厂站所负责布置的安全措施具备恢复条件。

8.3 工作票的选用

变电继电保护类工作最常用的工作票有：

（1）变电站第一种工作票。

（2）变电站第二种工作票。

8.3.1 填写变电站第一种工作票的工作

（1）高压设备需要全部停电或部分停电的工作。

（2）在需高压设备停电或做安全措施配合的二次系统、动力或照明等回路上的工作。

（3）在高压电力电缆或高压线路上需停电的工作。

（4）待投运的新设备已与运行设备连接，进行新设备安装或试验的工作。

（5）检修发电机和高压电动机的工作。

（6）换流站内需要高压直流系统或直流滤波器停用的工作。

8.3.2 填写变电站第二种工作票的工作

（1）在大于规定的“非作业安全距离”的相关场所和带电设备外壳上的工

作以及不可能触及带电设备导电部分的工作。

（2）人员作业与邻近带电设备的距离，10kV 及以下大于 0.35m 小于 0.7m、20kV（35kV）大于 0.6m 小于 1.0m，且已有有效绝缘隔离措施的工作。

（3）在无须高压设备停电或做安全措施配合的二次系统、动力等回路上的工作。

（4）在转动中的发电机、调相机的励磁回路或高压电动机转子电阻回路上的工作。

（5）在低压的配电箱、配电盘、动力设备和电源干线，以及控制盘上的工作。

（6）用绝缘棒组合电压互感器定相或用核相器进行核相的工作。

（7）待投运的新设备未与运行设备连接且安全距离足够，进行新设备安装或试验的工作。

（8）高压电力电缆或高压线路上不需要停电的工作。

（9）在换流站内无须高压直流系统或直流滤波器停用的直流相关设备上的工作。

8.4 工作票填写说明

8.4.1 变电站继电保护工作第一种工作票

变电站继电保护工作第一种工作票如图 8-1 所示。

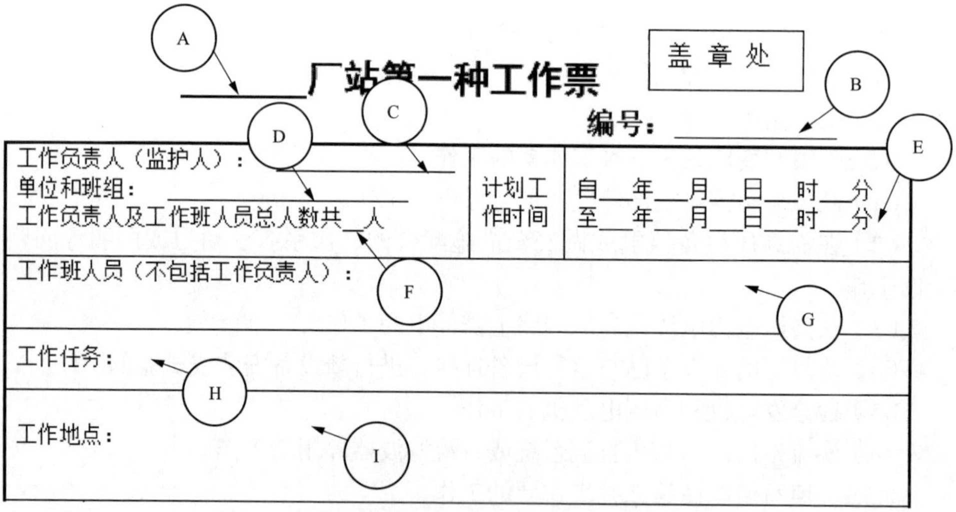

图 8-1　变电站继电保护工作第一种工作票（1）

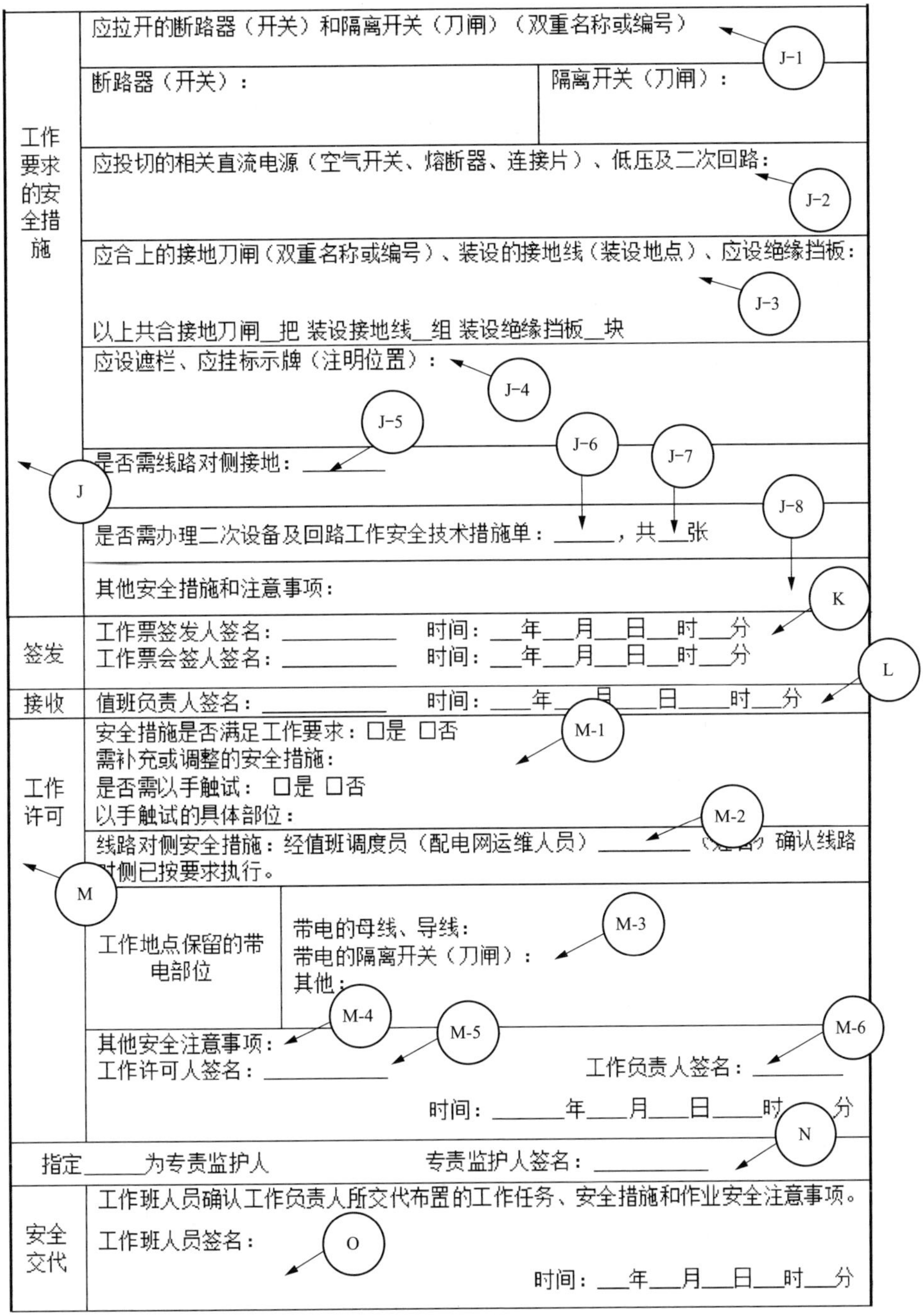

工作要求的安全措施	应拉开的断路器（开关）和隔离开关（刀闸）（双重名称或编号）
	断路器（开关）： 隔离开关（刀闸）：
	应投切的相关直流电源（空气开关、熔断器、连接片）、低压及二次回路：
	应合上的接地刀闸（双重名称或编号）、装设的接地线（装设地点）、应设绝缘挡板： 以上共合接地刀闸__把 装设接地线__组 装设绝缘挡板__块
	应设遮栏、应挂标示牌（注明位置）：
	是否需线路对侧接地：______
	是否需办理二次设备及回路工作安全技术措施单：______，共___张
	其他安全措施和注意事项：
签发	工作票签发人签名：__________ 时间：___年___月___日___时___分 工作票会签人签名：__________ 时间：___年___月___日___时___分
接收	值班负责人签名：__________ 时间：____年____月____日____时___分
工作许可	安全措施是否满足工作要求：□是 □否 需补充或调整的安全措施： 是否需以手触试： □是 □否 以手触试的具体部位：
	线路对侧安全措施：经值班调度员（配电网运维人员）________（签名）确认线路对侧已按要求执行。
	工作地点保留的带电部位：带电的母线、导线： 带电的隔离开关（刀闸）： 其他：
	其他安全注意事项： 工作许可人签名：__________ 工作负责人签名：________ 时间：______年____月____日____时____分
指定______为专责监护人	专责监护人签名：__________
安全交代	工作班人员确认工作负责人所交代布置的工作任务、安全措施和作业安全注意事项。 工作班人员签名： 时间：___年___月___日___时___分

图 8-1 变电站继电保护工作第一种工作票（2）

<table>
<tr><td colspan="2" rowspan="4">工作间断 (P)</td><td>工作间断时间</td><td>工作负责人</td><td>工作许可人</td><td>工作开工时间</td><td>工作许可人</td><td>工作负责人</td></tr>
<tr><td>__月__日__时__分</td><td></td><td></td><td>__月__日__时__分</td><td></td><td></td></tr>
<tr><td>__月__日__时__分</td><td></td><td></td><td>__月__日__时__分</td><td></td><td></td></tr>
<tr><td>__月__日__时__分</td><td></td><td></td><td>__月__日__时__分</td><td></td><td></td></tr>
<tr><td rowspan="6">工作变更</td><td>工作任务</td><td colspan="6">不需变更安全措施下增加的工作内容：
工作负责人签名：__________ 工作许可人签名：__________
工作票签发人签名：__________ 时间：___年___月___日___时___分</td></tr>
<tr><td>工作负责人 (Q)</td><td colspan="6">工作票签发人签名：__________ 原工作负责人签名：__________
现工作负责人签名：__________
工作许可人签名：__________ 时间：___年___月___日___时___分</td></tr>
<tr><td rowspan="4">工作班人员</td><td colspan="2">变更情况</td><td colspan="2">工作票签发人/工作许可人</td><td>工作负责人</td><td>变更时间</td></tr>
<tr><td colspan="2"></td><td colspan="2"></td><td></td><td>__月__日__时__分</td></tr>
<tr><td colspan="2"></td><td colspan="2"></td><td></td><td>__月__日__时__分</td></tr>
<tr><td colspan="2"></td><td colspan="2"></td><td></td><td>__月__日__时__分</td></tr>
<tr><td colspan="2">工作延期</td><td colspan="6">有效期延长到：______年___月___日____时____分 (R)
工作许可人签名：__________ 工作负责人签名：__________
时间：___年___月___日___时___分</td></tr>
<tr><td rowspan="3">工作票的终结</td><td>作业终结</td><td colspan="6">全部作业于__年__月__日__时__分结束，检修临时安全措施已拆除，已恢复作业开始前状态，作业人员已全部撤离，材料工具已清理完毕。
工作负责人签名：__________ 工作许可人签名：__________
时间：___年___月___日___时___分</td></tr>
<tr><td>许可人措施终结</td><td colspan="6">临时遮栏已拆除，标示牌已取下，常设遮栏已恢复。
工作许可人签名：__________ 时间：___年___月___日___时___分</td></tr>
<tr><td>汇报调度 (S)</td><td colspan="6">未拉开接地刀闸双重名称或编号：
共__把
未拆除接地线装设地点及编号：
共__组
值班负责人签名：__________ 值班调度员：__________
时间：___年___月___日___时___分</td></tr>
<tr><td colspan="8">备注（工作转移、安全交代补充签名等）： (T)</td></tr>
</table>

图 8-1 变电站继电保护工作第一种工作票（3）

8.4.2 第一种工作票填写说明

A 站（厂）名：填写工作地点所在的变电站（发电厂）名称和电压等级。

B 编号：工作票编号，由工作许可人在现场按规定的要求填写。

C 工作负责人：填写该项工作的工作负责人姓名。

D 单位和班组：填写工作负责人所在单位和班组名称。

E 计划工作时间：填写应在调度批准的停电检修时间范围内，不包括停送电操作所需的时间。一张工作票最长工作时间不超过 15 天，时间按照公历的年、月、日和 24h 制填写。

F 共____人：填写包括工作负责人在内的所有工作人员的总数。

G 工作班人员：一个工作组时，填写本工作组的全体人员姓名，工作负责人不用重复填写。

H 工作任务：填写该项目工作任务名称，概括说明设备检修、试验及设备更改、安装、拆除等项目。其中断路器、隔离开关填写双重编号；主变压器、母线、构架、线路及其他设备上工作填写电压等级和设备名称。

I 工作地点：填写实际工作主要场所。其中断路器、隔离开关填写双重编号；主变压器、母线、构架、线路及其他设备上工作填写电压等级和设备名称。

J 工作要求的安全措施栏。

第一种工作票的安全措施栏：

J-1 填写应断开断路器和隔离开关，包括填票时已断开的断路器和隔离开关。断路器与隔离开关分别填写，只填写设备编号，不填设备名称；新建、扩建工程设备变更未定编号时，可以使用设备名称。

J-2 应投切的相关直流电源（空气开关、熔断器、连接片）、低压及二次回路。填写应投切直流电源（空气开关、熔断器、连接片）、联锁开关、“远方 / 就地”选择开关、需投退的压板、低压及二次回路的名称和状态。

J-3 应合接地开关需注明双重名称或编号，装接地线需注明确实地点，应设有绝缘挡板。接地开关只填编号；接地线注明装设处的位置、装设组数；绝缘挡板注明装设处的位置。

J-4 应设遮栏、悬挂标示牌。需写明在什么地方（设备）设置遮栏、围栏和悬挂标示牌。

J-5 线路对侧安全措施：需要时填写“是”，不需要时填写“否”。

J-6、J-7 需要时填写“是”，不需要时填写“否”并注明张数（罗马数字）。

J-8 其他安全措施和注意事项：填写其他安全措施和注意事项。

K 签发。工作票签发：由签发人填写姓名及签发时间；工作票会签：由工作票会签人填写姓名及会签时间。第三种工作票不用签发。

L 接收。值班负责人：由接收并审核该工作票的值班负责人填写姓名及接收时间。

M 工作许可。

第一种工作票的工作许可：

M-1 安全措施是否满足工作要求，满足填是，不满足填否；需补充或调整的安全措施：应注明变动情况；是否需以手触试，需要填是，不需要填否；以手触试的具体部位，需要以手触试的应注明以手触试的具体部位。

M-2 线路对侧安全措施：经值班调度员（配电网运维人员）________（姓名）确认线路对侧已按要求执行。由工作许可人填写该调度员姓名。

M-3 工作地点保留的带电部位：应填写工作地点的带电设备。

M-4 其他安全注意事项：填写工作地点相邻的带电或运行设备及提醒工作人员工作期间有关安全注意事项。

M-5 工作许可人：确认上述安全措施的值班员填写姓名及许可时间。

M-6 工作负责人：认可上述安全措施满足工作要求的工作负责人填写姓名。

N 指定______为专责监护人：指定一名工作班人员为专责监护人，并签名确认。

O 安全交代：工作负责人对所有工作班人员进行安全交底，并填写交底时间，工作班成员签字确认。

P 工作间断：作业人员离开工作现场，工作票所列安全措施不变，宜办理工作间断，但每次复工前应检查安全措施正确完好，并由工作许可人填写许可人姓名及间断、开工时间，工作负责人填写负责人姓名。

Q 工作变更：①工作任务变更，若需增加工作任务，无须变更安全措施的，应由工作负责人征得工作票签发人和工作许可人同意，在原工作票上增加工作项目，并签名确认；若需变更安全措施应重新办理工作票；②工作负责人变更，同意变更的工作票签发人填写姓名，原工作负责人、现工作负责人、工作许可人填写姓名、交接时间；③工作班人员变更，需要增减工作班成员的在此填写变更情况，同意变更的工作票签发人填写姓名，工作负责人、工作许可人填写姓名、变更时间。

R 工作延期：填写延期时间，办理延期手续的工作负责人、值班负责人填写姓名。

S 工作票的终结：①作业终结，填写工作终结时间，办理验收、终结手续的工作负责人、工作许可人填写姓名；②许可人措施终结，工作许可人恢复布置的安全措施后，填写许可人签名及时间；③汇报调度，安全措施全部清理完毕，填写未拉开接地开关双重名称或编号、数量、未拆除接地线装设地点及编号、数量，值班负责人填写姓名及时间。

T 备注：填写工作票签发人、工作许可人、工作负责人在办理工作票过程需要双方交代的工作及注意事项。

8.4.3 变电站继电保护工作第二种工作票

变电站继电保护工作第二种工作票如图 8-2 所示。

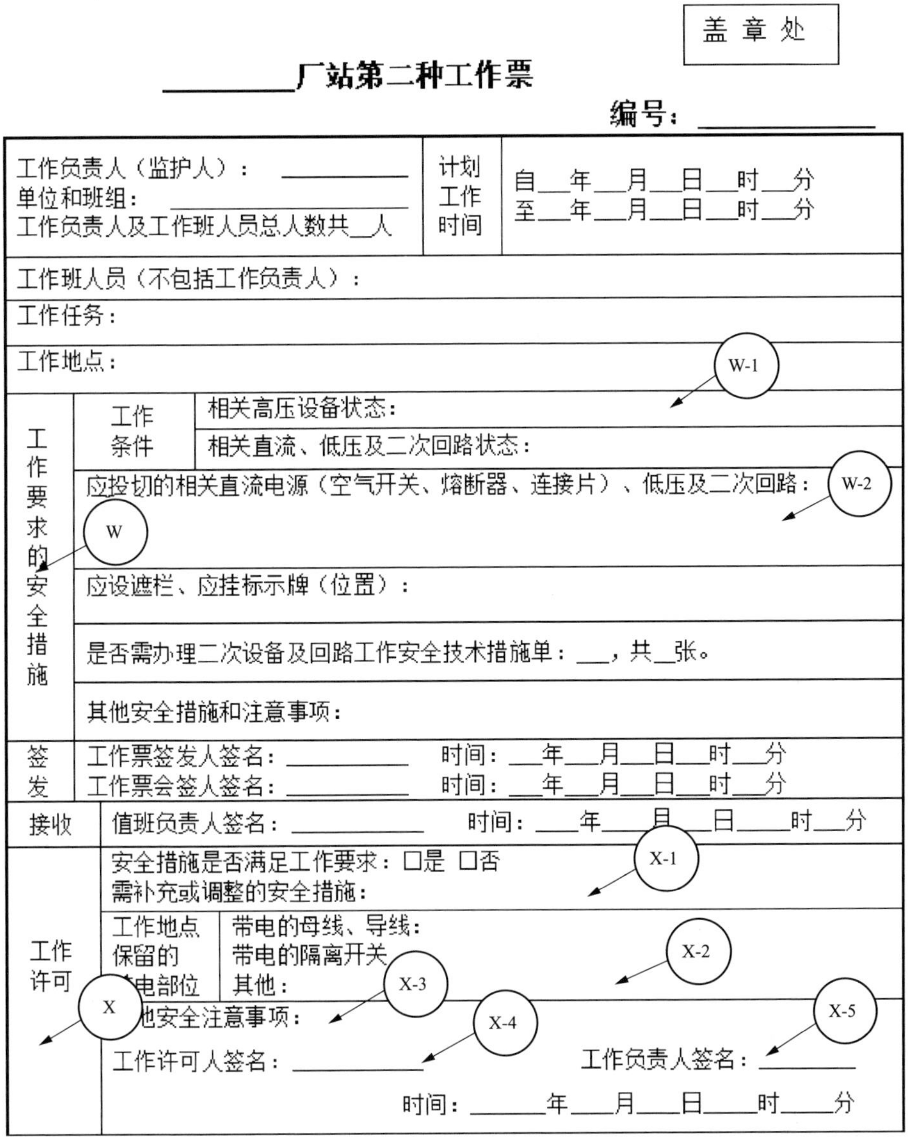

盖 章 处

________厂站第二种工作票

编号：________

工作负责人（监护人）：______ 单位和班组：______ 工作负责人及工作班人员总人数共__人		计划工作时间	自__年__月__日__时__分 至__年__月__日__时__分
工作班人员（不包括工作负责人）：			
工作任务：			
工作地点：			
工作要求的安全措施	工作条件	相关高压设备状态： 相关直流、低压及二次回路状态：	
	应投切的相关直流电源（空气开关、熔断器、连接片）、低压及二次回路：		
	应设遮栏、应挂标示牌（位置）：		
	是否需办理二次设备及回路工作安全技术措施单：___，共__张。		
	其他安全措施和注意事项：		
签发	工作票签发人签名：______ 时间：__年__月__日__时__分 工作票会签人签名：______ 时间：__年__月__日__时__分		
接收	值班负责人签名：______ 时间：__年__月__日__时__分		
工作许可	安全措施是否满足工作要求：□是 □否 需补充或调整的安全措施：		
	工作地点保留的带电部位	带电的母线、导线： 带电的隔离开关 其他：	
	其他安全注意事项： 工作许可人签名：______ 工作负责人签名：______ 时间：___年__月__日__时__分		

图 8-2 变电站继电保护工作第二种工作票（1）

<table>
<tr><td>安全交代</td><td colspan="6">工作班人员确认工作负责人所交代布置的工作任务、安全措施和作业安全注意事项。
工作班人员签名：
时间：___年___月___日___时___分</td></tr>
<tr><td rowspan="4">工作间断</td><td>工作间断时间</td><td>工作许可人</td><td>工作负责人</td><td>工作开工时间</td><td>工作许可人</td><td>工作负责人</td></tr>
<tr><td>__月__日__时__分</td><td></td><td></td><td>__月__日__时__分</td><td></td><td></td></tr>
<tr><td>__月__日__时__分</td><td></td><td></td><td>__月__日__时__分</td><td></td><td></td></tr>
<tr><td>__月__日__时__分</td><td></td><td></td><td>__月__日__时__分</td><td></td><td></td></tr>
<tr><td rowspan="6">工作变更</td><td>工作任务</td><td colspan="5">不需变更安全措施下增加的工作内容：
工作负责人签名：__________ 工作许可人签名：__________
工作票签发人签名：__________ 时间：___年___月___日___时___分</td></tr>
<tr><td>工作负责人</td><td colspan="5">工作票签发人签名：__________ 原工作负责人签名：__________
现工作负责人签名：__________
工作许可人签名：__________ 时间：___年___月___日___时___分</td></tr>
<tr><td rowspan="4">工作班人员</td><td colspan="2">变更情况</td><td>工作票签发人/工作许可人</td><td>工作负责人</td><td>变更时间</td></tr>
<tr><td colspan="2"></td><td></td><td></td><td>__月__日__时__分</td></tr>
<tr><td colspan="2"></td><td></td><td></td><td>__月__日__时__分</td></tr>
<tr><td colspan="2"></td><td></td><td></td><td>__月__日__时__分</td></tr>
<tr><td>工作延期</td><td colspan="6">有效期延长到：______年___月___日____时____分
工作许可人签名：__________ 工作负责人签名：__________
时间：___年___月___日___时___分</td></tr>
<tr><td>工作票的终结</td><td colspan="6">全部作业于__年__月__日__时__分结束，检修临时安全措施已拆除，已恢复作业开始前状态，作业人员已全部撤离，材料工具已清理完毕。
工作负责人签名：__________ 工作许可人签名：__________
时间：___年___月___日___时___分</td></tr>
<tr><td colspan="7">备注（工作转移、安全交代补充签名等）：</td></tr>
</table>

图 8-2　变电站继电保护工作第二种工作票（2）

8.4.4 第二种工作票填写说明

（由于一、二种工作票有许多相同之处，此处仅将不同的地方进行说明，相同部分请见 8.4.2 第一种工作票填写说明）

W 工作要求的安全措施栏。

第二种工作票的安全措施栏：

W-1 工作条件。相关高压设备状态需满足工作要求，一般是指高压设备不停电或不需要停电；相关直流、低压及二次回路状态：被检修设备工作时应处状态，一般是指被检修设备不停电或停电。

W-2 应投切相关直流（空气开关、熔断器、连接片）、低压及二次回路：填写投切直流（空气开关、熔断器、连接片）、联锁开关、“远方 / 就地”选择开关、低压及二次回路的名称和状态。

X 工作许可。

第二种工作票的工作许可：

X-1 安全措施是否满足工作要求。需要补充或调整的：应注明变动情况。

X-2 工作地点保留的带电部位：填写工作地点的带电部位及运行设备名称。

X-3 其他安全注意事项：填写工作地点相邻的带电或运行设备及提醒工作人员工作期间有关安全注意事项。

X-4 工作许可人：确认上述安全措施的值班员填写姓名。

X-5 工作负责人：认可上述安全措施满足要求的工作负责人填写姓名。

8.5 工作票填写实例

220kV 梦想变电站接线示意图如图 8-3 所示。220kV 侧一次主接线为双母接线方式，母线保护配置为 RCS-915 两套；220kV 甲线 4231 挂 1M 运行，保护双重化配置（PRS-753A+PCS-931N2）；母联 MDL 断路器合位运行；1 号主变压器 220kV 侧挂 2M 运行，保护为双重化，配置为 RCS-978；1 号主变压器 110kV 中压侧为单母线运行；1 号主变压器 10kV 低压侧为单母线双分支运行，各侧二次回路均为标准配置。

8.5.1 填写甲线 PRS-753A 保护屏修改定值工作票

说明：由于在执行定值的过程中，存在误整定的可能性。如果定值不正确就可能造成保护拒动或误动。因此，在修改定值的过程中，定值需打印出来与新定值单逐项核对，确认核对无误后才能将保护装置投入运行；另外，在整个定值更改过程中可能会出现保护装置失电、装置故障等异常现象，这将导致保护装置拒动或误动。因此，可以认为在定值更改期间，保护装置处于非正常运

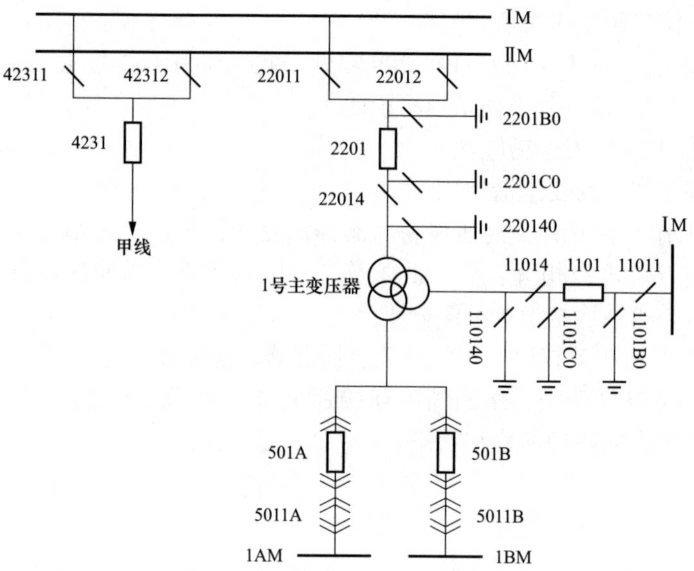

图 8-3　220kV 梦想变电站接线示意图

行状态。为了防止在此期间保护装置发生拒动或误动事故，在更改定值之前，必须退出保护出口压板，将保护装置退出运行，待装置内部固化后的新定值打印出来与新定值单逐项核对无误后方可投入保护压板，将保护投入运行。因此，填写第二种工作票的目的在于确保进行定值更改这项工作前，运行人员已将相关的保护装置退出运行，以保证定值执行过程中本装置不对系统产生影响。

220kV 梦想站厂站第二种工作票 1 如图 8-4 所示。

盖 章 处

220kV　梦想站　厂站第二种工作票

编号：______

<table>
<tr><td>工作负责人（监护人）：　胡××
单位和班组：变电管理二所/继保自动化一班
工作负责人及工作班人员总人数共 2 人</td><td>计划工作时间</td><td>自 2022 年 08 月 20 日 00 时 00 分
至 2022 年 08 月 20 日 23 时 59 分</td></tr>
<tr><td colspan="3">工作班人员（不包括工作负责人）：　高××</td></tr>
<tr><td colspan="3">工作任务：　220kV 甲线4231主Ⅰ保护定值更改</td></tr>
<tr><td colspan="3">工作地点：　85P　220kV 甲线4231线路保护屏（Ⅰ）</td></tr>
</table>

图 8-4　220kV 梦想站厂站第二种工作票 1（1）

<table>
<tr><td rowspan="6">工作要求的安全措施</td><td rowspan="2">工作条件</td><td>相关高压设备状态：无</td></tr>
<tr><td>相关直流、低压及二次回路状态：无</td></tr>
<tr><td colspan="2">应投切的相关直流电源（空气开关、熔断器、连接片）、低压及二次回路：在 85P 220kV 甲线4231线路保护屏（Ⅰ）退出以下压板：1LP1 A 相跳闸出口Ⅰ，1LP2 B 相跳闸出口Ⅰ，1LP3 C 相跳闸出口Ⅰ，1LP4 开关重合闸出口Ⅰ，1LP5 三相不一致跳闸出口，1LP7 闭锁主二保护重合闸出口，1LP10 启动开关A 相失灵Ⅰ，1LP11 启动开关B 相失灵Ⅰ，1LP12 启动开关C 相失灵Ⅰ</td></tr>
<tr><td colspan="2">应设遮栏、应挂标示牌（位置）：在 85P 220kV 甲线4231线路保护屏（Ⅰ）前后悬挂“在此工作！”标示牌，并在其相邻运行屏前后悬挂“设备在运行中”红布帘</td></tr>
<tr><td colspan="2">是否需办理二次设备及回路工作安全技术措施单：否，共 0 张</td></tr>
<tr><td colspan="2">其他安全措施和注意事项：无</td></tr>
<tr><td>签发</td><td colspan="2">工作票签发人签名：刘×× 时间：2022年08月19日19时00分
工作票会签人签名：____________ 时间：___年___月___日___时___分</td></tr>
<tr><td>接收</td><td colspan="2">值班负责人签名：王× 时间：2022年08月19日20时00分</td></tr>
<tr><td rowspan="3">工作许可</td><td colspan="2">安全措施是否满足工作要求：□是 □否
需补充或调整的安全措施：</td></tr>
<tr><td>工作地点保留的带电部位</td><td>带电的母线、导线：
带电的隔离开关：
其他：</td></tr>
<tr><td colspan="2">其他安全注意事项：
工作许可人签名：____________ 工作负责人签名：__________
时间：_______年____月____日_____时_____分</td></tr>
<tr><td>安全交代</td><td colspan="2">工作班人员确认工作负责人所交代布置的工作任务、安全措施和作业安全注意事项。
工作班人员签名：
时间：___年___月___日___时___分</td></tr>
</table>

图 8-4 220kV 梦想站厂站第二种工作票 1（2）

<table>
<tr><td rowspan="4">工作间断</td><td>工作间断时间</td><td>工作许可人</td><td>工作负责人</td><td>工作开工时间</td><td>工作许可人</td><td>工作负责人</td></tr>
<tr><td>__月__日__时__分</td><td></td><td></td><td>__月__日__时__分</td><td></td><td></td></tr>
<tr><td>__月__日__时__分</td><td></td><td></td><td>__月__日__时__分</td><td></td><td></td></tr>
<tr><td>__月__日__时__分</td><td></td><td></td><td>__月__日__时__分</td><td></td><td></td></tr>
<tr><td rowspan="6">工作变更</td><td>工作任务</td><td colspan="5">不需变更安全措施下增加的工作内容：
工作负责人签名：________ 工作许可人签名：________
工作票签发人签名：________ 时间：___年___月___日___时___分</td></tr>
<tr><td>工作负责人</td><td colspan="5">工作票签发人签名：________ 原工作负责人签名：________
现工作负责人签名：________
工作许可人签名：________ 时间：___年___月___日___时___分</td></tr>
<tr><td rowspan="4">工作班人员</td><td>变更情况</td><td colspan="2">工作票签发人/工作许可人</td><td>工作负责人</td><td>变更时间</td></tr>
<tr><td></td><td colspan="2"></td><td></td><td>__月__日__时__分</td></tr>
<tr><td></td><td colspan="2"></td><td></td><td>__月__日__时__分</td></tr>
<tr><td></td><td colspan="2"></td><td></td><td>__月__日__时__分</td></tr>
<tr><td>工作延期</td><td colspan="6">有效期延长到：______年____月____日____时_____分
工作许可人签名：________ 工作负责人签名：________
时间：___年___月___日___时___分</td></tr>
<tr><td>工作票的终结</td><td colspan="6">全部作业于__年__月__日__时__分结束，检修临时安全措施已拆除，已恢复作业开始前状态，作业人员已全部撤离，材料工具已清理完毕。
工作负责人签名：________ 工作许可人签名：________
时间：___年___月___日___时___分</td></tr>
<tr><td colspan="7">备注（工作转移、安全交代补充签名等）：</td></tr>
</table>

图 8-4　220kV 梦想站厂站第二种工作票 1（3）

8.5.2 填写 220kV 母线保护定检工作票

说明：由于当母线保护动作时，会切除故障母线上所挂的所有断路器，对系统安全、稳定运行至关重要。因此，母差保护一旦投入运行后，就很难有全面停电的机会进行检验。南方电网《继电保护及安全自动装置检验条例》中指出："母线差动、断路器失灵保护及安全自动装置中投切发电机组、切负荷的跳合断路器的实验，允许用导通方法分别证实到每个断路器接线的正确性。"因此，220kV 母线保护定检工作通常采用第二种工作票，在本保护屏断开与运行间隔的联系后，通过校验保护逻辑和测量出口压板电位的方式，来验证保护装置功能的正确性。

220kV 梦想站厂站第二种工作票 2 如图 8-5 所示，由图 8-5 可知，正常运行时，220kV 母线上的 220kV 甲线 4231 间隔、1 号主变压器变高 2201 间隔以及母联 2012 间隔均在运行状态。因此，220kV 母线保护定检工作前，须确保以上三个间隔的跳闸回路、电流回路与 220kV 母线保护装置隔离，防止出现误传动运行间隔开关，或误加电流量到运行间隔的状况出现。

8.5.3 填写主变压器保护定检工作票

说明：主变压器定检工作，需要对各侧开关进行传动，同时在本体进行非电量保护定检工作，因此需要将待定检的主变压器各侧与带电设备进行隔离。以本例来说，1 号主变压器定检工作，需要与 1 号主变压器隔离的带电的一次设备包括：220kV 1M、220kV 2M、110kV 1M、10kV 1AM、10kV 1BM。同时，对于已停电的设备，如要求转检修状态的，需要将各个没有直接电气连接的部分分别接地。

220kV 梦想站 厂站第二种工作票

编号：

<table>
<tr><td>工作负责人（监护人）：胡××
单位和班组：变电管理二所/继保自动化一班
工作负责人及工作班人员总人数共 2 人</td><td>计划
工作
时间</td><td>自 2022 年 08 月 10 日 08 时 00 分
至 2022 年 08 月 10 日 22 时 00 分</td></tr>
<tr><td colspan="3">工作班人员（不包括工作负责人）：高××</td></tr>
<tr><td colspan="3">工作任务：220kV 第一套母线保护定检</td></tr>
<tr><td colspan="3">工作地点：90P 220kV 母线保护屏（Ⅰ）、93P 220kV 故障录波屏、102P 继电保护试验电源屏、后台电脑</td></tr>
</table>

图 8-5 220kV 梦想站厂站第二种工作票 2（1）

<table>
<tr><td rowspan="7">工作要求的安全措施</td><td rowspan="2">工作条件</td><td>相关高压设备状态：无</td></tr>
<tr><td>相关直流、低压及二次回路状态：无</td></tr>
<tr><td colspan="2">应投切的相关直流电源（空气开关、熔断器、连接片）、低压及二次回路：在 90P 220kV 母线保护屏（Ⅰ）退出以下压板：LP11 220kV 母联 2012 开关出口一、LP12 1 号主变压器变高 2201 开关跳闸出口一、LP16 220kV 甲线 4231 开关跳闸出口一、LP27 1 号主变压器变高 2201 开关失灵跳三侧</td></tr>
<tr><td colspan="2">应设遮栏、应挂标示牌（位置）：
（1）在 90P 220kV 母线保护屏（Ⅰ）、 93P 220kV 故障录波屏、102P 继电保护试验电源屏前后悬挂“在此工作！”标示牌，并在其相邻运行屏前后悬挂“设备在运行中”红布帘。
（2）在后台电脑处悬挂“在此工作！”标示牌</td></tr>
<tr><td colspan="2">是否需办理二次设备及回路工作安全技术措施单：是，共 2 张</td></tr>
<tr><td colspan="2">其他安全措施和注意事项：无</td></tr>
<tr><td colspan="2"></td></tr>
<tr><td>签发</td><td colspan="2">工作票签发人签名：刘×× 时间：2022 年 08 月 09 日 19 时 00 分
工作票会签人签名：____ 时间：__年__月__日__时__分</td></tr>
<tr><td>接收</td><td colspan="2">值班负责人签名：王× 时间：2022 年 08 月 09 日 20 时 00 分</td></tr>
<tr><td rowspan="3">工作许可</td><td colspan="2">安全措施是否满足工作要求：□是 □否
需补充或调整的安全措施：</td></tr>
<tr><td>工作地点保留的带电部位</td><td>带电的母线、导线：
带电的隔离开关：
其他：</td></tr>
<tr><td colspan="2">其他安全注意事项：
工作许可人签名：____ 工作负责人签名：____
时间：____年___月___日___时___分</td></tr>
<tr><td>安全交代</td><td colspan="2">工作班人员确认工作负责人所交代布置的工作任务、安全措施和作业安全注意事项。
工作班人员签名：
时间：__年__月__日__时__分</td></tr>
</table>

图 8-5 220kV 梦想站厂站第二种工作票 2（2）

<table>
<tr><td rowspan="4">工作间断</td><td>工作间断时间</td><td>工作许可人</td><td>工作负责人</td><td>工作开工时间</td><td>工作许可人</td><td>工作负责人</td></tr>
<tr><td>__月__日__时__分</td><td></td><td></td><td>__月__日__时__分</td><td></td><td></td></tr>
<tr><td>__月__日__时__分</td><td></td><td></td><td>__月__日__时__分</td><td></td><td></td></tr>
<tr><td>__月__日__时__分</td><td></td><td></td><td>__月__日__时__分</td><td></td><td></td></tr>
<tr><td rowspan="6">工作变更</td><td>工作任务</td><td colspan="5">不需变更安全措施下增加的工作内容：
工作负责人签名：________ 工作许可人签名：________
工作票签发人签名：________ 时间：___年___月___日___时___分</td></tr>
<tr><td>工作负责人</td><td colspan="5">工作票签发人签名：________ 原工作负责人签名：________
现工作负责人签名：________
工作许可人签名：________ 时间：___年___月___日___时___分</td></tr>
<tr><td rowspan="4">工作班人员</td><td>变更情况</td><td>工作票签发人/工作许可人</td><td>工作负责人</td><td colspan="2">变更时间</td></tr>
<tr><td></td><td></td><td></td><td colspan="2">__月__日__时__分</td></tr>
<tr><td></td><td></td><td></td><td colspan="2">__月__日__时__分</td></tr>
<tr><td></td><td></td><td></td><td colspan="2">__月__日__时__分</td></tr>
<tr><td>工作延期</td><td colspan="6">有效期延长到：______年____月____日_____时_____分
工作许可人签名：________ 工作负责人签名：________
时间：___年___月___日___时___分</td></tr>
<tr><td>工作票的终结</td><td colspan="6">全部作业于__年__月__日__时__分结束，检修临时安全措施已拆除，已恢复作业开始前状态，作业人员已全部撤离，材料工具已清理完毕。
工作负责人签名：________ 工作许可人签名：________
时间：___年___月___日___时___分</td></tr>
<tr><td colspan="7">备注（工作转移、安全交代补充签名等）：</td></tr>
</table>

图 8-5　220kV 梦想站厂站第二种工作票 2（3）

220kV 梦想站厂站第一种工作票如图 8-6 所示，由图 8-6 可知，主变压器定检工作时，220kV 母线上所接的 220kV 甲线 4231 间隔、母联 2012 间隔均在运行状态。因此，在定检工作前，须确保主变压器变高启动母差失灵、主变压器跳高压侧母联的跳闸回路与主变压器保护装置隔离，防止出现误传动运行间隔开关的状况出现。同时还需将保护装置至各侧母线 TV 的电压回路隔离，防止在调试过程中出现调试电压波形叠加至其他保护采样回路中，导致保护的误判。

220kV 梦想站厂站第一种工作票

盖 章 处

编号：________

<table>
<tr><td colspan="2">工作负责人（监护人）：　陈××
单位和班组：变电管理二所/继保自动化一班
工作负责人及工作班人员总人数共 4 人</td><td>计划工作时间</td><td>自 2022 年 08 月 05 日 08 时 00 分
至 2022 年 08 月 09 日 22 时 00 分</td></tr>
<tr><td colspan="4">工作班人员（不包括工作负责人）：周×、乔××、刘××</td></tr>
<tr><td colspan="4">工作任务：1 号主变压器保护及测控装置定检</td></tr>
<tr><td colspan="4">工作地点：
（1）继保室：69P 1 号主变压器保护屏（A）、70P 1 号主变压器保护屏（B）、71P 1 号主变压器保护屏（C）、10P 1 号主变压器测控屏、65P 1 号主变压器故障录波屏、61P 继电保护试验电源屏、后台电脑。
（2）主变压器高压场地：1 号主变压器本体、1 号主变压器本体端子箱。
（3）220kV GIS 室：1 号主变压器变高 2201 间隔就地控制屏。
（4）110kV GIS 室：1 号主变压器变中 1101 间隔就地控制屏。
（5）10kV 高压室：1 号主变压器变低 501A 开关柜、1 号主变压器变低 1AM 侧 5011A 刀闸小车柜、1 号主变压器变低 501B 开关柜、1 号主变压器变低 1BM 侧 5011B 刀闸小车柜</td></tr>
<tr><td rowspan="3">工作要求的安全措施</td><td colspan="3">应拉开的断路器（开关）和隔离开关（刀闸）（双重名称或编号）</td></tr>
<tr><td colspan="2">断路器（开关）：
2201、1101、501A、501B</td><td>隔离开关（刀闸）：
22011、22012、22014、11011、11014
将 501A 开关小车、501B 开关小车摇至“试验”位置、将 5011A 刀闸小车、5011B 刀闸小车摇至“试验”位置</td></tr>
<tr><td colspan="3">应投切的相关直流电源（空气开关、熔断器、连接片）、低压及二次回路：
（1）将 2201、1101、501A、501B 开关操作控制方式选择 ZK 切换至“就地”位置。
（2）在 69P 1 号主变压器保护屏（A）退出以下压板：1LP16 高压侧启动失灵 1（至母差 1）、1LP20 高压侧解除失灵闭锁 1（至母差 1）、1LP23 跳高压侧母联 2012 开关出口Ⅰ。
（3）在 70P 1 号主变压器保护屏（B）退出以下压板：2LP17 高压侧启动失灵 2（至母差 2）、2LP21 高压侧解除失灵闭锁 2（至母差 2）、2LP24 跳高压侧母联 2012 开关出口Ⅱ。
（4）在 71P 1 号主变压器保护屏（C）退出以下压板：4LP1 高压侧操作箱三相启动失灵 1（至母差 1）、4LP2 高压侧操作箱三相启动失灵 2（至母差 2）。
（5）断开 22011、22012、22014、11011、11014 刀闸控制电源及电动机电源空气开关</td></tr>
</table>

图 8-6　220kV 梦想站厂站第一种工作票（1）

工作要求的安全措施	应合上的接地开关（双重名称或编号）、装设的接地线（装设地点）、应设绝缘挡板： 220140；2201B0；2201C0；110140；1101B0；1101C0；在 1 号主变压器变低 10kV 母线桥上装设接地线 1 组。 以上共合接地开关 6 把\装设接地线 1 组\装设绝缘挡板 0 块
	应设遮栏、应挂标示牌（注明位置）： （1）在继保室：69P 1 号主变压器保护屏（A）、70P 1 号主变压器保护屏（B）、71P 1 号主变压器保护屏（C）、10P 1 号主变压器测控屏、65P 1 号主变压器故障录波屏、61P 继电保护试验电源屏前后悬挂“在此工作！”标示牌，并在其相邻运行屏前后悬挂“设备在运行中”红布帘。 （2）在后台电脑处悬挂“在此工作！”标示牌。 （3）在主变压器高压场地：1 号主变压器本体、1 号主变压器本体端子箱前悬挂“在此工作！”标示牌，并在周围装设临时围栏，围栏出入口围至临近道路旁，围栏上向内悬挂适当数量的“止步，高压危险！”标示牌，并在围栏入口处悬挂“从此进出！”标示牌，在 1 号主变压器本体爬梯处悬挂“从此上下！”标示牌。 （4）在 220kV GIS室：1 号主变压器变高 2201 间隔就地控制屏周围装设临时围栏，围栏上向内悬挂适当数量的“止步，高压危险！”标示牌，并在围栏入口处悬挂“在此工作！”标示牌。 （5）在 110kV GIS室：1 号主变压器变中 1101 间隔就地控制屏周围装设临时围栏，围栏上向内悬挂适当数量的“止步，高压危险！”标示牌，并在围栏入口处悬挂“在此工作！”标示牌。 （6）在 10kV 高压室：1 号主变压器变低 501A 开关柜、1 号主变压器变低 1AM 侧 5011A 刀闸小车柜、1 号主变压器变低 501B 开关柜、1 号主变压器变低 1BM 侧 5011B 刀闸小车柜周围装设临时围栏，围栏上向内悬挂适当数量的“止步，高压危险！”标示牌，并在围栏入口处悬挂“在此工作！”标示牌。 （7）在 2201、1101、501A、501B 开关操作控制把手、22011、22012、22014、11011、11014 刀闸操作把手、501A 开关小车、501B 开关小车、5011A 刀闸小车、5011B 刀闸小车操作把手上悬挂“禁止合闸，有人工作！”标示牌
	是否需线路对侧接地：_否__
	是否需办理二次设备及回路工作安全技术措施单：_是_，共_5 张
	其他安全措施和注意事项：无
签发	工作票签发人签名：__刘××__ 时间：2022 年 08 月 04 日 10 时 00 分 工作票会签人签名：________ 时间：___年___月___日___时___分
接收	值班负责人签名：__李××__ 时间：2022 年 08 月 04 日 11 时 00 分
工作许可	安全措施是否满足工作要求：□是 □否 需补充或调整的安全措施： 是否需以手触试：□是 □否 以手触试的具体部位：
	线路对侧安全措施：经值班调度员（配电网运维人员）________（姓名）确认线路对侧已按要求执行

图 8-6 220kV 梦想站厂站第一种工作票（2）

<table>
<tr><td rowspan="2">工作许可</td><td>工作地点保留的带电部位</td><td>带电的母线、导线：
带电的隔离开关（刀闸）：
其他：</td></tr>
<tr><td colspan="2">其他安全注意事项：
工作许可人签名：__________ 工作负责人签名：________
时间：______年____月____日_____时_____分</td></tr>
<tr><td colspan="3">指定______为专责监护人 专责监护人签名：__________</td></tr>
<tr><td>安全交代</td><td colspan="2">工作班人员确认工作负责人所交代布置的工作任务、安全措施和作业安全注意事项。工作班人员签名：
时间：___年___月___日___时___分</td></tr>
</table>

<table>
<tr><td rowspan="4">工作间断</td><td>工作间断时间</td><td>工作负责人</td><td>工作许可人</td><td>工作开工时间</td><td>工作许可人</td><td>工作负责人</td></tr>
<tr><td>__月__日__时__分</td><td></td><td></td><td>__月__日__时__分</td><td></td><td></td></tr>
<tr><td>__月__日__时__分</td><td></td><td></td><td>__月__日__时__分</td><td></td><td></td></tr>
<tr><td>__月__日__时__分</td><td></td><td></td><td>__月__日__时__分</td><td></td><td></td></tr>
</table>

<table>
<tr><td rowspan="6">工作变更</td><td>工作任务</td><td colspan="4">不需变更安全措施下增加的工作内容：
工作负责人签名：__________ 工作许可人签名：__________
工作票签发人签名：__________ 时间：___年___月___日___时___分</td></tr>
<tr><td>工作负责人</td><td colspan="4">工作票签发人签名：__________ 原工作负责人签名：__________
现工作负责人签名：__________
工作许可人签名：__________ 时间：___年___月___日___时___分</td></tr>
<tr><td rowspan="4">工作班人员</td><td>变更情况</td><td>工作票签发人/工作许可人</td><td>工作负责人</td><td>变更时间</td></tr>
<tr><td></td><td></td><td></td><td>__月__日__时__分</td></tr>
<tr><td></td><td></td><td></td><td>__月__日__时__分</td></tr>
<tr><td></td><td></td><td></td><td>__月__日__时__分</td></tr>
</table>

图 8-6 220kV 梦想站厂站第一种工作票（3）

<table>
<tr><td colspan="2">工作延期</td><td>有效期延长到：______年____月____日_____时_____分
工作许可人签名：______________ 工作负责人签名：______________
时间：___年___月___日___时___分</td></tr>
<tr><td rowspan="3">工作票的终结</td><td>作业终结</td><td>全部作业于__年__月__日__时__分结束，检修临时安全措施已拆除，已恢复作业开始前状态，作业人员已全部撤离，材料工具已清理完毕。
工作负责人签名：______________ 工作许可人签名：______________
时间：___年___月___日___时___分</td></tr>
<tr><td>许可人措施终结</td><td>临时遮栏已拆除，标示牌已取下，常设遮栏已恢复。
工作许可人签名：______________ 时间：___年___月___日___时___分</td></tr>
<tr><td>汇报调度</td><td>未拉开接地开关双重名称或编号： 共__把
未拆除接地线装设地点及编号： 共__组
值班负责人签名：___________ 值班调度员：______________
时间：___年___月___日___时___分</td></tr>
<tr><td colspan="3">备注（工作转移、安全交代补充签名等）：</td></tr>
</table>

图 8-6　220kV 梦想站厂站第一种工作票（4）

8.5.4　填写工作票的其他注意事项

说明，在工作票执行过程中，经常会出现以下问题：①工作负责人因故要离开工作现场；②工作周期较长，出现工作间断和转移；③某项工作的工作量估计不足，在规定的时间内难以完成，需要延期。这些问题都要在工作票票面予以体现。

（1）工作期间，工作负责人因故暂时离开工作现场时，应暂停工作或指定有资质的人员临时代替，并交代清楚工作任务、现场安全措施、工作班人员情况及其他注意事项，并告知工作许可人和工作班人员。原工作负责人返回工作现场时，也应履行同样的交接手续。票面处理：低压配电网工作票和紧急抢修工作票如需变更工作负责人，应重新办理工作票。其他工作票如需变更工作负责人，应经工作票签发人同意并通知工作许可人，在工作票上记录变更情况和签名，工作负责人允许变更一次。原工作负责人应将变更情况告知全体工作班人员，工作交接时应暂停现场作业并做好交接。

以 8.5.3 中 220kV 梦想变电站 1 号主变压器保护及测控装置定检工作为例：原工作负责人：陈 ××；现工作负责人：周 ×；工作签发人：刘 ××；工作许

可人：王 ××，工作负责人变更情况如图 8-7 所示。

工作负责人	工作票签发人签名：刘×× 原工作负责人签名：陈×× 现工作负责人签名：周× 工作许可人签名：王×× 时间：2022年10月15日15时00分

图 8-7 工作负责人变更情况

（2）作业人员离开工作现场，工作票所列安全措施不变，宜办理工作间断，但每次复工前应检查安全措施正确完好。工作间断时，工作班人员应从工作现场撤出，所有安全措施可保持不变；但复工前应派人检查，确认安全措施完备后，方可开始工作。电话许可的工作间断时，工作票可不交回工作许可人，但要与工作许可人电话确认，并在工作票上做好记录。若属多天工作且每天间断时，应清理现场，办理工作间断手续并将工作票交回工作许可人持存；复工时，应由工作负责人和工作许可人办理工作许可手续。

每次间断及开始工作均由工作负责人和工作许可人签名并注明时间。同样以 8.5.3 中 220kV 梦想变电站 1 号主变压器保护及测控装置定检工作为例：工作负责人：陈 ××；工作许可人：王 ××，工作间断情况如图 8-8 所示。

	工作间断时间	工作负责人	工作许可人	工作开工时间	工作许可人	工作负责人
工作间断	10月15日20时00分	陈××	王××	__月__日__时__分		
	__月__日__时__分			__月__日__时__分		
	__月__日__时__分			__月__日__时__分		

图 8-8 工作间断情况

（3）由于事前对本次工作的工作量估计不足或在工作期间发生其他特殊事件而导致在批准期限内难以完工。工作需要延期时，应经工作许可人同意并办理工作延期手续。第一种工作票应在工作批准期限前 2h（特殊情况除外），由工作负责人向工作许可人申请办理延期手续。除紧急抢修工作票之外的只能延期一次。

以 8.5.3 220kV 梦想变电站 1 号主变压器保护及测控装置定检工作为例：工作负责人：陈 ××；工作许可人：王 ××，工作延期情况如图 8-9 所示。

工作延期	有效期延长到：__2022_年_10_月_18_日_17__时_00__分 工作许可人签名：__王××____ 工作负责人签名：____陈××____　　　　时间：2022 年 10 月 15 日 17 时 00 分

图 8-9　工作延期情况

8.6　二次安全技术措施单填写及实例

8.6.1　二次安全技术措施单填写说明

（1）二次措施单一式两份，作为工作票必要的补充与工作票同时填写一并使用，一般由工作负责人填写；填写应使用统一的调度、操作和继电保护术语。

（2）工作票编号：填写对应的工作票的编号。

（3）措施单编号：填写本张措施单的编号。

（4）主要内容包括：

1）将联跳运行设备、启动失灵的连接片上端头进行包裹。

2）隔离拆除接线的上下相邻端子。

3）密封带电的二次电压回路、二次电流回路。

4）密封工作票所列的空气开关、压板、把手、熔断器等。

5）隔离工作地点内运行的二次设备及二次回路。

（5）应在二次措施单中填写：

1）启动失灵、联跳、闭锁回路。

2）二次电流回路虽然停电，但存在误碰造成 TA 多点接地或误加量至运行设备的风险。

3）带电的二次电压回路，误碰引起电压回路接地或短路；或二次电压回路虽然停电，但存在误碰造成 TV 多点接地或反充电。

4）带电的二次电流回路，误碰引起电流回路开路或分流。

5）存在误碰隔离开关、接地开关遥控回路导致误分合的二次回路。

6）存在误发信到线路对侧导致对侧开关误动的光纤回路。

（6）执行人（恢复人）：工作中实际操作的人员填写姓名，一般是工作班组成员。

（7）监护人：监护操作人员填写姓名，一般是指工作负责人。

（8）审批人：审核安全措施内容人员填写姓名，一般是指工作负责人。

8.6.2　填写 220kV 母线保护定检安全技术措施单

220kV 母线保护定检安全技术措施单见表 8-1。

表 8-1　　　　220kV 母线保护定检安全技术措施单

__________________厂站二次设备及回路工作安全技术措施单

措施单编号：

工作票编号					
序号	执行	时间	安全技术措施内容	恢复	时间
（一）			在 90P 220kV 母线保护屏（Ⅰ）		
1			在 90P 220kV 母线保护屏（Ⅰ）检查：LP11 220kV 母联 2012 开关出口一在退出位置，并用绝缘胶布密封，工作完成后恢复		
2			在 90P 220kV 母线保护屏（Ⅰ）检查：LP12 1 号主变压器变高 2201 开关跳闸出口一压板在退出位置，并用绝缘胶布密封，工作完成后恢复		
3			在 90P 220kV 母线保护屏（Ⅰ）检查：LP16 220kV 甲线 4231 开关跳闸出口一压板在退出位置，并用绝缘胶布密封，工作完成后恢复		
4			在 90P 220kV 母线保护屏（Ⅰ）检查：LP27 1 号主变压器变高 2201 开关失灵跳三侧压板在退出位置，并用绝缘胶布密封，工作完成后恢复		
5			在 90P 220kV 母线保护屏（Ⅰ）将 220kV 母联 2012 开关出口一压板负电端 R133/EML-136a（X5：1）用绝缘胶布密封，工作完成后恢复		
6			在 90P 220kV 母线保护屏（Ⅰ）将 1 号主变压器变高 2201 开关跳闸出口一压板负电端 R133/1B-A142（X5：2）用绝缘胶布密封，工作完成后恢复		
7			在 90P 220kV 母线保护屏（Ⅰ）将 220kV 甲线 4231 开关跳闸出口一压板负电端 R133/1E-136a（X5：6）用绝缘胶布密封，工作完成后恢复		
8			在 90P 220kV 母线保护屏（Ⅰ）将 1 号主变压器变高 2201 开关失灵跳三侧压板负电端 133F（X5：17）用绝缘胶布密封，工作完成后恢复		
9			在 90P 220kV 母线保护屏（Ⅰ）用绝缘胶布密封母联 2012 电流回路 A320A（X12：1）、B320A（X12：2）、C320A（X12：3）、N320（X12：4），工作完成后恢复		
10			在 90P 220kV 母线保护屏（Ⅰ）用绝缘胶布密封 1 号主变压器变高 2201 电流回路 A320A（X12：7）、B320A（X12：8）、C320A（X12：9）、N320A（X12：10），工作完成后恢复		

续表

序号	执行	时间	安全技术措施内容	恢复	时间
11			在90P 220kV母线保护屏（Ⅰ）用绝缘胶布密封鹏济甲线2500电流回路A320A（X12：31）、B320A（X12：32）、C320A（X12：33）、N320A（X12：34），工作完成后恢复		
12			在90P 220kV母线保护屏（Ⅰ）用绝缘胶布密封电压回路：X14-1［A630I（1）］、X14-2［B630I（1）］、X14-3［C630I（1）］、X14-5（N600）、X14-6［A640I（1）］、X14-7［B640I（1）］、X14-8［C640I（1）］、X14-9（N600），工作完成后恢复		
			以下空白		

工作负责人（审批人）		执行人		监护人	
		恢复人		监护人	

备注：

8.6.3 填写主变压器保护定检安全技术措施单

主变压器保护定检安全技术措施单见表8-2。

表8-2　　主变压器保护定检安全技术措施单

________________厂站二次设备及回路工作安全技术措施单

措施单编号：

工作票编号					
序号	执行	时间	安全技术措施内容	恢复	时间
（一）			作业前统一密封措施		
1			逐一密封工作票列明断开的直流电源空气开关		
（二）			在69P 1号主变压器保护屏（A）		
1			在69P 1号主变压器保护屏（A）检查1LP16高压侧启动失灵1（至母差1）压板在退出位置，并用绝缘胶布密封，工作完成后恢复		
2			在69P 1号主变压器保护屏（A）检查1LP20高压侧解除失灵闭锁1（至母差1）压板在退出位置，并用绝缘胶布密封，工作完成后恢复		
3			在69P 1号主变压器保护屏（A）检查1LP23跳高压侧母联2012开关出口Ⅰ压板在退出位置，并用绝缘胶布密封，工作完成后恢复		
4			在69P 1号主变压器保护屏（A）用绝缘胶布密封高压侧启动失灵1（至母差1）压板负电端A23（带框）（1ND3），工作完成后恢复		

续表

序号	执行	时间	安全技术措施内容	恢复	时间
5			在69P 1号主变压器保护屏（A）用绝缘胶布密封高压侧解除失灵闭锁1（至母差1）压板负电端A25（带框）（1ND11），工作完成后恢复		
6			在69P 1号主变压器保护屏（A）用绝缘胶布密封跳高压侧母联2012开关出口I压板负电端R133（带框）（1ND17），工作完成后恢复		
（三）			在70P 1号主变压器保护屏（B）		
1			在70P 1号主变压器保护屏（B）检查2LP17高压侧启动失灵2（至母差2）压板在退出位置，并用绝缘胶布密封，工作完成后恢复		
2			在70P 1号主变压器保护屏（B）检查2LP21高压侧解除失灵闭锁2（至母差2）压板在退出位置，并用绝缘胶布密封，工作完成后恢复		
3			在70P 1号主变压器保护屏（B）检查2LP24跳高压侧母联2012开关出口Ⅱ压板在退出位置，并用绝缘胶布密封，工作完成后恢复		
4			在70P 1号主变压器保护屏（B）用绝缘胶布密封高压侧启动失灵2（至母差2）压板负电端B23（带框）（2ND5）用绝缘胶布包好，工作完成后恢复		
5			在70P 1号主变压器保护屏（B）用绝缘胶布密封高压侧解除失灵闭锁2（至母差2）压板负电端B25（带框）（2ND13）用绝缘胶布包好，工作完成后恢复		
6			在70P 1号主变压器保护屏（B）用绝缘胶布密封跳高压侧母联2012开关出口Ⅱ压板负电端R233（带框）（2ND19），工作完成后恢复		
（四）			在71P 1号主变压器保护屏（C）		
1			在71P 1号主变压器保护屏（C）检查4LP1高压侧操作箱三相启动失灵1（至母差1）压板在退出位置，并用绝缘胶布密封，工作完成后恢复		
2			在71P 1号主变压器保护屏（C）检查4LP2高压侧操作箱三相启动失灵2（至母差2）压板在退出位置，并用绝缘胶布密封，工作完成后恢复		
3			在71P 1号主变压器保护屏（C）用绝缘胶布密封高压侧操作箱三相启动失灵1（至母差1）压板负电端A23（带框）（4D58），工作完成后恢复		

续表

序号	执行	时间	安全技术措施内容	恢复	时间
4			在71P 1号主变压器保护屏（C）用绝缘胶布密封高压侧操作箱三相启动失灵2（至母差2）压板负电端B23（带框）（4D124），工作完成后恢复		
（五）			在69P 1号主变压器保护屏（A）		
1			在69P 1号主变压器保护屏（A）密封切换前电压二次回路端子1UD26-1UD69，工作完成后恢复		
2			在69P 1号主变压器保护屏（A）打开高压侧电压回路二次端子连接片：1UD1（9nF07）、1UD2（9nF10）、1UD3（9nF13）、1UD4（9nF16）、1UD5/1UD6（N600），并用绝缘胶布密封非工作侧端子，工作完成后恢复		
3			在69P 1号主变压器保护屏（A）打开中压侧电压回路二次端子连接片：1UD7（9nE07）、1UD8（9nE10）、1UD9（9nE13）、1UD10（9nE16）、1UD11/1UD12（N600），并用绝缘胶布密封非工作侧端子，工作完成后恢复		
4			在69P 1号主变压器保护屏（A）打开低压侧电压回路二次端子连接片：1UD13（A630Ⅲ）、1UD14（B630Ⅲ）、1UD15（C630Ⅲ）、1UD16（L630Ⅲ）、1UD17/1UD18（N600），并用绝缘胶布密封非工作侧端子，工作完成后恢复		
（六）			在70P 1号主变压器保护屏（B）		
1			密封切换前电压二次回路端子2UD26-2UD69，工作完成后恢复		
2			打开高压侧电压回路二次端子连接片：2UD1（9nF07）、2UD2（9nF10）、2UD3（9nF13）、2UD4（9nF16）、2UD5/2UD6（N600），并用绝缘胶布密封非工作侧端子，工作完成后恢复		
3			打开中压侧电压回路二次端子连接片：2UD7（9nE07）、2UD8（9nE10）、2UD9（9nE13）、2UD10（9nE16）、2UD11/2UD12（N600），并用绝缘胶布密封非工作侧端子，工作完成后恢复		
4			打开低压侧电压回路二次端子连接片：2UD13（A630Ⅲ）、2UD14（B630Ⅲ）、2UD15（C630Ⅲ）、2UD16（L630Ⅲ）、2UD17/2UD18（N600），并用绝缘胶布密封非工作侧端子，工作完成后恢复		
（七）			在10P 1号主变压器测控屏		
1			打开1号主变压器高压侧二次电压电压回路连接片：1YC11（1ZKK-1）、1YC12（1ZKK-3）、1YC13（1ZKK-5）、1YC14（N600）、1YC15（N600）、1YC16（N600）、1YC18（Ux），并用绝缘胶布密封非工作侧端子，工作完成后恢复		

续表

序号	执行	时间	安全技术措施内容	恢复	时间
2			打开1号主变压器中压侧二次电压电压回路连接片：2YC11（2ZKK-1）、2YC12（2ZKK-3）、2YC13（2ZKK-5）、2YC14（N600）、2YC15（N600）、2YC16（N600）、2YC18（Ux），并用绝缘胶布密封非工作侧端子，工作完成后恢复		
3			打开1号主变压器低压侧二次电压电压回路连接片：3YC11（3ZKK-1）、3YC12（3ZKK-3）、3YC13（3ZKK-5）、3YC14（N600）、3YC15（N600）、3YC16（N600），并用绝缘胶布密封非工作侧端子，工作完成后恢复		
			以下空白		

<table>
<tr><td rowspan="2">工作负责人
（审批人）</td><td rowspan="2"></td><td>执行人</td><td></td><td>监护人</td><td></td></tr>
<tr><td>恢复人</td><td></td><td>监护人</td><td></td></tr>
</table>

备注：

8.7 变电继电保护工作票填写常见错误及原因

日常工作中，常常会出现因为工作票填写错误导致的工作票回退现象，不仅影响了工作效率，更有可能危害到现场工作的安全。现列举常见的错误案例如下：

8.7.1 变电工作票不规范判断依据

（1）非关键词字迹不清及涂改超过3处。

（2）工作票编号漏填或填写不规范。

（3）工作计划时间超15天。

（4）未按规定盖“工作终结”“工作票终结”章或盖错章。

（5）应与工作票一同保存的安全技术交底单、二次设备及回路工作安全技术措施单、附页等，未与工作票一同保存。

（6）工作票上使用的技术术语不规范。

（7）工作票上的各类时间没有按24h制填写。

（8）其他不按《电业安全工作规程》或南方电网《电气工作票技术规范》要求填写的。

8.7.2 变电工作票不合格判断依据

（1）错用工作票，如：应办理变电工作票的办理了线路工作票；应办理第一种工作票的工作办理了第二种工作票等。

（2）计划工作时间超出计划停电时间或已过期。

（3）工作票关键字、词字迹不清、错漏。

关键词为：①断路器、隔离开关、接地开关、保护压板等设备的名称和编号、接地线安装位置；②断开、合上、投上、取下、短接、拆除、投入、装设、悬挂；③有关设备编号的阿拉伯数字，甲、乙，一、二，Ⅰ、Ⅱ，A、B 等；④工作许可时间、工作终结时间。

（4）工作票面工作班人名、人数与实际不符。

（5）工作任务、工作地点填写错漏或不明确（包括电压等级及设备名称）。

（6）工作要求的安全措施不正确、不具体、不完善。如：

1）漏、错填应拉开关和隔离开关。

2）漏、错填应投切的直流电源、低压及二次回路。

3）漏、错填应合接地开关、装设接地线或装设地点错误。

4）应设绝缘挡板未装设或装设地点不当。

5）应挂的标示牌漏挂或错挂；应按规定设置遮拦未设或设置不当。

6）线路对侧应接地而未接地。

7）应办理二次设备及回路工作安全技术措施单而未办理。

（7）应“双签发”的工作票没有“双签发”。

（8）工作许可栏的安全措施不当。如：

1）对工作要求的安全措施是否满足要求未作出评价并按实际补充或调整。

2）线路对侧需做安全措施者未经调度确认对侧是否已按要求执行。

3）应注明的保留带电线路或带电设备及其他安全注意事项未注明。

4）工作许可时间未填写。

（9）工作负责人有变更时未办理变更手续。

（10）应办理延期的工作未按要求办理工作延期手续。

（11）工作需办理工作间断手续的未办理或记录不全。

（12）未经许可人同意擅自增加工作内容；增加工作内容时需变更或增设安全措施者，未重新办理工作票。

（13）工作过程中需要变更安全措施时，未经许可人签名同意。

（14）工作票中工作票签发人（包括会签人）、工作负责人、工作许可人不具备资格的，或冒签名、漏签名、签名不全。

（15）一个工作负责人同一许可工作时段持有两张或以上的工作票。

（16）其他工作票附件（包括安全技术交底单、二次设备及回路工作安全技术措施单、附页等）不符合《电业安全工作规程》或南方电网《电气工作票技术规范》规定可能会引发事故者。

8.7.3 工作票填写常见错误主要原因

（1）工作范围复杂的工作票出错率高，主要是因为工作地点的错填、漏填。

（2）由于写票人员经验较少，要求的安全措施不足或多余，操作术语不规范。

（3）写票时所参考的接线图与现场实际接线方式不对应导致的填写错误。

（4）计划工作取消或非计划工作未提前向值班负责人上报。

（5）粗心大意导致的一些细节错误，如工作班人员数量不对应等。

（6）写票前写票人对工作内容及范围不明确，不熟悉工作现场。

（7）班组人员写票练习少，不了解常规工作中的安全措施要求。

（8）班组内部未保存准确可靠的台账数据，或相关数据未及时更新。

本章思考题

（1）热备用、冷备用及检修状态下，第一种工作票上工作要求的安全措施有何不同？

（2）在已经处于检修状态的电容器上进行工作，是否应该填写第一种工作票？

（3）110kV 线路保护定检、220kV 线路保护定检和 500kV 线路保护定检，在二次回路上要做的安全措施有何异同点？

（4）线路保护定检与主变压器保护定检，在二次回路上要做的安全措施有何异同点？

（5）工作票签发人能否担任本次工作的工作负责人？为什么？

（6）在工作班组工作期间工作间断时，工作班组成员如何安排？

（7）写出变电工作票不规范判断依据和不合格判断依据，至少各 5 条。

（8）写出工作票填写常见错误主要原因，至少 5 条。

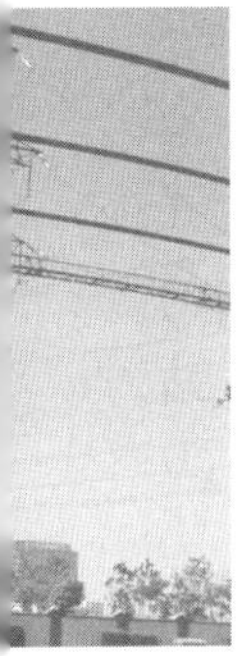

9

继电保护防四类误操作事故措施介绍

9.1 概　　述

防止继电保护及二次回路事故的发生是继电保护作业人员的工作重点，一直以来，尝试从技术措施和组织措施方面入手，但从全网来说，各种类型的继电保护人为责任事故仍层出不穷，特别是继电保护四类误操作［误碰、误接线（含误拆线）、误整定、误投退压板］事故的发生最为突出，给电网的安全稳定运行带来巨大的危害。本章根据现场故障原始资料，简要分析和总结了各类四类误操作案例发生的具体原因，并在此基础上提出有效的防范措施，将防止继电保护四类误操作事故措施归纳总结，对现场防止继电保护四类误操作事故的发生具有一定的借鉴意义。

9.2 防“误碰”类

9.2.1 误碰引起 TV 二次电压回路失压及断路器跳闸

1. 事故事件简述

某年某月某日，220kV 某变电站 220kV Ⅱ母母线 TV 端子箱中保护组专用二次电压回路的空气开关跳闸，导致站内的 220kV Ⅱ母母线 TV 保护组电压消失，站内挂 220kV Ⅱ母母线运行的各间隔报 TV 断线告警。

2. 事故原因分析

事故发生时，施工队在该站进行 2 号主变压器保护更换改造工作，如图 9-1

所示。在执行安全措施拆除电压回路时因误碰造成电压回路C相接地短路，如图9-2所示。引起220kV Ⅱ母母线TV端子箱中保护组专用二次电压回路的空气开关跳闸，如图9-3所示。从而导致站内的220kV Ⅱ母母线TV保护组电压消失，站内挂220kV Ⅱ母母线运行的各间隔报TV断线告警。

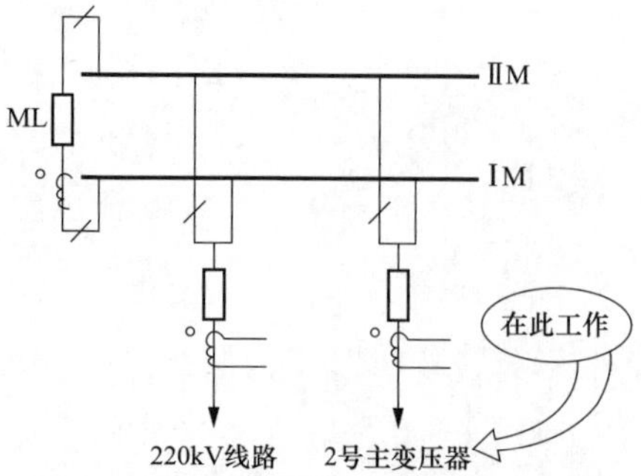

图9-1　2号主变保护工作间隔示意图

图9-2　电压回路C相接地短路示意图

图9-3　TV端子箱内二次电压回路空气开关跳开示意图

3. 防范措施

（1）在进行二次回路工作前，必须认真阅读图纸，掌握原理，熟知二次接线回路，对工作中存在的危险点采取完备、有效的安全措施，如：工作前填写二次安全措施单，由第二人核对是否存在错误、漏项等；工作中解除二次线头时必须由第二人监护，对解除的二次线采取用绝缘胶布包扎措施，并记录；工作结束后必须第二人监护，依次按照二次安全措施单内容恢复，并检查是否存在恢复位置错误、漏项等情况。

（2）对于工作涉及拆、接运行中的带电回路，必须在摸清回路、制定可靠安全措施后方可进行，如：案例中可在摸清回路、确认电压回路两侧接线端子的情况下，优先拆除TV接口屏侧的电压回路二次线，同时在2号主变压器保护屏侧进行测量，再确认源头侧（TV接口屏侧）已解开二次电缆无电后再拆除2

号主变压器侧电缆，则可避免误碰事故发生。

9.2.2 工器具使用方法不当导致保护跳闸事故

1. 事故事件简述

某年某月某日，某电站施工人员在3号主变压器保护更换期间进行电缆拆除工作时，不同电缆之间芯线存在相互缠绕的现象。施工人员为施工方便，用剪线钳直接剪切电缆，在剪切的过程中，由于工器具使用方法不正确导致保护跳闸事故。

2. 事故原因分析

因为用剪线钳直接剪切电缆时，剪线钳属于导体，将正电源与保护跳闸回路连通，导致保护跳闸事故。

3. 防范措施

（1）在清理运行中的设备和二次回路时，应使用绝缘良好的工器具，金属裸露部分采用缠绕绝缘胶带的措施进行处理（如螺钉旋具等），剪切电缆前，要确认电缆两端均已与回路断开连接，再逐一剪切。

（2）解除或调整有关带电二次回路时，必须安排由一人操作，另一人监护。

（3）工作前指定专人对工器具绝缘性能进行检查；配备合格、符合安全要求的安全工器具，做好工器具定期维护工作。

（4）施工作业严格执行标准化作业流程，完善危险点分析与控制措施。

（5）在电缆退运等需要进行剪电缆操作前一定要先逐根测量电缆不带电再操作。

9.2.3 工作方法不当导致主变压器保护跳闸事故

1. 事故事件简述

某年某月某日，某供电局工作人员在完成220kV母差及失灵保护定检后恢复安全措施，在恢复1号主变压器变高2201开关跳闸回路时，由于端子排安装位置原因造成视角偏差，同时跳闸回路端子布置不规范，正、负电端子间未按照规范要求以一个空端子隔开，跳闸电缆负电端误碰到正电源端子上，造成1号主变压器变高2201开关跳闸事故。

2. 事故原因分析

跳闸回路负电端直接碰到了正电源端子上，将正电源与跳闸回路连通，造成1号主变压器变高2201开关跳闸事故。

3. 防范措施

（1）端子布置时，应严格按照规范要求将正电端与跳闸负电端尽可能远离。

（2）对位置不够、视觉存在偏差的工作点，应站在绝缘凳上平视操作端子并在监护下进行工作。

（3）二次线回路号、端子号应齐全、清晰，线号应采用双重编号，宜增加回路号；对于联跳回路的线号，除采用双重编号外宜增加回路号及间隔电缆号（如：Y1−111 跳闸 D45、33）。

9.2.4 防“误碰”类措施

（1）在现场工作开始前，必须了解工作地点一、二次设备的运行情况，本工作与运行设备有无直接联系（如安稳，备自投等），与其他班组工作有无存在交叉作业风险。

（2）工作负责人应检查运行人员所做的安全措施是否全面、符合要求，在保护屏的正面、背面由运行人员设置“在此工作”的标识牌，相邻的运行屏前后应有“设备在运行中”红布帘，需要围栏的工作地点严格按照要求执行围栏措施，工作人员在工作前应确认设备名称与位置，严防走错位置。

（3）不允许在运行的保护屏上钻孔；尽量避免在运行的保护屏附近进行钻孔或进行任何有振动的工作，如要进行，则必须采取妥善保障措施，以防止振动引起运行的保护误动作。

（4）在继电保护屏间的过道上搬运或安放试验设备时，要注意与运行设备保持一定的距离，防止误碰造成误动。

（5）在清扫运行中的设备和二次回路时，应认真仔细，并使用绝缘工具（毛刷、吹风设备等），特别注意防止振动，防止误碰。

（6）禁止非专业人员在运行中的微机保护上学习、翻看保护内容。以防止引起保护误动。

（7）在现场保护屏前后禁止使用对讲机，防止因电磁波等干扰源而引起保护误动。

（8）工作中必须进行双人监护，严禁单人工作发生误碰导致事故事件的发生。

9.2.5 防“误碰”类危险点描述及分层管控措施剖析

［**例 9-1**］：与保护屏的相邻运行屏之间无明显区分标志、无隔离措施、检修端子与带电端子之间未有效隔离，未加装端子绝缘小隔板，造成误碰。

分层管控措施：

员工：①现场工作人员应加强对运行屏柜的管控措施，对于非工作地点的运行屏柜，应用绝缘胶布密封屏柜的前后柜门；对于工作地点的运行屏柜，在工作时由班组人员全程监护，在非工作时刻将屏柜前后柜门密封，按照运行屏柜管控；②工作前或复工前，工作负责人会同运行人员核对现场安全措施与工作票所列的安全措施一致；③工作前要检查检修端子与带电端子之间用绝缘材料进行有效隔离，或加装端子绝缘小隔板；④工作前，要注意对检修设备与公共设备之间联跳回路的分析，并执行好安全技术措施，以隔离公共设备。

班组：①排查运行人员所做安全措施是否满足安全工作要求，在工作屏前后设置“在此工作”标示牌，并将相邻的装置柜门关闭或对相邻运行设备采用挂“设备在运行中”红布帘等隔离措施；②在集中组屏的某一保护装置上工作时，对同屏中其他运行保护装置采取隔离措施或安全提示；③要做好危险点分析与预控工作。

部门：①审核“继电保护现场工作二次安全措施单”填写正确无误；②管理人员要到现场把关，工作中检查、监护，加强督察力度。

［**例 9-2**］：在二次设备上工作时，工作中工器具使用方法不正确、使用不合格的工器具，造成误碰引发事故事件发生，如：用剪线钳直接剪切电缆、清扫工作未使用绝缘工具，螺钉旋具的金属裸露部分未用绝缘胶带缠绕等。

分层管控措施：

员工：①掌握正确的使用工器具的技术技能；②具备工器具不正确使用可能造成设备误跳闸的风险意识，并具备识别隐患的能力；③能够按照要求在开工前进行工器具检查，检查工器具是否有破损、是否金属部位裸露过多，能在开工前发现问题并解决问题。

班组：①定期组织开展安全工器具使用的相关培训，提升班组员工工器具操作技能；②加强培训班组员工工器具检查、规范使用意识，提升班组员工安全意识；③加强班组工器具管理水平，提升工器具管理办法。

部门：①配备合格、符合安全要求的安全工具器具；②加强员工事前超前管控风险的意识。

［**例 9-3**］：对于工作重要环节的操作缺少监护、操作不规范，造成误碰。如：操作保护压板、切换开关、定值区、交直流空气开关、电流试验端子，插拔保护插件，测查交、直流回路无人监护，现场打开的线缆未进行可靠的绝缘包扎处理，试验接线后没有专人检查。

分层管控措施：

员工：①现场工作人员不得随意扩大工作范围、增加工作内容。在工作中，工作负责人对重要环节的操作进行检查，并组织专人监护；②在端子上工作时，要做好绝缘措施。在解除接线时，要逐根可靠包扎；③对于现场解开的电缆芯也必须进行良好可靠的包扎处理并牢固固定。特别要明确有关电流互感器的试验工作，必须将相关二次线全部打开，并立即进行包扎处理，同时做好记录，防止 TA 二次开路；④试验接线后，应由专人检查，确认正确无误。

班组：①对工作中重要环节要设专人监护；②工作时若需在二次回路上做安全措施以及工作结束后恢复安全措施，应至少由两人进行，由工作班成员操作，工作负责人或监护人监护；③加强危险点分析及预控。

部门：①部门管理人员现场把关，工作中检查、监护；②作业指导书对防止可能导致的误碰，措施要细化，指导性要强。

[**例 9-4**]：二次设备本身存在缺陷。如：二次设备标识不清楚，出口继电器无防护罩，装置端子布置不合理，造成误碰。

分层管控措施：

员工：①对位置不够、视觉存在偏差的工作点，应站在绝缘凳上平视操作端子并在监护下进行工作；②布置端子时，应将正电端与跳闸负电端尽可能远离；③对无防护罩的出口继电器加防护罩。

班组：①二次线回路号、端子号应齐全、清晰。线号应采用双重编号，宜增加回路号。对于联跳回路的线号，除采用双重编号外宜增加回路号及间隔电缆号（如：Y1−111 跳闸 D45、33）；②对复杂二次接线，如 3/2 主接线方式的 TA 二次和电流接线，采用标识牌。

部门：①二次设备名称、编号、标识应正确、规范；②对于正常运行时不允许操作的按钮，明确注明"禁止操作"标识。

[**例 9-5**]：二次设备附近其他工作振动较大，通信干扰与二次设备距离过近，造成误碰。

分层管控措施：

员工：①尽量避免在运行的保护屏附近进行钻孔或进行任何有振动的工作，如要进行，则必须采取妥善防振措施或停用易误动的保护；②不宜在保护室内、运行中 TV、TA 及其端子箱、开关端子箱附近进行电焊作业。

班组：①在二次设备工作应与一次设备满足安全距离要求；②加强现场监护。

部门：①督促班组提前做好危险点分析，管控措施完备；②加强现场监护。

[**例 9-6**]：重要工作现场安全措施不完善，监护不到位，人员安排不合理，如：工作前未勘查现场，未进行危险点分析，安全措施未落实，作业人员不清楚本次作业内容、作业范围、危险点等发生误碰。

分层管控措施：

员工：①未经允许的工作人员拒绝执行；②作业前，作业人员应清楚作业内容、作业范围、危险点；③工作监护人认真履行监护职责。

班组：①对大型工程、重要设备，特别是复杂保护（母差保护、主变压器保护）试验，应提前进行现场勘查。制定详尽的试验方案、继电保护二次安全措施单，并认真组织学习；②合理安排工作，加强安全意识和技术培训，保证每个工作人员在工作中对危险点认识准确。

部门：①对作业人员进行培训，提高作业人员的安全意识；②督促班组提前做好危险点分析，检查安全措施完备；③加强现场监护。

9.3 防“误接/误拆线”类

9.3.1 误接线导致主变压器变高断路器跳闸

1. 事故事件简述

某年某月某日，某工程公司施工人员在某220kV变电站进行1号主变压器220kV专旁2015断路器测控装置改造工作，施工人员对220kV专旁2015断路器进行手合同期传动试验，在试验过程中造成1号主变压器变高2001断路器误跳闸。

2. 事故原因分析

（1）经过检查发现事故是由于施工人员对220kV专旁2015断路器测控装置改造的过程中误接线及原设计存在缺陷所致，即将1号主变压器保护跳220kV旁路的回路R133I误接至1号主变压器保护跳1号主变压器高压侧2001断路器回路R133I处。

（2）设计缺陷：1号主变压器B柜2CD39至1号主变压器A柜1CD40连线没有拆除，1号主变压器B柜应拆除2CD39、2CD40连接片及2CD42、2CD42连接片的现场改接线注释表述不清楚。

3. 防范措施

（1）立即拆除错误的接线，开展改造类工作前必须摸清待改造设备回路。

（2）工作人员务必加强工作责任心，注重细节，严格执行各项安全措施，工作中认真监护，及时分析排查现场工作中存在的薄弱环节，发现隐患立即进行处理。

（3）加强对现场施工图纸管理；严格执行审图工作，对扩建、技术改造工程应认真对照现场接线图进行设计，避免误接线事故再次发生。

（4）对于改造中可能涉及运行设备跳合闸的相关回路必须加强管控，严防误接线导致设备跳合闸。

9.3.2 现场接线错误导致失灵保护误动

1. 事故事件简述

某年某月某日，当某220kV变电站110kV线路区外故障时，发生220kV失灵保护误动作，造成该站挂220kV 2M母线运行的设备跳闸，从而导致220kV ⅡM母线失压，如图9-4所示。

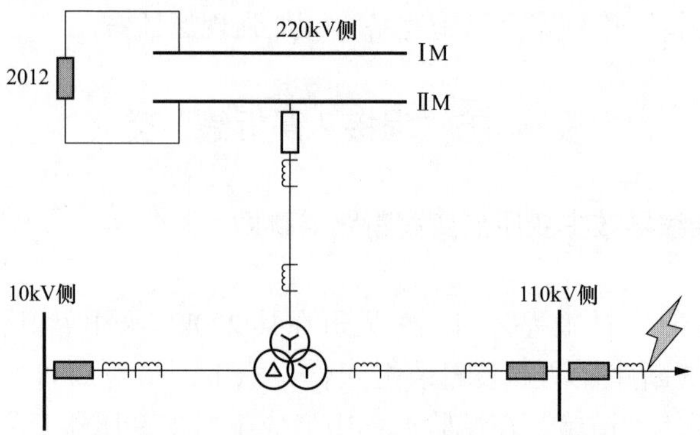

图 9-4　区外 110kV 线路故障示意图

2. 事故原因分析

（1）事故调查时发现，该站 1 号主变压器变高失灵启动回路只经过失灵启动电流接点和母线切换接点串接启动失灵保护，未串接保护动作节点，未经保护动作接点把关。当 110kV 线路区外故障时，因 110kV 快速保护未能动作，各项电气判据满足，失灵保护经 0.5s 延时出口跳闸。

（2）检查图纸发现 1 号主变压器失灵启动回路原理图逻辑正确，端子排图有错误，现场接线错误，施工、调试、验收未能发现接线错误，最终导致失灵保护误动，如图 9-5 所示。

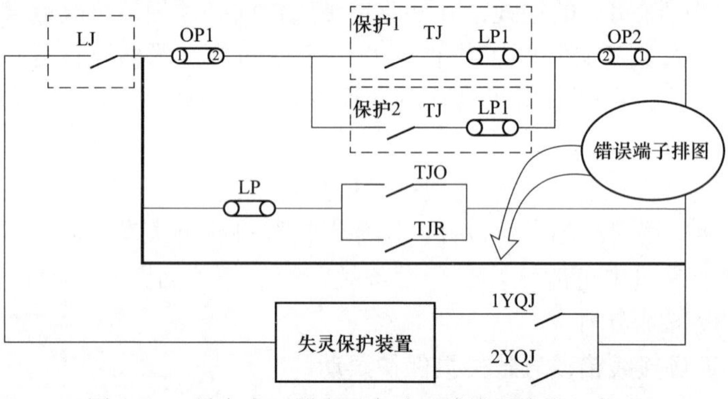

图 9-5　1 号主变压器失灵启动回路错误接线示意图

3. 防范措施

（1）事情发生之后，立即进行了失灵保护启动回路的专项普查及整改。

（2）根据自身情况，举一反三，结合保护定检工作认真检查失灵启动回路。

（3）加强对继电保护设计、施工、验收、定检及运行维护工作中仍存在薄弱环节和安全隐患进行检查，防止类似事故再次发生。

（4）施工前必须严格按照要求开展图纸审核，在施工过程中严禁按照单一图纸施工。

9.3.3 二次回路接线错误导致保护拒动

1. 事故事件简述

某年某月某日，某110kV线路发生单相接地故障，两侧线路保护动作结果不一致，线路一侧零序保护动作，使本侧断路器跳闸，而线路另一侧零序保护拒动开关未跳闸。

2. 事故原因分析

事故发生后，针对零序保护拒动的原因开展调查，结果发现线路保护N相电流回路接线错误，如图9-6所示。

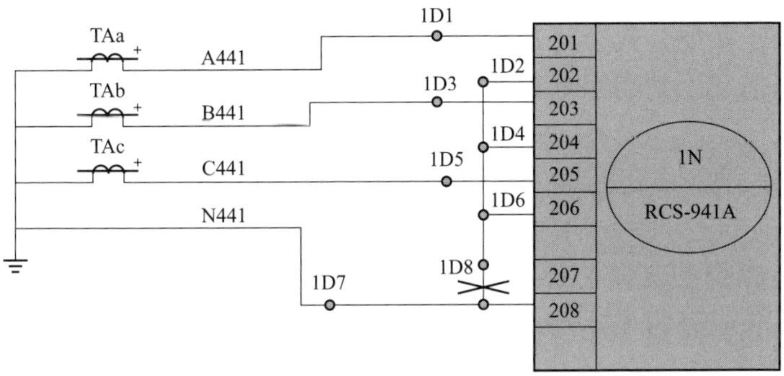

图9-6　N相电流回路接线错误示意图

电流互感器二次回路N相电流N411的1D7端子与1D8端子在保护屏端子排处被短接在一起，导致零序方向保护电流元件的线圈无电流通过，当线路发生单相接地故障时，零序方向保护未检测到电流，从而造成保护拒动。

3. 防范措施

（1）事情发生之后，立即将保护屏端子排处的电流回路按照设计图整改，即将1D8端子线头从1D7端子处解出接到零序方向保护的另外一端，图中207装置n端子处，如图9-7所示。

（2）结合保护回路验收、保护定检工作认真检查保护各回路的完整性；

（3）在验收及日常定检工作中要加强电流回路的验收，采样应分别加平衡量及不平衡，用以校验零序电流的采样；

（4）在验收及日常定检工作中要按照规范要求正常开展保护装置逻辑调试工作，杜绝保护拒动的情况。

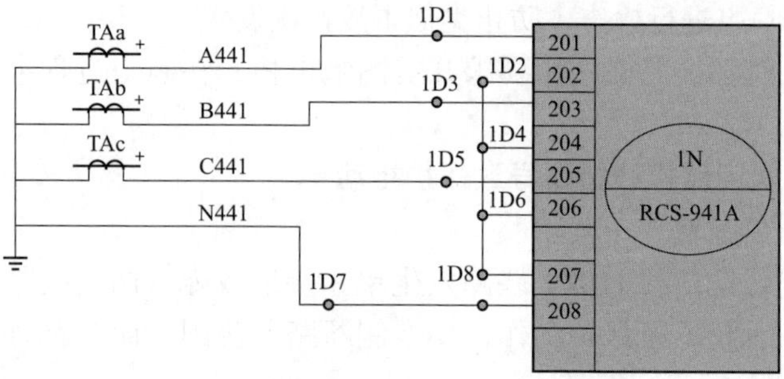

图 9-7　N 相电流回路接线正确示意图

9.3.4　防“误接 / 误拆线”类措施

（1）在现场工作前，工作人员必须明确分工并熟悉图纸与检验规程等有关资料，严禁无图纸工作。

（2）对于重要、复杂的保护装置或有联跳回路的保护装置的改造类工作，在现场工作前应编制经审批的施工方案和由工作负责人填写，并经审批的安全措施单。

（3）在一次设备运行而二次保护部分停用的情况下进行工作时，应特别注意隔离不经连接片的跳、合闸回路及与运行设备安全有关的连线。

（4）在检验继电保护及二次回路时，凡与其他运行设备二次回路相连的连接片和接线应有明显标记，并按安全措施票仔细地将有关回路隔离，并做好记录。

（5）在运行中的二次回路上工作时，必须由一人操作，另一人作监护，监护人由技术经验水平较高者担任。

（6）在进行试验接线前，应了解试验电源的容量和接线方式，注意通过有极差配合和漏电开关的配电箱取用试验电源。

（7）对交流二次电压回路通电时，必须可靠断开至电压互感器二次侧的回路，防止反充电。

（8）对电流互感器二次回路进行短路接线时，应用专用短接片或导线压接短路。

（9）现场工作应按图纸进行，严禁凭记忆工作。如发现图纸与实际接线不符时，应查线核对，如有问题，应及时汇报，经查明原因，编写出更改方案和制定具体的防四误的技术措施，并经相关专业负责人审核、批准，按正确接线修改更正，并进行存档和备案。

（10）保护装置进行整组试验时，禁止采用继电器触点短接的办法进行。传动或整组试验后不得在二次回路上进行任何工作，否则应重新进行相应的试验。

9.3.5 防“误接 / 误拆线”类危险点描述及分层管控措施剖析

[**例 9-7**]：施工现场未按图施工，未按图接线。

分层管控措施：

员工：①施工前严格按照要求进行图纸审核，对于图纸有错漏的情况，要及时指出并加以修改；②严格按图纸施工，通过相关试验加以验证；③无用的接线、临时接线应及时拆除，严防寄生回路；④现场工作应按图纸进行，严禁凭记忆工作；⑤如发现图纸与实际接线不符时，应查线核对，如有问题，应查明原因，并按正确接线修改更正，然后记录修改原因和日期。

班组：①现场接线应满足保护逻辑、二次反措要求，通过相关试验加以验证；②保护装置二次接线变动或改进时，应进行相应的传动试验，必要时还应模拟各种故障进行整组传动试验。同时，无用的线应及时拆除，并用拉合直流电源来检查接线有无异常。

部门：①开展《继电保护和电网安全自动装置现场工作保安规定》学习；②加强继电保护现场人员的安全教育，增加责任感，培养保护人员严、细、实的工作作风。

[**例 9-8**]：保护装置交流回路接线不正确。如：TA、TV 的准确级、变比、极性使用不正确，或接线不正确，无接地、接地点错误或多点接地，TA 二次绕组分配不满足保护选择性要求，存在死区。

分层管控措施：

员工：①现场需开展一次通电试验及伏安特性试验，进行一次升流、TA 参数测试，检查 TA 和 TV 变比、二次极性、接线、准确级正确；②现场应测试 TA、TV 绝缘，检查其 N 相是否存在接地点错误或多点接地的情况；③交流回路应测试 TA、TV 的 N 相不平衡电流、电压量，以检查其 N 相接线完好；④变动 TA、TV 的一、二次回路后，应进行 TV 核相，带负荷测试，以检查其极性的正确；⑤断开 TA、TV 的二次回路，包括 A、B、C、N 相，恢复时要开展通断等相应的检查，要确保 N 相接线的完好，防止 TA 二次开路、TV 二次短路；⑥传动试验时，不仅要监视保护装置动作情况，操作箱相别指示、控制屏信号、遥信，SOE 信号、录波情况。同时需要派专人观测开关实时动作情况；⑦对向量测试数据，要认真分析，确保正确；⑧进行调试工作时，认真查线，核对接线的正确性。

班组：①带方向性的保护和差动保护新投入运行时，或变动一次设备、改变交流二次回路后，应带负荷测试，验证电流、电压回路极性、变比及接线正确；②差动保护除应检查各支路 N 相、公共接地点不平衡电流外，还应检查差动保护装置中差动回路的不平衡电流、不平衡电压，采样回路极性的正确性；

③保护装置二次接线变动时，应进行相应的传动试验。必要时还应模拟各种故障进行整组传动试验。

部门：①作业前检查，作业中监视，工作后复查；②加强对继电保护人员的技术培训，针对二次回路接线原理和常见问题，进行专题讲解分析；③对继电保护的极性测试结果分析，制定严格的审核验收程序，避免人员误判断。

[**例 9-9**]：设计错误，图纸与现场设备接线不符、回路编号、元件标识不正确、不规范、意思不明确。

分层管控措施：

员工：①工作中认真核查每一根接线并通过电流、电压量综合判断不明回路线的用途；②及时修改图纸，确保与现场接线保持一致；③验收时确保图实一致，发现图纸有错误时及时更改并注明原因。

班组：工作前，组织有现场工作经验的负责人对图纸进行审核。

部门：①施工、验收前认真审图；②图纸若有疑问，及时与设计部门沟通；③审核工作的负责要落实到人；④规范管理流程；⑤组织协调好各部门间图纸的设计与审核工作。

[**例 9-10**]：保护及自动化装置直流回路接线错误。如：直流回路存在寄生回路，拆除接线后恢复不正确。

分层管控措施：

员工：①严防寄生回路存在，无用的备用连片、连接线应及时拆除，并用拉合直流电源来检查接线有无异常；②电缆备用芯头应用绝缘胶带缠绕起来；③拆开或短接二次回路中任何线头时，各线头处必须做好标记，并记录清楚；恢复时，应逐项核对无误，确保接线正确。严禁凭记忆或经验变动。

班组：①工作中使用《继电保护二次安全措施单》，并严格执行；②对拆除线进行恢复接线后，应专人检查；③保护装置二次接线变动时，应进行相应的传动试验；④必要时还应模拟各种故障进行整组传动试验。

部门：①作业前检查，作业中监视，工作后复查；②组织开展专业人员技能培训。

[**例 9-11**]：图纸管理不规范。如：无图纸、图纸不齐全或图纸改动后未履行审批手续。

分层管控措施：

员工：①现场改动图纸应履行审批手续；②发现图纸与实际接线不符时，应查明原因，并按正确接线修改更正，然后记录修改原因和日期，并上报班组。

班组：①现场应有完善的施工和竣工图纸，并与现场设备一致；②修改接线后应试验正确，方可投运。

部门：①加强现场监督；②相关部门管理人员要对现场变更的接线和改动图纸进行审核；③规范图纸资料的接收移交管理流程。

9.4 防“误整定”类

9.4.1 误整定造成 500kV 主变压器零差保护误动

1. 事故事件简述

某年某月某日，某 500kV 变电站的某 500kV 线路发生区外 A 相瞬时故障，此时该站的 3 号主变压器两套保护装置的零差保护动作跳开主变压器各侧开关。根据保护装置提供的故障电流波形显示：当该站 500kV 线路发生区外故障时，流经变压器保护的零序差流为 0.35 I_n（装置定值为 0.2 I_n），因此变压器零差保护动作，如图 9-8 所示。

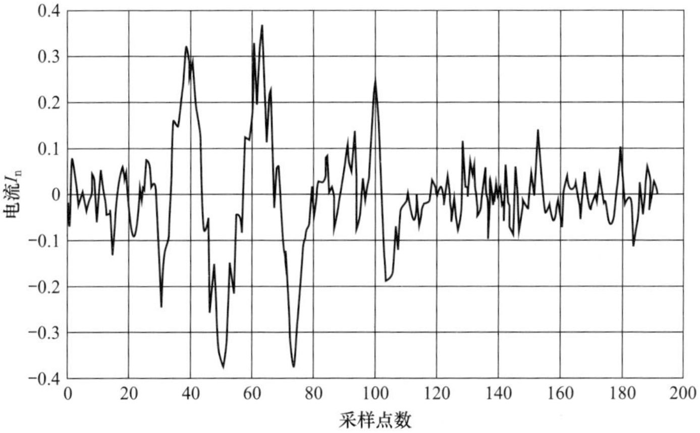

图 9-8　故障电流波形示意图

2. 事故原因分析

事故事件发生后检查发现 3 号主变压器Ⅰ侧 2 支路零差平衡系数不正确是本次区外故障零差保护误动的原因。经检查发现Ⅰ侧 2 支路零差调整系数为 0，而Ⅰ侧 2 支路零差调整系数之所以为 0，是因为厂家工作人员现场工作的疏忽，在固化保护程序后未下载典型定值，导致装置中“Ⅰ侧为一个半开关接线”定值为“0”，没有整定为“1”，从而使得保护装置自身计算出Ⅰ侧 2 支路零差调整系数为 0，造成零差保护误动，如图 9-9 所示。

3. 防范措施

（1）各运行单位应对所管辖的保护装置进行再次核对，对每个定值区打印

序号	定值名称	:	数值	序号	定值名称	:	数值
01	Ⅰ侧1支路平衡系数	:	04.000	09	Ⅱ侧2支路二次额定电流	:	00.745A
02	Ⅰ侧2支路平衡系数	:	04.000	10	Ⅲ侧二次额定电流	:	03.137A
03	Ⅱ侧1支路平衡系数	:	02.947	11	零差Ⅰ侧1支路平衡系数	:	00.999
04	Ⅱ侧2支路平衡系数	:	02.947	12	零差Ⅰ侧2支路平衡系数	:	00.000
05	Ⅲ侧平衡系数	:	00.700	13	零差Ⅱ侧1支路平衡系数	:	01.599
06	Ⅰ侧1支路二次额定电流	:	00.549A	14	零差Ⅱ侧2支路平衡系数	:	00.000
07	Ⅰ侧2支路二次额定电流	:	00.549A	15	零差公共绕组平衡系数	:	01.666
08	Ⅱ侧1支路二次额定电流	:	00.745A	16		:	

错误定值

图 9-9 错误定值示意图

一份定值单，查看打印定值中的各侧零差平衡系数，查看Ⅰ侧 2 支路和Ⅱ侧 2 支路的零差平衡系数是否为零，并作为定值档案进行管理，以确保运行安全，避免整定错误。

（2）现场保护应把好验收关，在厂家进行保护升级或新设备投运时，要求厂家应对每个定值区必须下载一次典型定值，并进行严格的试验，投运前应核对打印定值单中各侧零差平衡系数是否正确。

（3）要求保护厂家加强对其现场技术支持人员的技术培训，只有在技术支持人员对工作内容熟知以及操作步骤熟练后，才能派到现场进行技术服务。

9.4.2 一、二次定值折算错误导致变电站失压

1. 事故事件简述

某年某月某日，某 220kV 变电站进行投产工作，当时站内的运行方式为 110kV 侧Ⅰ、Ⅱ母母线并列运行，当某个供该站 110kV 侧Ⅰ母母线的 AB 线路对侧站解电磁环时，该站的 110kV 母联断路器过流保护动作跳闸，导致供电该站 110kV 侧Ⅰ母母线的线路对侧站失压。

2. 事故原因分析

事故发生后检查发现，根据事故前的运行方式分析，在 AB 线路对侧站解环后，对侧站的负荷则由原来的该 220kV 变电站 AB 线路供给改为通过 DC 线路供给，此时该 220kV 变电站的 110kV 侧母联断路器也唯一通过负荷电流。

整定部门给出的 110kV 母联保护定值单上的临时定值为一次值，现场工作人员整定时误将变比 600/5 看为 1200/5，此时进行二次折算时误整定为正确值的

一半，导致在AB线路对侧站解环时110kV母联过流跳闸，造成变电站失压事故，如图9-10所示。

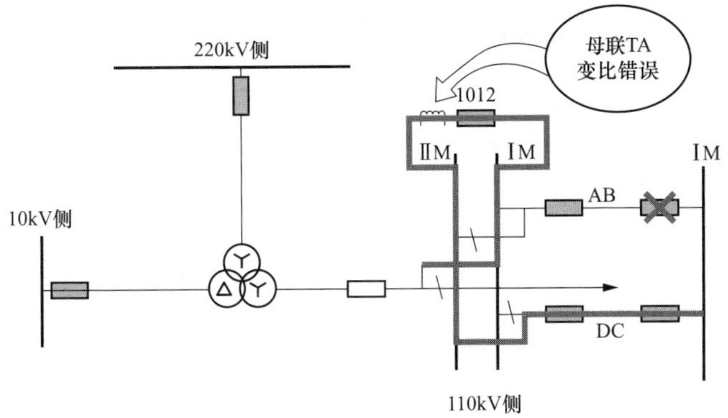

图9-10　母联TA变比误看示意图

3. 防范措施

（1）整定部门下达的保护定值应同时标注一、二次整定值，从而减少中间的换算环节，避免错误。

（2）工程验收等工作中应对设备的参数如变比等情况进行记录，并写入运行说明中，对一些如母联定值强调注意事项。

（3）现场整定定值前必须要核查清楚相应间隔的变比，尤其涉及母差等保护装置时折算完毕后定值须由双人确认，确认无误后方可执行定值。

9.4.3　定值整定错误导致主变压器误动事故

1. 事故事件简述

某年某月某日，某220kV变电站内一条110kV线路处于热备用状态，在当时恶劣气候情况下，该线路的A相阻波器遭雷击；同时相邻一条110kV线路也遭雷击，A相接地短路，该线路零序Ⅰ段保护动作将故障切除，3s后线路重合闸动作成功，恢复送电。但在该线路动作跳闸的同时该站1号主变压器B屏中后备保护零序过流Ⅰ段第二时限也出口动作，在1号主变压器无故障的情况下将1号主变压器中压侧开关跳开，1号主变压器变中误跳闸，如图9-11所示。

2. 事故原因分析

事故发生后检查二次回路和保护装置均未发现异常，工作人员对整定值进行核查，发现该变电站1号主变压器A屏和B屏零序过流Ⅰ段保护所用的TA变比不一致，A屏取于断路器TA，变比为600/5；B屏取于套管TA，变比为1200/5。如图9-12所示。因此，在定值整定时应将A屏和B屏分别整定。A屏

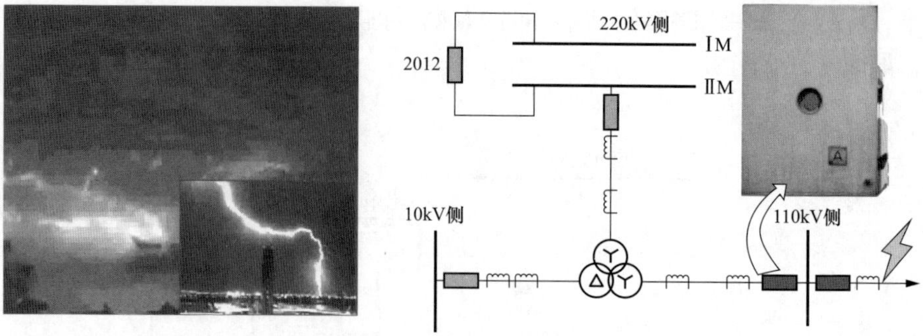

图 9-11　1 号主变压器误跳闸示意图

定值单核对时未发现问题，而 B 屏定值单核对时发现误将第二时限本应该是 1.2s 写为 0.2s。在 110kV 线路遭雷击，A 相接地短路故障时，导致 0.2s 的级差配合不够，因此造成 1 号主变压器变中开关误动作出口。

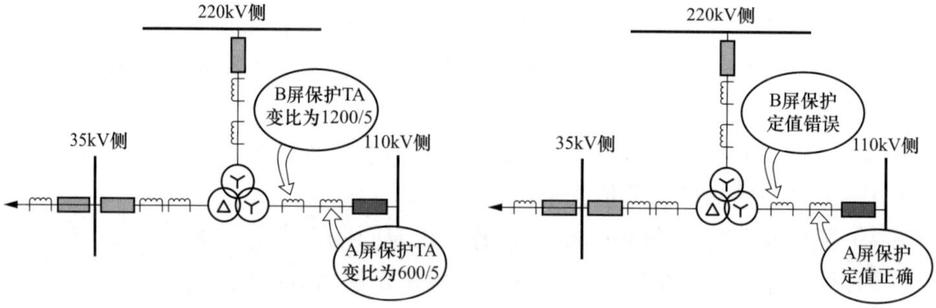

图 9-12　1 号主变压器保护配置示意图

3. 防范措施

（1）针对双重化配置的保护装置，对于两套保护采用变比不同的情况，开展对同类型的变电进行定值核查，打印并核对确认。

（2）组织认真学习定值单管理制度，严格落实计算、复核和审批流程。

（3）根据检验规程要求按照计划进行定检工作，同时加强平时对设备的运行维护工作。

（4）严防继电保护四类误操作事故，加强对保护装置定期检查工作。

（5）加强变电站设备设置规范化、统一化管理，减少双重化配置的保护装置的不一致之处。

9.4.4　防“误整定”类措施

（1）做好保护定值、组态逻辑、参数上报的管理工作；相关参数修改后，必须进行传动试验，合格后才能投入运行。

（2）继电保护定值通知单内容应根据现场打印的定值为准，设备到场后，调试人员应及时向调度机构提供有关资料。

（3）调度机构管辖的现场继电保护装置整定值的调整和更改，由调度员以调度命令形式下达执行。现场运行人员接到调度下达的继电保护定值单更改命令后，应立即进行更改或通知继电保护人员进行更改，并在规定的时间内完成，以保证各级继电保护装置定值的互相配合。

（4）后备保护的定值应逐级配合。

（5）临时定值计算、校核、下发、执行、调度机构核对都应遵循既定的程序。

（6）过期不执行新定值而造成保护装置误动或拒动的，应追究执行部门的责任。

（7）新保护定值计算完毕，及时编写和修订继电保护运行规定。

（8）保护定值下发后，按照要求的时间及时更改装置定值，并在定值修改完毕后及时将定值单回执上报调度机构。

（9）保护装置更改定值后或新保护装置投入运行前，运行人员必须持保护装置打印的定值单与值班调度员核对定值单号，无误后方可投入运行。

（10）定值单执行完毕后，现场运行人员应立即向调度人员汇报，核对无误后由调度人员下令投入保护。调度人员和现场运行人员应在各自的定值单上签字和注明执行日期。

（11）定值单执行完毕后，现场执行人员负责与保护装置打印定值进行校对，若有疑问，应立即与继电保护整定计算部门联系。同时，执行人员应在继电保护记事簿上记录，并填写定值单回执，在回执上注明执行日期及执行情况。

（12）定值单应由专人管理，登记在册，定期检查。

9.4.5 防“误整定”类危险点描述及分层管控措施剖析

［例 9-12］：定值整定计算时，整定计算结果错误，或定值配合不当。如：计算人员对电网运行方式、二次设备原理不了解；说明书版本与现场二次设备实际版本不一致，保护定值折算不正确等。

分层管控措施：

员工：①整定计算人员应熟悉现场二次设备、接线及保护装置说明书；②熟悉本地区电网主接线及各种运行方式；③整定计算人员积极参与新设备现场调试工作，熟悉定值折算方法；④现场工作人员需掌握一定的辨识定值整定正误的能力。

班组：①新装设二次设备时，必须获得设备开箱时带来的保护说明书，确保整定计算参考的保护说明书与现场一致，并参照装置打印定值清单，出具保护定值通知单；②整定计算书必须有专人复算，履行整定计算书、定值通知单计算、复算、审核、批准手续。

部门：①装设未使用过的新设备时请生产厂家对工作人员进行培训；②严格审核把关，认真核对运行方式；③规范报送流程。

[**例 9-13**]：整定计算原始参数错误。如：所报的一、二次设备参数不准确。如将保护额定电流 1A 误报为 5A。

分层管控措施：

员工：①整定计算人员积极参与现场新设备调试工作；②调试人员用现场核对或试验方法确认参数的正确性；③现场执行定值前需将定值参数参考现场 TA 铭牌等设备信息进行核实，确认无误后再执行定值；

班组：整定计算前要由专人对原始参数进行分析核查，核对报送参数的正确性。

部门：新建或更换设备整定计算前要核查参数正确无误。

[**例 9-14**]：保护定值折算错误、装置定值整定错误。如：不熟悉定值折算方法或变比等，不熟悉保护装置及操作方法整定错误等。

分层管控措施：

员工：①在使用计算器前进行相关功能测试；②定值折算、复算人员应该对定值变更前、后的差异，定值单的说明以及保护控制字进行分析核对；③现场调整定值应仔细，方法要正确，在一人调整后，必须经第二人检查核实，确定定值调整无误；④作业过程中，作业人员的语言交流必须使用准确、规范的专业术语进行交流，以免他人引起歧义。如：某线 TA 变比为 1000/5，不得简化为变比 1000。

班组：①严格按照定值闭环管理的要求执行其流程；②对电磁式保护，定值整定或修改后，要按定值进行通电试验加以核对，确保整定无误后方可投运；③微机保护定值修改后必须固化，并打印核对。

部门：①定期安排检查，核对保护定值通知单；②完善定值执行程序。

[**例 9-15**]：定值单不规范、不清晰、不齐全。如：定值单编号、执行日期、所属设备、设备名称、保护装置型号，微机保护软件版本号，保护所使用的 TA、TV 变比，TA 接线方式，定值说明等不清晰；保护定值的计算时间差错率、复算、审核、批准签字不规范、不齐全。

分层管控措施：

员工：①定值单下达前，复算人、审核人要核查定值通知单是否规范、清晰、齐全，符合要求；②调度、保护、运行人员在接受定值通知单时，应该核查定值通知单是否规范、清晰、齐全，符合要求。

班组：①作废的通知单要及时销毁，始终保留最新通知单；②定值变更后应存记录保存。

部门：批准人应当在定值单下发前对该定值是否符合整定计算规程，是否满足运行方式进行审核。

[例 9-16]：试验时临时变动保护定值，试验完毕未恢复。

分层管控措施：

员工：①正确使用继电保护二次安全措施单，变动保护定值时应详细记录；②试验完毕应及时恢复原定值并核对无误。

班组：①工作时，需要临时变动和恢复保护定值时，应至少由两人进行，由工作班成员操作，工作负责人监护；②工作中严格使用继电保护二次安全措施单；③保护压板、出口压板、切换开关必须经过试验以保证确性、唯一性。

部门：①随时检查计算程序参数和运行准确性；②现场保护运行规程不得随意修编，尤其对发生变化的部分要认真核对、严把审核关，以保证现场保护运行规程其正确性、唯一性。

[例 9-17]：微机保护的显示屏不清晰，面板按键不灵敏，打印机故障或打印模糊，看不清楚保护内整定实际值，按键、拨轮开关卡涩等。

分层管控措施：

员工：①整定前对保护装置显示屏、按键、拨轮开关进行检查；②核对打印定值清单所显示的定值区号应与面板定值区区号一致。

班组：①整定前检查，调试中监视；②有多定值区的微机保护装置，工作负责人对整定人员应详细交代保护装置不同定值区所适应的运行方式以及定值差异，每个定值区的定值应分别打印定值清单，并注明定值区号、适应的运行方式，由专人按定值通知单加以核对。

部门：定期组织检查微机保护的显示屏清晰，面板按键灵活。

[例 9-18]：运行方式变化时，保护定值得不到及时调整，导致设备定值无法满足运行方式的变化造成设备误动、拒动的情况。

分层管控措施：

员工：①按照要求复核保护定值、现场运行方式、保护压板正确无误；②及时反馈现场实际情况，避免存在定值未改变而运行方式发生变化的情况；③加强现场系统思维，开工前优先确认系统运行方式。

班组：①运行方式变化时，要按继电保护定值单要求及时调整保护定值；②加强班组员工系统思维的培养，提升班组员工系统思维能力。

部门：①一次方式变化需要调整的保护定值及状态，应在继电保护定值单及整定方案中予以说明；②加强定值管理，优化定值管控流程。

9.5 防“误投退压板”类

9.5.1 误投退压板导致110kV变电站主变压器变高开关跳闸事故

1. 事故事件简述

某年某月某日，110kV某变电站1号主变压器变高1101开关跳闸，事故后开关为分位且有合后位置，检查发现主变压器保护装置无动作报告、启动报告，装置未动作，检查站内一、二次设备均无异常，检查站内录波装置及监控后台发现1号主变压器变高1101开关跳闸的时刻存有110kV母差保护动作信号。

2. 事故原因分析

事故发生后检查发现站内在1号主变压器保护未动作的情况下1号主变压器变高1101开关跳闸，跳闸后开关位置在分位且有合后位置，跳闸时刻站内发110kV母差保护动作信号，检查站内相关一、二次设备均无异常，鉴于上述检查情况，判断1号主变压器变高1101开关跳闸与站内110kV母差保护有关，于是针对110kV母差保护开展进一步检查。

检查发现站内110kV母差保护装置为新增设备，处于各间隔逐步接入的过程中状态，事故发生时装置并未投运，事故发生当天站内有涉及110kV母差保护的相关工作，工作任务为该站某110kV线路接入110kV母差保护装置调试验收，在传动110kV线路开关时误投入跳1号主变压器变高1101开关的出口压板，鉴于1号主变压器间隔前期已经接入110kV母差保护装置，母差保护动作时，由于跳1号主变压器变高1101开关出口回路中唯一的隔离断点即出口压板已被投入，此时即导致110kV母差保护动作后出口误跳1号主变压器变高1101开关。

3. 防范措施

（1）立即对类似改扩建工程进行压板核查，确保已接入间隔的出口压板在退出位置。

（2）立即针对母差、备自投、安稳等设备涉及改扩建类的工作开展关键风回路险点分析，并制定关键回路及压板管控措施。

（3）针对母差、备自投、安稳等设备涉及改扩建类工作，应将退出已接入间隔压板、密封已接入间隔跳闸回路端子列入二次措施单中，进行措施明确。

（4）针对母差、备自投、安稳等设备涉及改扩建类工作，应将退出已接入间隔压板写入工作票中，进行措施明确。

9.5.2 误投退压板导致 110kV 变电站损失一段 10kV 母线负荷事故

1. 事故事件简述

某年某月某日，110kV 某变电站 10kV ⅠM、ⅡM 分段 521 开关跳闸，事故发生时站内 1 号主变压器间隔及 10kV 1 号接地变压器 D01 开关间隔停电，站内 10kV ⅠM 上负荷经 10kV ⅠM、ⅡM 分段 521 开关由 10kV ⅡM 供电，事故发生后站内 10kV ⅠM 停电，造成相应母线段负荷损失。

2. 事故原因分析

事故发生前站内运行方式由于 1 号主变压器间隔及 10kV 1 号接地变 D01 开关间隔停电开展定检工作而发生变化，10kV ⅠM 上的所有负荷经 10kV ⅠM、ⅡM 分段 521 开关由 10kV ⅡM 供电，事故发生后跳开 10kV ⅠM、ⅡM 分段 521 开关，因此造成站内 10kV ⅠM 停电，导致其所带负荷损失。

事故发生后检查 10kV ⅠM、ⅡM 分段 521 开关保护装置无动作报告及启动报告，10kV ⅠM、ⅡM 分段 521 开关保护未动作，检查站内相关一、二次设备均无异常，因事故发生时刻站内正在开展 1 号主变压器及 10kV 1 号接地变 D01 开关保护定检工作，初步判断事故与站内工作有关。进一步检查站内监控后台发现 10kV ⅠM、ⅡM 分段 521 开关跳闸时刻存有 10kV 1 号接地变 D01 开关零序保护动作信号，经核实确认 10kV1 号接地变 D01 开关保护定检时误投入跳 10kV ⅠM、ⅡM 分段 521 开关出口压板，导致在接地变保护调试时误跳 10kV ⅠM、ⅡM 分段 521 开关，造成站内一段 10kV 母线的负荷损失。相应接地变保护压板示例如图 9-13 所示。

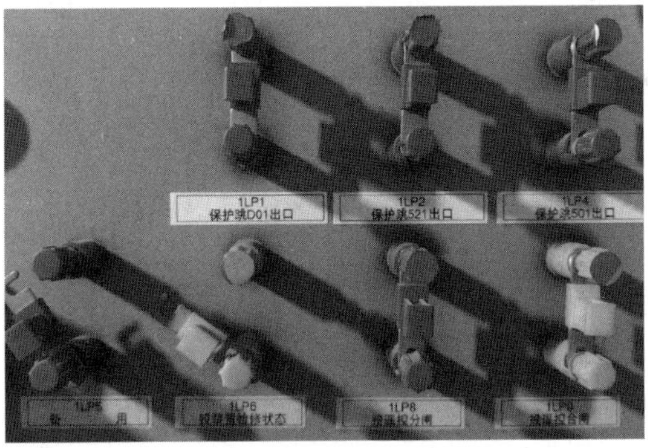

图 9-13　10kV1 号接地变 D01 开关保护装置压板示例图

3. 防范措施

（1）加强定检类工作中涉及外间隔出口回路的管控措施。

（2）加强定检类工作涉及外间隔出口回路压板的管控，密封工作票中要求退出的涉及运行设备的压板。

（3）加强各项工作中二次安全措施的执行，要严格按照二次措施单的要求对运行间隔进行隔离，对其对应的出口压板进行密封。

9.5.3　误投退压板导致220kV变电站主变压器三侧开关跳闸事故

1. 事故事件简述

某年某月某日，220kV某变电站3号主变压器三侧开关跳闸，3号主变压器非电量保护动作，报告显示3号主变压器非电量保护中失灵联跳三侧保护动作跳主变压器三侧开关。

2. 事故原因分析

事故发生后，根据事故报告检查3号主变压器保护装置开入回路及功能无异常，检查站内监控后台发现3号主变压器三侧开关跳闸时刻发220kV母差保护动作信号，结合事故发生当日站内开展220kV母差保护定检工作，判断事故因220kV母差保护定检导致。

进一步开展分析检查发现定检中220kV母差保护的失灵联跳3号主变压器三侧开关压板被误投入，从而导致在调试母差保护时，装置误出口跳开3号主变压器三侧开关。

3. 防范措施

（1）加强定检类工作中涉及外间隔出口回路的管控措施。

（2）加强定检类工作涉及外间隔出口回路压板的管控，密封工作票中要求退出的涉及运行设备的压板。

（3）加强各项工作中二次安全措施的执行，要严格按照二次措施单的要求对运行间隔进行隔离，对其对应的出口压板进行密封。

9.5.4　防“误投退压板”类措施

（1）对于常规定检类工作：

1）工作票中必须列明需要退出的涉及运行设备的压板，并确保需退的压板无遗漏。

2）许可工作票时，必须确认清楚工作票所列需退出压板均在退出状态，并经双人确认。

3）二次技术措施单中必须明确要求检查工作票中要求退出的涉及运行设备的压板在退出状态。

4）执行二次安全措施时必须经双人确认，确认涉及外回路的压板均在退出状态。

5）试验过程中但凡需要投退压板的操作须经双人确认无误后再投退压板，确认所投退压板无误后再用试验仪器加量模拟故障传动开关。

（2）对于公共设备改造类工作（例如母差保护、备自投装置、安稳装置等）：

1）工作票中必须列明需要退出的涉及运行设备的压板，并确保需退的压板无遗漏。

2）许可工作票时，必须确认清楚工作票所列需退出压板均在退出状态，并经双人确认。

3）二次技术措施单中必须明确要求检查工作票中要求退出的涉及运行设备的压板在退出状态。

4）执行二次安全措施时必须经双人确认，确认涉及外回路的压板均在退出状态。

5）试验过程中但凡需要投退压板的操作须经双人确认无误后再投退压板，确认所投退压板无误后再用试验仪器加量模拟故障传动开关。

6）对于逐个间隔接入的改、扩建类工作，当该保护部分间隔已经接入后，接入的间隔在工作结束时就应保持相应出口压板在退出状态并用绝缘胶布密封，对应的跳合闸回路端子排也应在端子紧固后进行密封，并备注清楚设备在运行中。

9.5.5 防“误投退压板”类危险点描述及分层管控措施剖析

[例 9-19]：工作票、二次措施单中所列需退出压板不全面有遗漏，易造成误投退压板，从而使得装置误出口跳闸。

分层管控措施：

员工：①应提升自身必备技能，掌握压板投退规范；②填写工作票、二次措施单时要特别注意工作内容对投退压板的需求；③应具备正确填写工作票、二次措施单的必备能力。

班组：①明确工作内容及风险点，确定工作中需要退出的压板；②仔细审核工作票票面及二次措施单中退出的压板措施是否完备，对有遗漏的及时提出并更正。

部门：①积极开展对工作人员进行技术技能培训；②加大安全学习力度，深挖日常工作中的问题，及时提醒员工谨慎操作。

[例 9-20]：二次措施执行不彻底，不能起到隔离风险点的作用，导致涉及运行间隔的出口压板被误投退，造成设备误动、拒动。

分层管控措施：

员工：①应提升自身安全意识，掌握辨识风险的能力；②应加强二次措施的执行力度，要严格按照二次措施单执行二次措施。

班组：①严格审核员工所填二次措施单及工作票，确保安全措施准确无误；②加强现场督察力度，时刻提醒员工严格按照措施单执行安全措施。

部门：①积极开展对工作人员进行安全意识培训，提升班组员工的安全意识；②加大培养员工的执行力，确保现场管控安全的组织措施、技术措施能够有效实施。

［**例 9-21**］：运行专业班组员工对压板的投退原则认识不清，概念混淆，易出现误投退压板的情况，造成设备误动、拒动。

分层管控措施：

员工：①应提升自身技术技能，掌握管辖设备的压板投退原则，明确压板投退细则及规定；②加强对设备原理的掌握及理解，提升对设备的认知。

班组：①加强宣贯压板投退原则，加强对运行专业保护原理培训；②对较复杂保护装置进行压板投退原则张贴。

部门：①积极开展对工作人员进行技术技能培训，提升员工设备掌握熟识程度；②积极创造各专业间的技术技能交流机会，加强各专业沟通交流、协同联动。

［**例 9-22**］：非班组员工对压板的投退的危害认识不到位，安全意识不足，技能水平欠缺，在工作配合中易出现随意投退压板等现象，严重时易出现走错间隔误投退压板的严重情况，造成站内设备误出口跳闸的事故事件。

分层管控措施：

员工：①加强现场配合人员的安全交代，加强现场配合人员的监护、管控；②加强对相关设备的安全措施的执行，严格执行运行屏柜的管控措施。

班组：①加强班组员工等同管理的宣贯，提升班组员工坚决执行等同管理力度；②敦促现场施工人员遵守相应规章制度，严格执行投退压板必须由班组人员执行或在有班组人员监护下执行。

部门：①积极开展对工作人员等同管理意识的培训；②持续加强敦促施工配合人员提升技术技能水平及安全意识。

［**例 9-23**］：长周期开展的改、扩建类工作，前期已接入的间隔压板管理混乱，未按要求退出从而导致站内设备误跳闸。

分层管控措施：

员工：①加强长周期开展的改、扩建类工作风险管控，对于已接入间隔严格按照要求将出口压板及跳合闸回路端子进行确认、密封；②每个间隔接入前要养成开工前对已接入间隔进行确认、核实的良好习惯，确保已接入间隔的压板在退出状态，跳合闸回路端子已用绝缘胶布密封。

班组：①建立健全班组工程项目负责到底机制，同一项目安排具体人员负责到底，减少出现频繁更换项目负责人的情况；②建立健全长周期开展的改、扩建项目进度跟踪表，并将进度跟踪表张贴在现场，确保每次工作时都能准确地明确已接入间隔。

部门：①积极推进项目负责到底机制，为班组提供技术及人员保障；②加强现场勘察力度，着重检查现场施工进度跟踪表是否及时使用、更新。

本章思考题

（1）写出继电保护四类误操作事故内容。

（2）列出至少5个“误碰”事故。

（3）列出至少5个“误接线”事故。

（4）列出至少5个“误整定”事故。

（5）列出至少5个“误投退压板”事故。

（6）列出至少5个防范“误碰”事故的措施。

（7）列出至少5个防范“误接线”事故的措施。

（8）列出至少5个防范“误整定”事故的措施。

（9）列出至少5个防范“误投退压板”事故的措施。

（10）简述防范继电保护四类误操作事故的方法。

10

电网继电保护反事故措施选编

10.1 220kV及以上系统变压器开关失灵应联跳变压器各侧开关

［**例10-1**］某年某月某日，某500kV变电站1号主变压器5032开关TA发生C相死区故障，由于5032开关失灵保护未设计联跳主变压器各侧回路，故障持续约851ms后发展为主变压器区内故障，最终由主变压器差动速断保护动作跳开主变压器各侧开关切除故障。5032断路器失灵保护动作正确，但5032开关失灵保护动作没有联跳主变压器各侧开关，导致故障持续时间延长约525ms，由死区故障发展为主变压器区内故障，扩大了故障范围。

［反措要求］

（1）新建、改扩建工程的500kV、220kV变压器的500kV、220kV侧开关失灵应联跳变压器各侧开关。新建工程中，220kV系统双母接线应配置双重化母线保护装置（含母差、失灵保护功能），采用母线保护装置内部的失灵电流判别功能，由母线失灵保护实现断路器失灵跳闸的电压闭锁功能及联跳主变压器各侧功能。

（2）回路设计不符合要求的已运行220kV及以上系统变压器各运行维护单位应结合现场实际完善失灵联跳各侧回路，实现联跳各侧功能。

（3）对于220kV系统双母接线情况下，宜优先利用220kV失灵（母差）保护装置的失灵保护出口联跳变压器各侧开关的实现方式；对于母线保护装置无法通过回路完善或保护升级完成反措的，可以考虑利用主变压器保护屏的断路器辅助保护出口联跳主变压器各侧开关的实现方式。对于220kV变压器已投入变压器阻抗保护作为实现跳变压器开关的临时方案的，可以待 220kV 失灵（母差）保护或主变压器保护技术改造时完善相关回路。

［实施方案］

方案 1：220kV 失灵（母差）保护出口联跳变压器各侧。

在主变压器 220kV 开关失灵时，失灵（母差）保护装置出口跳母线上相关开关的同时，开出接点启动主变压器非电量跳闸回路，联跳主变压器各侧开关。

采用本方案，现场实施时应注意失灵（母差）保护装置对变压器支路的处理方式，当变压器间隔的接入支路与保护装置默认的变压器支路不对应时，应调整接入支路与默认支路保持一致，否则无法实现联跳功能。

典型配置与回路设计为：220kV 配置双套断路器失灵保护、按间隔区分失灵、失灵电流判据在（母差）失灵保护装置实现，如图 10-1 所示。

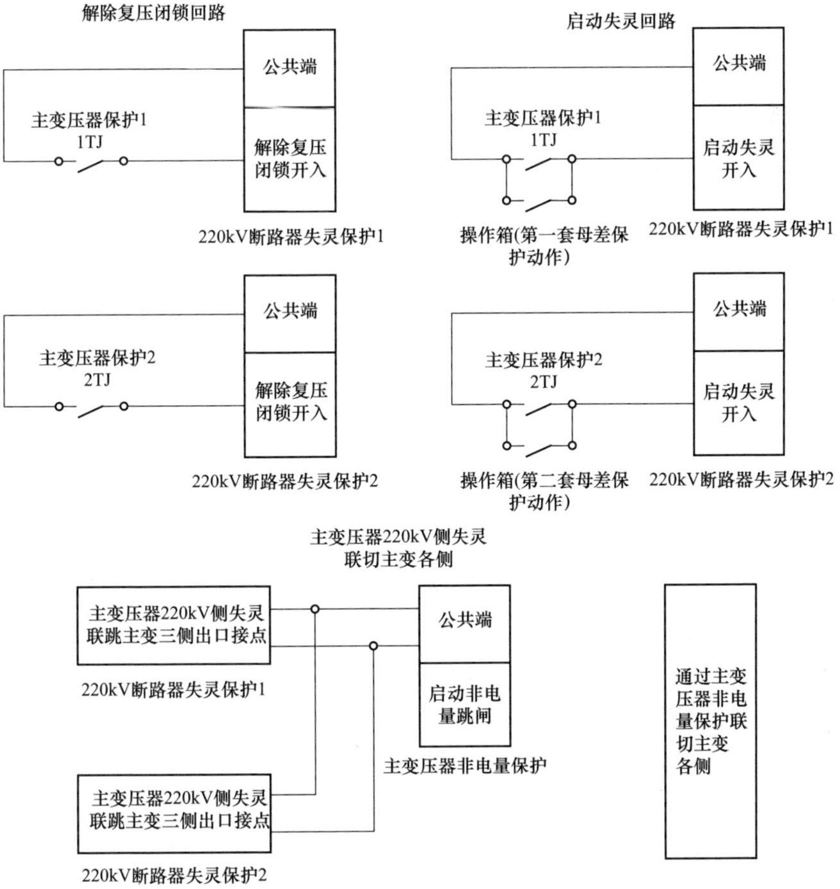

图 10-1　失灵启动与联跳典型回路一示意图

失灵电流判据在各间隔内实现、由各间隔完成失灵判别后触发失灵保护装置出口跳闸也是较为常见的一种回路方式，如图 10-2 所示。

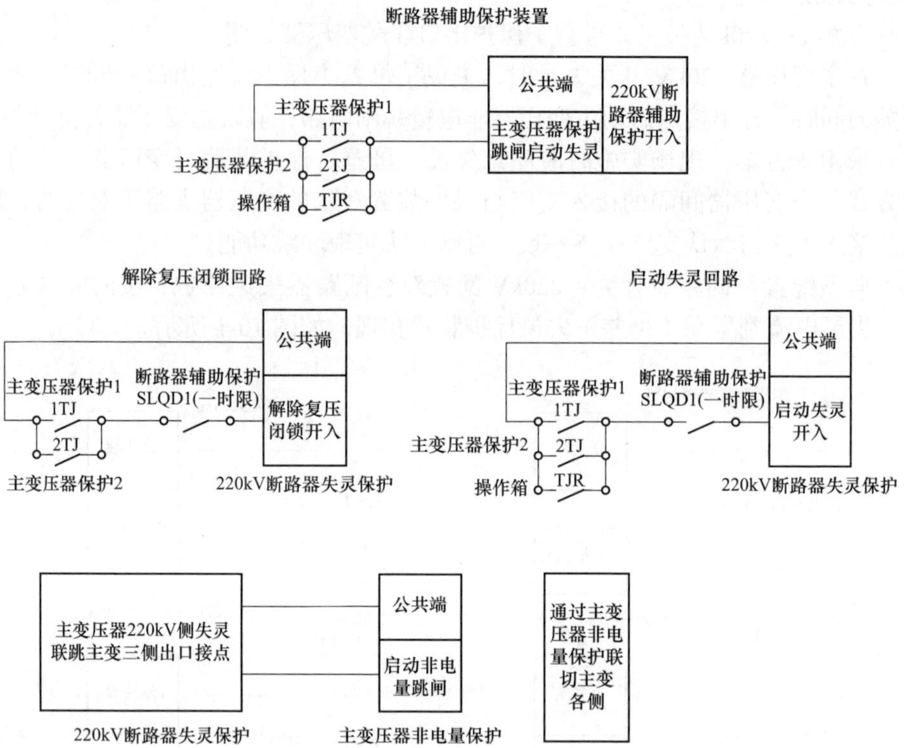

图 10-2　失灵启动与联跳典型回路二示意图

方案 2：变压器断路器辅助保护出口联跳变压器各侧。

失灵（母差）保护装置无法实现按间隔区分失灵的（通过回路完善、保护升级仍无法实现的），可以利用断路器本身的辅助保护出口联跳主变压器各侧。

采用本方案，应特别注意定值设定与回路接线的对应。若断路器辅助保护的功能、开出满足要求，但定值名称、逻辑说明等与实际接线不符并容易产生歧义时，原则上应对装置进行整体升级或更换。

失灵启动电流判别由断路器辅助保护实现的，要求断路器辅助保护能够提供三副接点，分别用于启动失灵保护、解除失灵保护的复合电压闭锁、经失灵动作延时启动主变压器非电量跳闸回路实现联跳相应主变压器各侧开关，如图 10-3 所示。为防止单一装置故障导致的保护误出口，采用保护动作接点开入断路器辅助保护的同时，在相应失灵启动、解除复压以及联跳回路中均应串接保护动作接点。在保护动作开出接点有限的情况下，接点使用的优先级宜按以下顺序考虑：开入断路器辅助保护装置、串接失灵启动回路、串接联跳回路、串接解除复压闭锁回路。

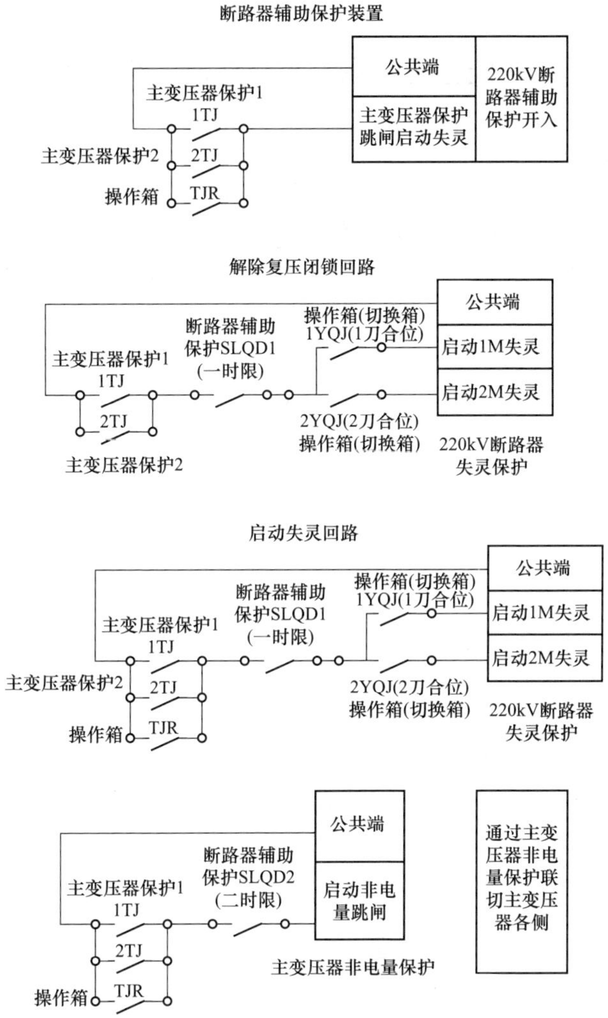

图 10-3　失灵启动与联跳典型回路三示意图

失灵启动电流判别由失灵（母差）保护实现的，主变压器断路器辅助保护实现联跳各侧功能，要求采用保护动作接点开入至断路器辅助保护装置，并在联跳回路串接保护动作接点，经失灵动作延时启动主变压器非电量跳闸回路联跳主变压器各侧开关。

对于高压站用变压器、高压侧断路器失灵应联跳低压侧相关断路器，未设计联跳回路的，应核实低压侧是否有电源或存在外来电倒供回路，核实备自投或快切装置逻辑（确保切换成功或不带故障点运行，保证站内供电），综合分析对系统及厂站供电安全的风险，必要时应完善回路或备自投（快切）装置逻辑。

10.2 双重化配置重合闸配合原理及二次回路设计要求

［反措要求］

（1）新建线路和技术改造工程（包括未验收工程）投运时，应投入两套重合闸功能及出口。两套线路保护重合闸之间不采用相互启动方式，但应具有重合闸直接闭锁回路。该回路采用保护装置闭锁重合闸接点或保护永跳接点接入另一套保护闭锁重合闸开入，如图 10-4 所示。

（2）已投入运行且双重化配置重合闸功能的线路保护，应投入两套重合闸功能及出口。两套重合闸之间未接相互闭锁回路的线路，当重合闸方式为综重或三重时，完善重合闸相互闭锁的回路接线，如图 10-4～图 10-6 所示。

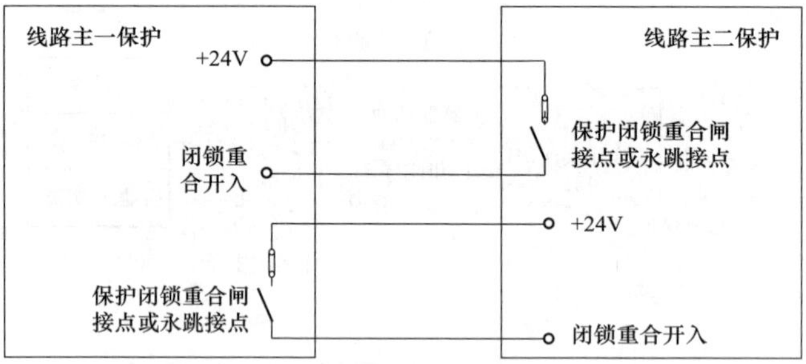

图 10-4　两套重合闸直接闭锁方式示意图

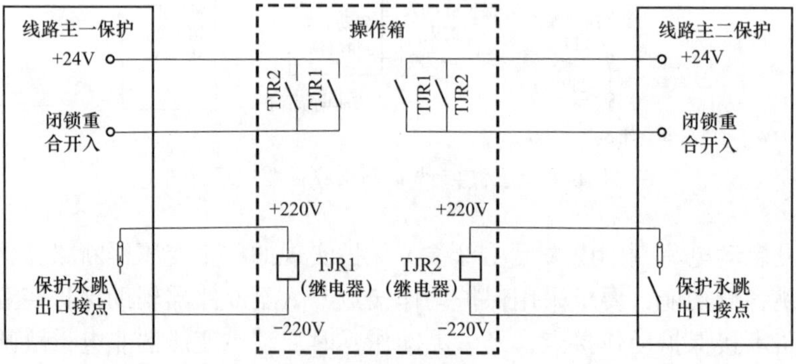

图 10-5　两套重合闸间接闭锁方式示意图

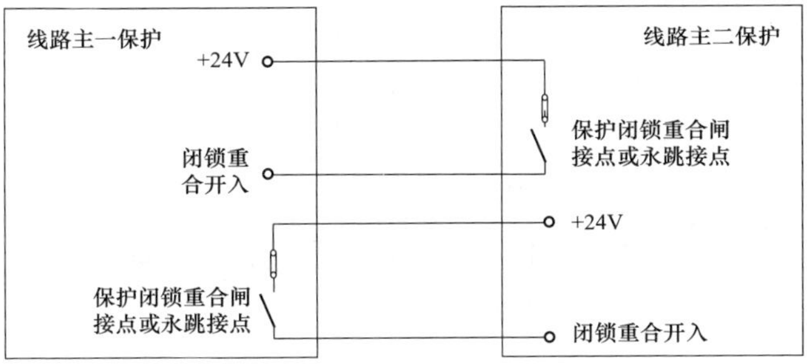

图 10-6　两套重合闸混合闭锁方式示意图

两套重合闸直接闭锁方式，即线路主一和主二保护分别提供闭锁重合闸接点或永跳接点接入另一套保护闭锁重合闸开入的接线方式。

两套重合闸间接闭锁方式，即线路主一和主二保护永跳后分别启动操作箱永跳继电器 TJR1 和 TJR2，操作箱永跳继电器 TJR1 和 TJR2 励磁后各输出两副永跳接点，接至两套线路保护闭锁重合闸开入的接线方式。

两套重合闸混合闭锁方式，即线路主一保护提供闭锁重合闸接点或永跳接点接入主二保护的闭锁重合闸开入，主二保护永跳启动操作箱永跳继电器，由操作箱永跳继电器励磁后输出两副永跳接点，分别接至两套线路保护闭锁重合闸开入的接线方式（主一和主二保护闭锁重合闸的方式与保护配置有关，图中操作箱永跳继电器和接点均用 TJR 表示，不作第一组和第二组的区分）。

10.3 电压切换继电器同时动作信号应采用双位置继电器触点

［**例 10-2**］ 某年某月某日，某站 220kV 母差保护动作，切除 220kV ⅠM、ⅡM 母线上所有开关，造成全站失压。

相关回路如图 10-7 所示。调查发现，该站完成 220kV 乙线由Ⅱ母倒至Ⅰ母、Ⅱ母分列运行的操作中，Ⅱ母隔离开关辅助转换开关动断触点因接触不良而未能接通。该电压切换回路设计按照电压切换部分采用双位置继电器，告警监视继电器采用常规电压继电器并串入母线隔离开关动合触点的模式，因此在操作结束后，用于Ⅱ母电压切换的 4 个双位置继电器（2YQJ4～2YQJ7）不能复归，用于Ⅱ母电压切换回路告警监视的继电器（2YQJ1～2YQJ3）正常复归返回，而Ⅰ母的电压切换继电器 1YQJ4～1YQJ7 均处于动作状态，使 220kV 1 号 TV 二次电压经乙线的电压切换回路送至 2 号 TV 小母线（220kV 母联开关分开），因 2YQJ1～2YQJ3 继电器失压，不能发出“切换继电器同时动作”信号，致使运行人员无法发现。由于母线分列运行，220kV 1 号 TV 二次电压通过乙线的电压

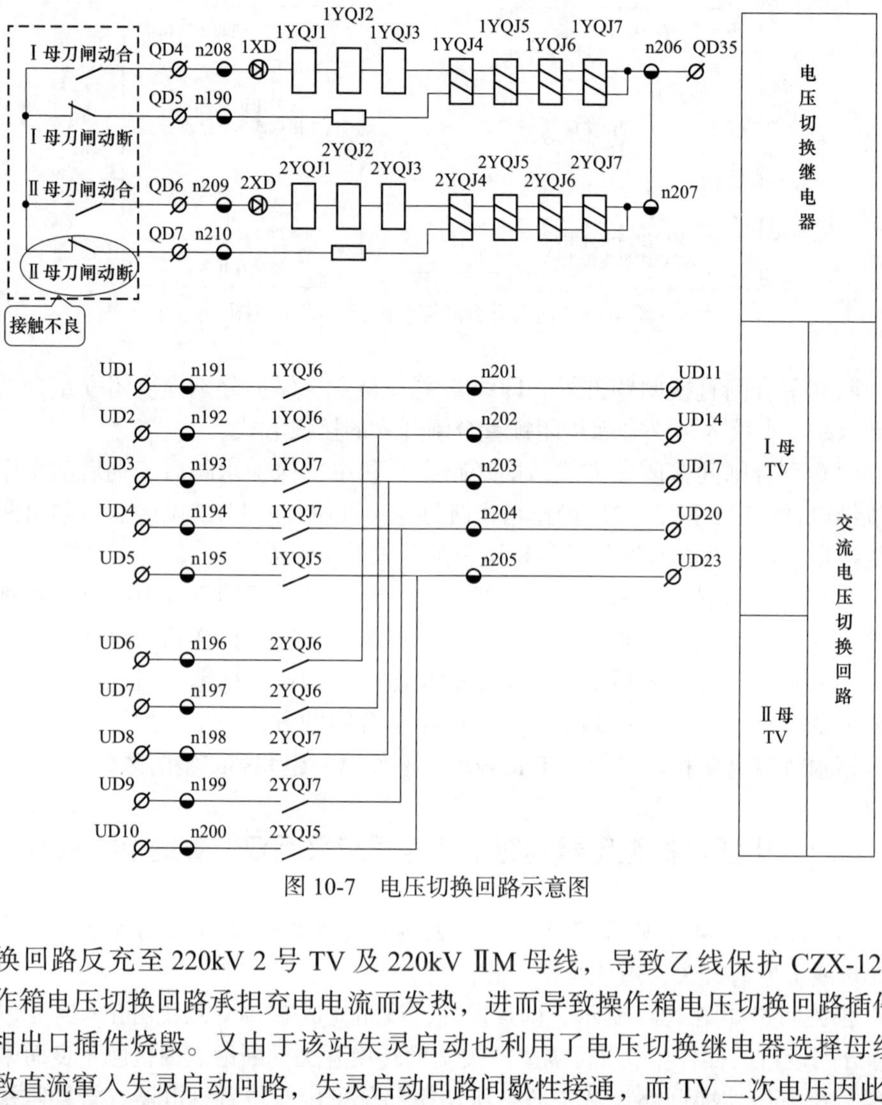

图 10-7 电压切换回路示意图

切换回路反充至 220kV 2 号 TV 及 220kV ⅡM 母线，导致乙线保护 CZX-12R1 操作箱电压切换回路承担充电电流而发热，进而导致操作箱电压切换回路插件、C 相出口插件烧毁。又由于该站失灵启动也利用了电压切换继电器选择母线，导致直流窜入失灵启动回路，失灵启动回路间歇性接通，而 TV 二次电压因此出现较大的波动（录波显示 TV 二次电压出现不平衡电压为 8～12V，失灵保护的零序闭锁电压定值 6V），导致失灵保护开放并正确动作出口。

［**释义**］“切换继电器同时动作”信号监视回路，如图 10-8 所示。当保护屏的电压切换回路采用双位置继电器触点时，如遇隔离开关位置异常或双位置继电器本身故障引起触点黏死，导致两组电压非正常并列的情况，以上信号会保持直至故障排除。

电压切换回路主要用于解决双母线接线形式下，保护不能自行选择母线电

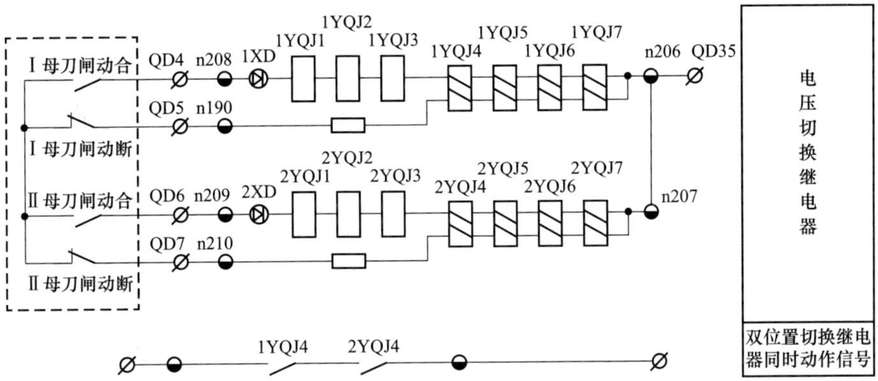

图 10-8 “切换继电器同时动作”信号监视回路示意图

压的问题。在传统设计中，也利用该回路实现失灵启动和失灵保护出口跳闸时的母线选择。

为正确选择母线电压，电压切换回路需解决的问题如下：

（1）如实反映一次隔离开关位置。

（2）当电压切换回路失电时，仍能按失电前的工作状态为保护装置提供母线电压。

（3）当电压切换回路失电时，应发告警信号，提示运行人员处理。

（4）为防止两组母线电压在二次侧异常并列，当两条母线的电压切换继电器同时动作时，也应发告警信号。

在四统一设计中，电压切换回路采用母线隔离开关的动合辅助触点串接常规电压继电器的做法，当电压切换回路失电时（如回路接线松动或触点接触不良），保护装置也随之失去母线电压，造成电压互感器断线甚至保护不正确动作。

在随后的改进中，采用母线隔离开关的动合辅助触点串接双位置电压继电器励磁线圈，母线隔离开关的动断辅助触电串接双位置电压继电器返回线圈的做法。若切换回路失电，继电器并不返回，但对告警信号，没有考虑母线隔离开关的动断辅助触点接触不良的情况，因此，“切换继电器同时动作”仍采用母线隔离开关的动断辅助触点串接常规电压继电器的做法，即用两条母线的两个继电器（1YQJ1 和 2YQJ1）的动合触点串接后，作为切换继电器同时动作的报警信号。由于这两个继电器仅反映母线隔离开关的动合辅助触点的状态，没有自保持能力，因此当隔离开关的动断辅助触点接触不良时，若进行该间隔的倒闸操作，就会造成两条母线的双位置继电器同时动作，但“切换继电器同时动作”告警继电器不动作的情况。若此时两条母线一次电压不一致，就会进一步导致两组母线电压在二次侧异常并列的问题，在电压切换回路形成很大的环流，可能烧毁电压继电器和操作箱。由于在传统设计中，也利用电压切换回路实现失灵启动和母线差动失灵保护出口跳闸的母线选择。当电压切换继电器烧毁时，还可能导致误启动失灵保护和母差保护误动的严重事故。

[反措要求]

（1）在新建变电站或线路的回路设计时保护屏的电压切换回路中切换继电器同时动作信号应采用双位置继电器接点，以便监视双位置切换继电器工作状态。对于已投运的设备，若原有回路利用单位置继电器接点发信的，应利用本屏内已有的备用双位置继电器接点，并接到原有的单位置继电器同时动作的信号接点上，如图 10-9 所示粗实线所示增加屏内端子间的配线。

（2）母线运行方式的判别应由断路器失灵保护完成。

（3）新建变电站断路器失灵保护功能应包含在母线保护内，此时电流检测由母差装置提供，判别启动功能由断路器失灵保护完成。

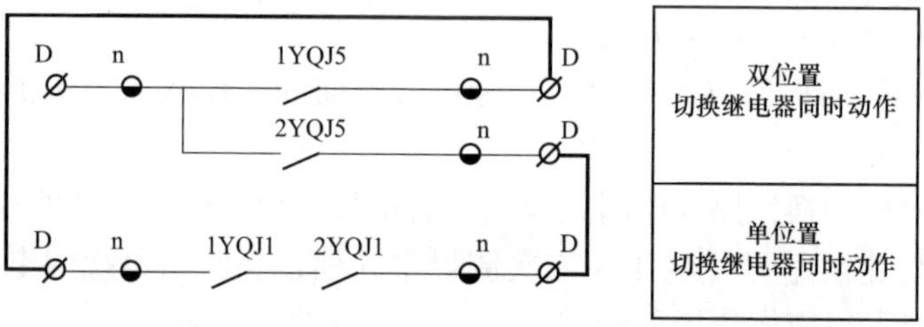

图 10-9 已投运厂站“切换继电器同时动作”信号监视回路改造示意图

10.4 母差（失灵）保护判别母线运行方式的开关量的使用要求

[例 10-3] 在对某 220kV 主变压器定检过程中，由于试验人员将主变压器保护操作箱 110kV“YQ 插件”与 220kV“YQ 插件”同时拔出，且未作任何标识记录，致使在恢复时将两块插件弄混误插。又由于该站失灵保护采用在失灵启动回路串入电压切换接点实现选母线功能，造成直流正电源被送入电压切换接点失灵保护侧，导致失灵保护误将母联开关切开。

[释义] 微机型母线保护、失灵保护的判别母线运行方式的开关量输入接点采用开关场地母线侧隔离开关和断路器的辅助接点，不采用经过重动的电压切换接点和跳闸位置 TWJ 接点，开关量电源采用直流 220V 或 110V。

判别母线运行方式的开关量输入接点采用开关场地母线侧隔离开关和断路器的辅助接点，不采用经过重动的电压切换接点和跳闸位置 TWJ 接点，一方面可防止重动继电器及其辅助接点发生故障时导致母差或失灵保护发生误动，另一方面可有效简化母差保护外部回路，提高双重化配置的两套母差保护之间回路的独立性。

从开关场地引母线侧隔离开关和断路器的辅助接点到控制室保护屏是一个长距离的电气传输过程，为抗电磁干扰，使用强电源（直流 220V 或 110V）作为开关量电源。

220kV 失灵保护判别母线运行方式的两种典型回路：采用开关场地母线侧隔离开关和断路器的辅助接点，如图 10-10 所示；失灵启动回路中串接电压切换接点，如图 10-11 所示。运行经验表明，采用后一种利用电压切换回路判别母线运行方式的做法由于回路复杂，增大了运行、调试中的风险，容易引发误动事故。

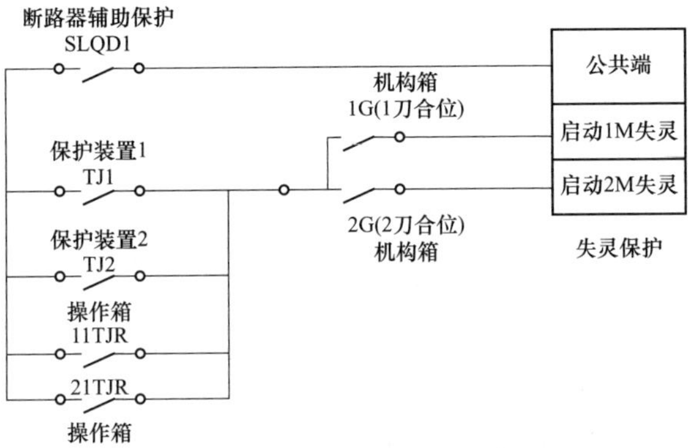

图 10-10　采用隔离开关辅助接点的失灵启动回路原理接线示意图

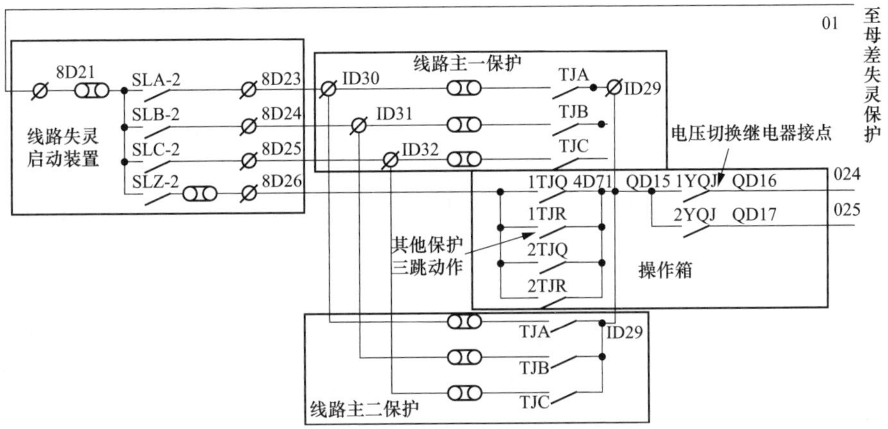

图 10-11　串接电压切换接点的失灵启动回路原理接线图

10.5 220kV线路保护“远方跳闸”和“其他保护动作停信”回路规范

［**例10-4**］ 某年某月某日，某站220kV母线故障分析中发现，国电南京自动化股份有限公司FCX-12HP型断路器操作箱内12号插件永跳继电器（以下简称“TJR”）和三跳继电器（以下简称“TJQ”）动合触点的跳线设置不合理，造成TJR动合触点未接入线路保护“远方跳闸”和“其他保护动作停信”回路，在母线保护和失灵保护动作时，无法将“远方跳闸”和“其他保护动作停信”信号发送至线路对侧保护装置。

某年某月某日，某220kV线路发生瞬时性故障，线路M侧三相跳闸重合成功，N侧永跳不重合。检查发现，M侧误将TJQ接点与TJR接点并联后接入线路差动保护的“远方跳闸”开入回路，造成N侧收到对侧“远方跳闸”信号，永跳不重合。

［**反措要求**］

（1）TJR接点应接入“远方跳闸”和“其他保护动作停信”回路，以实现在母线保护和失灵保护动作时，线路对侧保护可靠快速动作。

（2）TJQ接点不应接入“远方跳闸”回路。

（3）TJQ接点不宜接入“其他保护动作停信”回路。

10.6 220kV及以上电压等级的断路器均应具备断路器本体三相不一致保护

［**例10-5**］ 某年某月某日，某500kV变电站1号主变压器停电检修工作结束，在进行复电操作过程中，合上500kV侧5011、5012断路器后，在操作220kV侧2001断路器合闸时，因控制断路器合闸的11-12接点接触不良，造成2001断路器A、B相无法合闸，断路器非全相运行。同时，由于该断路器无本体不一致保护，导致220kV线路对侧及本变压器保护零序后备跳闸，事故范围扩大。

［**反措要求**］

（1）220kV及以上电压等级的断路器均应具备断路器本体三相不一致保护。

（2）断路器本体不一致保护采用的时间继电器质量良好，继电器时间刻度范围0～5s连续可调，刻度误差与时间整定值静态偏差不大于±0.1s，且保证在强电磁环境运行不易损坏，不发生误动、拒动。该保护用跳闸出口重动继电器宜采用启动功率不小于 5W、动作电压介于 55%～65% U_e、动作时间不小于 10ms 的中间继电器。

（3）220kV 及以上断路器（不含直调电厂变压器 220kV 断路器）本体三相不一致保护动作时间应按 2s 或接近 2s 整定，但装置实际动作时间 220kV 断路器不应低于 1.4s，500kV 断路器不应低于 1.8s。

10.7 500kV（厂）站 3/2 接线应配置双侧电流互感器

［例 10-6］ 某年某月某日，500kV 某站发生了开关与 TA 间相间故障，由于该站 3/2 接线的开关只有单侧安装 TA，主保护动作无法快速切除故障，由开关死区保护动作跳开相邻开关，故障持续时间约 260ms。故障造成多回直流同时换相失败，严重威胁了电网的安全稳定运行。

［反措要求］

（1）新建、扩建 500kV 厂站 3/2 接线开关均应配置双侧 TA。

（2）在运行变电站对开关只有单侧安装 TA 的厂站进行稳定性校核计算，无法满足稳定要求的厂站应进行风险提示。

10.8 220kV 与 110kV 变压器中性点接地方式安排与间隙保护配置及整定

［反措要求］

1. 变压器中性点接地方式安排要求

110～220kV 电网变压器中性点接地运行方式安排应满足变压器中性点绝缘承受要求，并尽量保持变电站的零序阻抗基本不变且系统任何短路点的零序综合阻抗不大于正序综合阻抗的三倍。

（1）自耦变压器中性点必须直接接地或经小电抗接地。

（2）没有改造的薄绝缘变压器中性点宜直接接地运行。

（3）220kV 变压器：220kV 变压器 110kV 侧中性点绝缘等级为 35kV 时，220kV 侧、110kV 侧中性点应直接接地运行；变压器的 220kV、110kV 侧中性点接地方式宜相同；220kV 厂站宜按一台变压器中性点直接接地运行；有两台及以上变压器的 220kV 厂站，220kV 或 110kV 侧母线任意一侧或两侧分列运行时，每一段母线上应保持一台变压器中性点直接接地运行。

（4）110kV 变压器：110kV 变压器 110kV 中性点绝缘等级为 66kV 时，中性点可不直接接地运行；110kV 中性点绝缘等级是 44kV 及以下的变压器，中性点宜直接接地运行；发电厂或中、低压侧有电源的变电站，厂站内宜保持一台变压器中性点直接接地运行；无电源供电的终端变压器中性点不宜直接接地运行。

2. 变压器中性点间隙保护配置要求

（1）间隙零序过电压应取 TV 开口三角电压。

（2）间隙零序电流应取中性点间隙专用 TA。

（3）间隙零序电压、零序电流宜各按两时限配置。

（4）对于全绝缘变压器或中性点放电间隙满足取消条件的变压器（例如：中低压侧无电源且中性点绝缘等级为 66kV 的 110kV 变压器），间隙零序过流保护应退出，间隙零序过电压保护可保留。

3. 变压器中性点间隙零序过流、零序过电压保护整定要求

间隙保护主要有三种不同逻辑（见图 10-12），其中逻辑一为变压器间隙零序过电压元件单独经较短延时 T_1 出口，变压器间隙零序过流和零序过电压元件组成“或门”逻辑，经较长延时 T_2 出口；逻辑二为变压器间隙零序过电压和零序过流元件经各自独立延时 T_1、T_2 出口；逻辑三为变压器间隙零序过流和零序过压元件共用延时 T 出口。

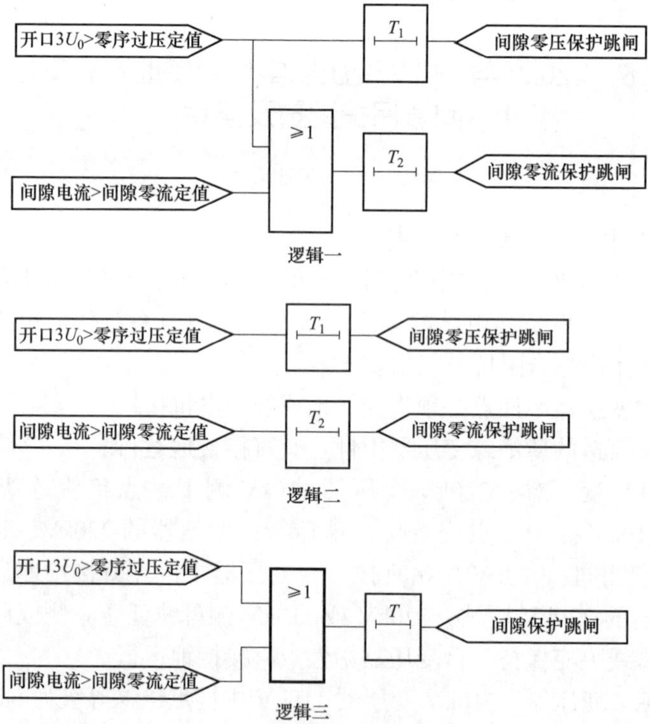

图 10-12　间隙保护逻辑示意图

（1）逻辑一、二间隙保护动作时间整定要求。

1）变压器间隙零序过电压保护动作跳变压器时间应满足变压器中性点绝缘承受能力要求。

2）110kV 变压器间隙零序过电压动作跳变压器时间宜取 220kV 变压器的 110kV 侧间隙零序过电压保护动作时间加一个时间级差。

3）中低压侧有小电源上网的 110kV 变压器间隙零序过电压动作后第一时限先跳小电源进线开关，第二时限跳变压器。

4）220kV 变压器 220kV 侧中性点间隙零序过流动作跳变压器时间与 220kV 线路单相重合闸周期（故障开始至线路开关单相合闸恢复全相运行）配合，110kV 侧中性点间隙零序过流动作跳变压器时间与 110kV 线路保护全线有灵敏度段动作时间配合，级差宜取 0.3～0.5s。

5）110kV 变压器中低压侧有小电源上网时，间隙零序电流动作后第一时限先跳小电源进线开关，与 110kV 线路保护全线有灵敏度段动作时间配合，第二时限跳变压器。

6）110kV 变压器中低压侧没有小电源上网时，间隙零序电流动作跳变压器，时间与 110kV 线路后备保护距离Ⅲ段及零序Ⅳ段动作时间配合，并宜与 220kV 变压器 110kV 侧间隙零序过流保护动作时间配合。

（2）逻辑三间隙保护动作时间整定要求。

1）220kV 变压器间隙保护动作跳变压器时间应满足变压器中性点绝缘承受能力要求，220kV 侧间隙保护动作时间与 220kV 线路单相重合闸周期配合，110kV 侧间隙保护动作时间与 110kV 线路保护全线有灵敏度段动作时间配合。

2）110kV 变压器中低压侧有小电源上网时，110kV 变压器间隙保护后第一时限先跳小电源进线开关，第二时限跳变压器。第二时限应满足变压器中性点绝缘承受能力要求且与 110kV 线路保护全线有灵敏度段配合。

3）110kV 变压器中低压侧没有小电源上网时，110kV 变压器间隙保护跳变压器动作时间与 110kV 线路后备保护距离Ⅲ段及零序Ⅳ段动作时间配合，并宜与 220kV 变压器 110kV 侧间隙零序过流保护动作时间配合。

10.9 220kV 及 110kV 系统 P 级电流互感器的选型要求

［**例 10-7**］ 某年某月某日，某 110kV 线路差动保护动作跳闸。调查发现，线路保护动作发生于此线路所供变压器空载合闸过程中，线路一侧电流互感器在变压器空载充电时发生饱和，导致线路两侧差动保护误动跳闸。

因电流互感器饱和引起的误动时有发生，暴露出一次短路电流大于或接近

（达到 80%）电流互感器的额定准确限值一次电流，在暂态分量影响下迅速饱和的问题。

［反措要求］

220kV 及 110kV 系统 P 级电流互感器选型要求：①电流互感器额定准确限值一次电流应大于最大短路电流，最大短路电流的计算应综合考虑电网的发展情况，并保留一定的裕度；② 110kV 及以上新建变电站应选用额定二次电流为 1A 的电流互感器；③电流互感器的暂态系数应大于 2.0。

［电流互感器的核算方法］

为方便表述，以下计算均以表 10-1 所列参数为例。

表 10-1　　电流互感器核算用示意参数表

项目名称	代号	参数	备注
额定电流比	K_n	600/5	
额定二次电流	I_{sn}	5A	
额定二次负载视在功率	S_{bn}	30VA（变比：600/5） 50VA（变比：1200/5）	不同二次绕组抽头对应的视在功率不同
额定二次负载电阻	R_{bn}	1.2Ω	
二次负载电阻	R_b	0.38Ω	
二次绕组电阻	R_{ct}	0.45Ω	
准确级		10	
准确限值系数	K_{alf}	15	
实测拐点电动势	E_k	130V（变比：600/5） 260V（变比：1200/5）	不同二次绕组抽头对应的拐点电动势不同
最大短路电流	I_{scmax}	10000A	

（1）电流互感器（以下简称“TA”）额定二次极限电动势校核（用于核算 TA 是否满足铭牌保证值）。

1）计算二次极限电动势 E_{s1}：

$$E_{s1}=K_{alf}I_{sn}(R_{ct}+R_{bn})=15\times5\times(0.45+1.2)=123.75(V)$$

当二次绕组电阻 R_{ct} 有实测值时取实测值，无实测值时按下述方法取典型内阻值：

5A 产品：1～1500A/5 A 产品　　0.5Ω

1500～4000A/5 A 产品　　1.0Ω

1A 产品：1～1500A/1A 产品　　　　　　6Ω

　　　　1500～4000A/1 A 产品　　　　15Ω

当通过改变 TA 二次绕组接线方式调大 TA 变比时，需要重新测量 TA 额定二次绕组电阻。

$$R_{bn}=S_{bn}/I_{sn}^2=30/5^2=1.2\ (\Omega)$$

当通过改变 TA 二次绕组接线方式调大 TA 变比时，需要按新的二次绕组参数，重新计算 TA 额定二次负载。

2）校核额定二次极限电动势 E_{s1}：

有实测拐点电动势时，要求额定二次极限电动势应小于实测拐点电动势。

$$E_{s1}=127.5<E_k\text{（实测拐点电动势）}=130\ (V)$$

结论：TA 满足其铭牌保证值要求。

（2）计算最大短路电流下 TA 饱和裕度（用于核算在最大短路电流下 TA 裕度是否满足要求）。

1）计算最大短路电流时的二次感应电动势：

$$E_s=I_{scmax}/K_n(R_{ct}+R_b)=10000/600\times5\times(0.45+0.38)=69.16(V)$$

TA 实际二次负荷电阻 R_b（此处取实测值 0.38Ω），当有实测值时取实测值，无实测值时可用估算值计算，估算值的计算方法如下：

$$R_b=R_{d1}+R_{zz}$$

式中　R_{d1}——二次电缆阻抗；

　　　R_{zz}——二次装置阻抗。

二次电缆算例：

$$R_{d1}=(\rho\times L)/s=1.75\times10^{-8}\times200/2.5\times10^{-6}=1.4(\Omega)$$

$$\rho=1.75\times10^{-8}(\Omega m)$$

式中　L——电缆长度，以 200m 为例；

　　　s——电缆芯截面面积，以 2.5mm² 为例。

二次装置算例：

$$R_{zz}=S_{zz}/I_{zz}=1/25=0.04\ (\Omega)$$

式中　R_{zz}——保护装置的额定负载值；

　　　S_{zz}——保护装置交流功耗，请查阅相关保护装置说明书中的技术参数，该处以 1VA 为例计算；

　　　I_{zz}——保护装置交流电流值，根据实际情况取 1A 或 5A，该处以 5A 为例计算。

以电流回路串联 n=2 个装置为例，计算二次总负载：

$$R_b=R_{d1}+n\times R_{zz}=1.4+2\times0.04=1.48\ (\Omega)$$

2）计算最大短路电流时的暂态系数：

$$K_{td}=E_k/E_s=130/69.16V=1.88<2.0$$（要求的暂态系数）

结论：TA 的裕度小于 2 倍暂态系数要求，TA 裕度不满足要求。

10.10 独立式 TA 等电位点设置要求

［反措要求］

独立式 TA 应按照 TA 故障时跳闸范围最小的原则合理选择等电位点。

［**TA 等电位点设置方法**］

由于独立式 TA 发生故障时，继电保护的保护范围与 TA 一次绕组的等电位点设置相关，一般分析认为：一次导体为 2 匝并联（或 1 匝）的独立式 SF_6 TA 故障时（外绝缘及内部绝缘故障），故障电流经由一次导体与外壳的等电位连接点入地。TA 等电位连接点如在 TA 的开关侧，则 TA 发生故障时，故障电流无法快速切除，会导致跳闸范围扩大，TA 受损程度增大。一次导体为 2 匝并联（或 1 匝）TA 正确的等电位点设置如下：

（1）3/2 接线的边开关 TA（母线→开关→ TA →线路），等电位连接点应在 TA 的线路侧，如图 10-13 所示。

（2）3/2 接线不完整串开关 TA（母线→ TA →开关→线路），TA 一次导体等电位连接点应在 TA 的母线侧，如图 10-14 所示。

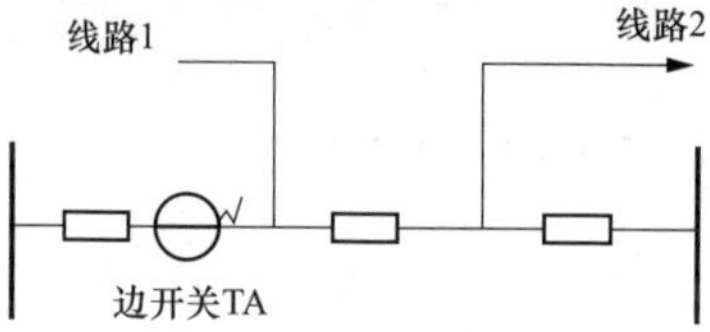

图 10-13　边开关 TA（母线→开关→ TA →线路）等电位连接点示意图

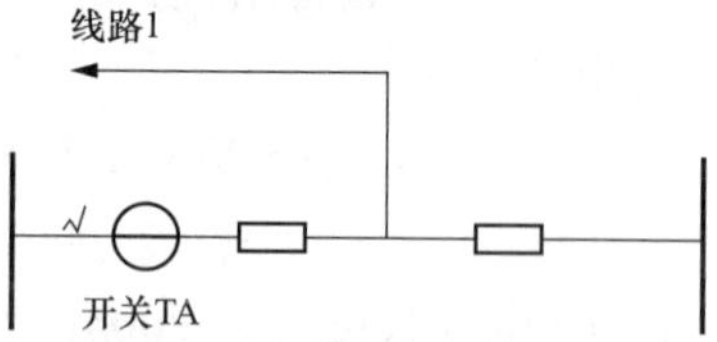

图 10-14　不完整串开关 TA（母线→ TA →开关→线路）等电位连接点示意图

（3）3/2 接线的中开关 TA（单 TA 配置），等电位连接点应在 TA 的线路侧，如图 10-15 所示。

（4）3/2 接线的中开关 TA（双 TA 配置），线路 1 与线路 2 中开关 TA 保护范围交叉时，等电位连接点在 TA 线路侧和 TA 的开关侧都不存在问题，如图 10-16 所示。

以上图中 TA 标志“√”一端为等电位连接点，以上仅列出几种电气连接方式，变电站其他电气连接方式可参照以上分析。

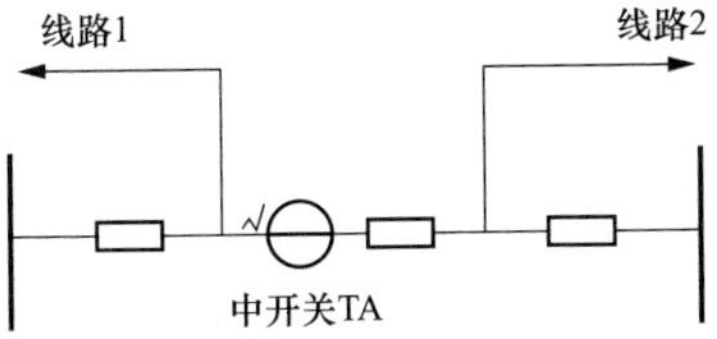

图 10-15　中开关 TA（单 TA 配置）等电位连接点示意图

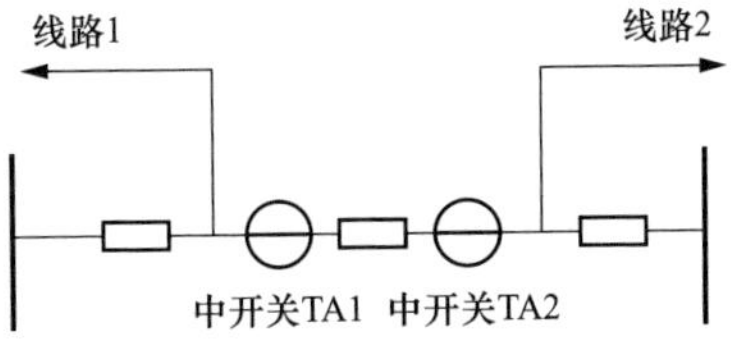

图 10-16　中开关 TA（双 TA 配置）等电位连接点示意图

10.11 变压器非电量保护

［反措要求］

（1）变压器的瓦斯保护应防水、防油渗漏、密封性好。气体继电器由中间端子箱引出的电缆应直接接入保护柜。非电量保护的重动继电器宜采用启动功率不小于 5W、动作电压介于 55%～65%U_e、动作时间不小于 10ms 的中间继电器。

（2）电气量保护与非电气量保护的出口继电器应分开，不得使用不能快速返回的电气量保护和非电量保护作为断路器失灵保护的启动量，且断路器失灵保护的相电流判别元件动作时间和返回时间均不应大于 20ms。

（3）为防止冷却器油泵启动时引起的油压突然变化导致重瓦斯保护误动作，应进行单台及多台油泵启停试验，检查重瓦斯保护动作情况。若出现误动，应采取针对性措施。

（4）主变压器压力释放阀的动作接点只接入信号回路，不得接入跳闸回路。

（5）线圈温度计和顶层油温度计的动作接点不得直接或不加闭锁条件直接串接中间继电器出口跳闸，变压器温度高可接报警发信。

（6）强迫油循环变压器的冷却系统必须有两个相互独立的冷却系统电源，并装有自动切换装置。

（7）冷却器全停保护整定：

1）自然油循环风冷变压器，冷却器全停发信号，不设出口跳闸。

2）采用片式散热器，其冷却方式 ONAN/ONAF/OFAF、ONAN/ONAF/ODAF 的变压器，当冷却器系统故障切除全部冷却器时应发信号，然后启动延时 20min，当顶层油温度达到 105℃出口跳闸。

3）采用管式冷却器、其冷却方式仅有 OFAF 或 ODAF 一种的变压器，当冷却器系统故障切除全部冷却器时应发信号，然后启动延时 20min（制造厂有规定时间的，按制造厂规定的时间执行），当顶层油温度达到 75℃出口跳闸；但在这种状况下运行的最长时间不得超过 1h。

10.12 馈线的零序屏蔽线接线方式

[反措要求]

10（20）kV 馈线的零序屏蔽线接线方式应正确。

[反措含义]

10（20）kV 馈线的零序屏蔽线接线方式正确与否将直接影响零序电流保护正确运行，如果零序电流互感器安装不当，在线路发生接地故障时，零序电流互感器将不能产生正确零序电流，造成零序电流保护灵敏度降低甚至失去作用。为此，10（20）kV 馈线电缆终端处的金属护层必须接地良好；塑料电缆每相铜屏蔽和钢铠应锡焊接地线。电缆通过零序电流互感器时，电缆金属护层和接地线应对地绝缘，电缆接地点在互感器以下时，接地线应直接接地；接地点在互感器以上时，接地线应穿过互感器接地。零序互感器接线方式如下：

零序电流互感器套在被保护的电缆或经电缆引出的架空线上，零序电流互感器套在高压电缆近电缆头处的安装方法，电缆接地点在互感器以上，外壳接地线必须穿过零序电流互感器再接地，如图 10-17 所示。

零序电流互感器套在电缆头靠 10（20）kV 母线侧一端电缆接地点在互感器以下，外壳接地线不穿过零序电流互感器，直接接地，如图 10-18 所示。

在安装零电流互感器时，不允许电缆头和零序 TA 在同一水平线上，不能将零序电流互感器安装在电缆头外壳与接地线焊接处，如图 10-19 所示。

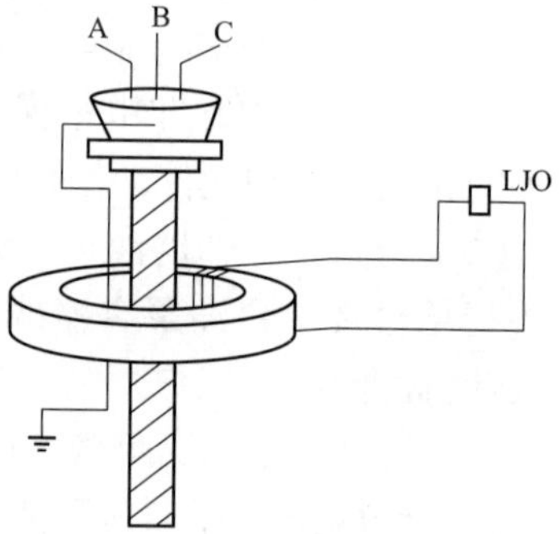

图 10-17　零序电流互感器套在高压电缆近电缆头处的安装方法

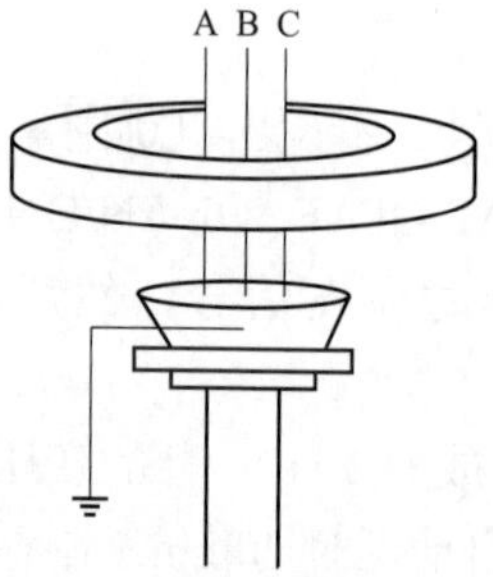

图 10-18　零序电流互感器套在电缆头靠母线侧的安装方法

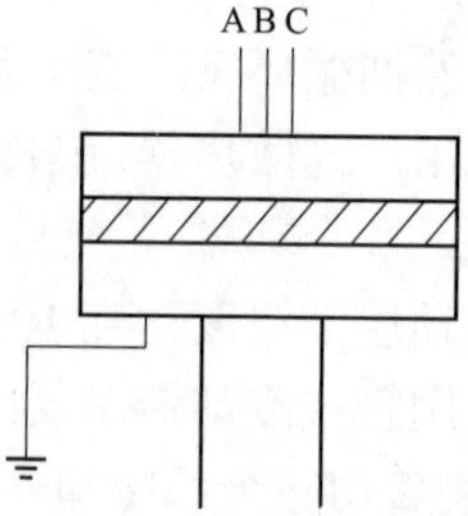

图 10-19　电缆头和零序 TA 在同一水平线上示意图

10.13 断路器压力闭锁接入原则

［反措要求］

为防范操作箱（含操作插件）错误使用断路器闭锁接点导致断路器拒动风险，明确操作箱的断路器闭锁接点接入原则：

（1）采用油压、气压作为操动机构的断路器，压力低闭锁重合闸接点应接入操作箱。

（2）操作箱接入断路器压力低闭锁接点后，应能保证正常状态下可靠切除永久故障（对于线路保护应满足“分—合—分”动作要求）；断路器弹簧机构未储能接点不得闭锁跳闸回路。

（3）对断路器机构本体配置了相应的压力低闭锁跳、合闸回路的新投运保护设备，应取消串接在操作箱跳合闸控制回路中的压力接点。

［**例 10-8**］某年某月某日，220kV 某变电站 110kV××Ⅱ线发生永久性故障，由于“弹簧未储能接点”误接入操作箱压力闭锁跳闸回路，导致保护重合于故障后断路器拒动。事件造成该变电站 1、2、3 号主变压器变中后备保护跳闸，110kV 双母线失压。110kV××Ⅱ线断路器重合于故障后未能跳开原因分析：

110kV××Ⅱ线断路器机构“自动重合闸联锁 1”（合闸弹簧未储能与 SF_6 气压低接点并联）接入保护操作板“气压不足”（跳合闸压力低闭锁回路）开入，如图 10-20 所示。110kV××Ⅱ线断路器重合后，弹簧需储能的时间约为 9.7s，在储能期间闭锁跳合闸回路，导致断路器不能跳开。

110kV××Ⅱ线新建间隔及保护改造设计问题分析：

1. 110kV××Ⅱ线新建间隔设计问题分析

某年进行 110kV××Ⅱ线新扩建工程设计时，将 SF_6 气压低接点与弹簧未储能接点并联后接入到保护装置“禁止操作”（禁止断路器分合闸），如图 10-21 所示。由于扩建该间隔时，断路器压力闭锁接入原则还未明确，此设计符合当时的设计规范。

2. 110kV××Ⅱ线保护改造设计问题分析

某年进行 110kV××Ⅱ线光差保护改造时，设计时考虑到只是保护装置的更换，机构箱二次回路部分不做改变，原装置及二次回路“运行正常”，仍沿用了上述设计室对压力闭锁回路引入保护操作箱的设计。此时，该设计不符合《南方电网 10kV～110kV 线路保护技术规范》（中国南方电网有限责任公司企业标准 Q/CSG—2011）4.6.2 b 的要求：“当断路器操动机构本体配置了相应的压力闭

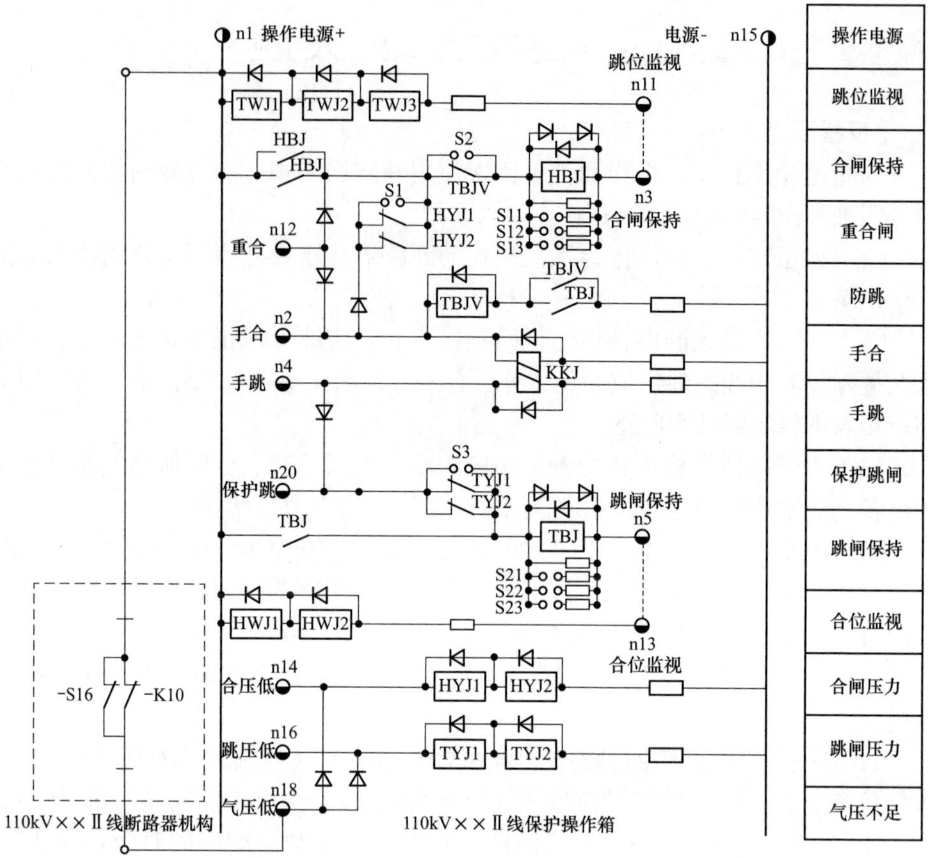

图 10-20　110kV××Ⅱ线压力回路接线示意图

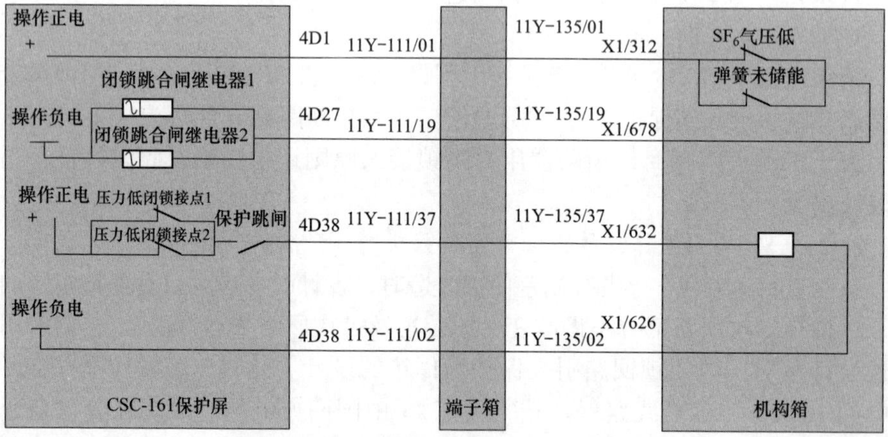

图 10-21　110kV××Ⅱ线新扩建时设计图

锁回路时，应取消串接在操作箱（插件）跳合闸控制回路中的压力接点”。由于该设计错误在本次设计中未得以纠正，如图 10-22 所示，最终导致上述事故案例的发生。

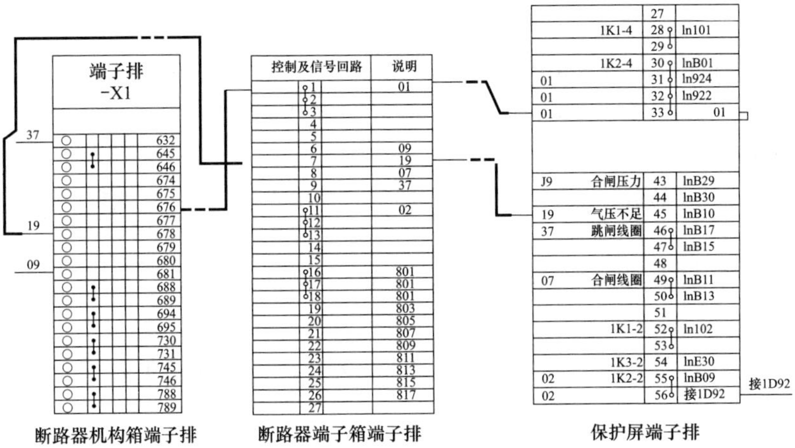

图 10-22　110kV××Ⅱ线保护改造时设计示意图

—表示“+”电源；--表示“气压不足”开入接线

本章思考题

（1）写出 220kV 及 110kV 系统 P 级电流互感器的选型要求。

（2）写出变压器非电量保护反措要点。

（3）500kV（厂）站 3/2 接线双侧电流互感器应如何配置？

（4）写出断路器本体三相不一致保护反措要点。

（5）双重化配置重合闸配合原理及二次回路设计有何要求。

（6）写出母差（失灵）保护判别母线运行方式的开关量的使用要求。

（7）如何规范 220kV 线路保护“远方跳闸”和“其他保护动作停信”回路？

（8）220kV 及以上系统变压器开关失灵应联跳变压器什么开关？

（9）10（20）kV 馈线的零序屏蔽线如何正确连接？

参 考 文 献

[1] 王梅义. 电网继电保护应用 [M]. 北京：中国电力出版社，1999.

[2] 赵曼勇，舒双焰，赵有铖. 高压电网防保护死区电流互感器保护绕组的配置及反措 [J]. 电力系统保护与控制，2010，38（5）：132-134.

[3] 国家电力调度通信中心. 电力系统继电保护实用技术问答 [M]. 2版，北京：中国电力出版社，2000.

[4] 国家电力调度通信中心. 电力系统继电保护典型事故分析 [M]. 北京：中国电力出版社，2001.

[5] 邹森元.《电力系统继电保护及安全自动装置反事故措施要点》条例分析 [M]. 北京：中国电力出版社，2005.

[6] 王世祥，刘千宽，等.《电流互感器二次回路现场验收及运行维护》[M]. 北京：中国电力出版社，2013.

[7] 中国南方电网有限责任公司.《南方电网继电保护案例分享汇编》[M]. 北京：中国电力出版社，2019.